强政府与强社会
北京市大气污染协同治理机制研究

STRONG GOVERNMENT AND STRONG SOCIETY

STUDY ON THE MECHANISM OF COLLABORATIVE GOVERNANCE
OF AIR POLLUTION IN BEIJING

主　编：杨立华
副主编：蒙常胜　刘天子

中国经济出版社
CHINA ECONOMIC PUBLISHING HOUSE

·北京·

图书在版编目（CIP）数据

强政府与强社会：北京市大气污染协同治理机制研
究／杨立华主编 . -- 北京：中国经济出版社，2022.6
ISBN 978 - 7 - 5136 - 6881 - 1

Ⅰ. ①强… Ⅱ. ①杨… Ⅲ. ①空气污染 - 污染防治 -
研究 - 北京 Ⅳ. ①X510.6

中国版本图书馆 CIP 数据核字（2022）第 059368 号

责任编辑　李若雯
责任印制　马小宾

出版发行	中国经济出版社
印 刷 者	北京科信印刷有限公司
经 销 者	各地新华书店
开　　本	710mm×1000mm　1/16
印　　张	23.75
字　　数	365 千字
版　　次	2022 年 6 月第 1 版
印　　次	2022 年 6 月第 1 次
定　　价	98.00 元

广告经营许可证　京西工商广字第 8179 号

中国经济出版社 网址 www.economyph.com **社址** 北京市东城区安定门外大街 58 号 **邮编** 100011
本版图书如存在印装质量问题，请与本社销售中心联系调换（联系电话：010 - 57512564）

内容提要

　　大气污染问题由来已久，已成为每个国家在工业化进程中必须直面的问题。如何更好地治理大气污染，不仅关系到一个国家宏观经济的良性发展，更关系到一个国家国民的身体健康与长期福祉。北京是我国的首都，其空气质量一直备受关注，它不仅关系到首都人民的身心健康，更是我国城市发展与建设的一张名片。为此，党和政府高度重视首都的大气污染，采取了各种有力措施进行治理。近年来，北京市空气质量的改善有目共睹，可以说这是治理成效的初步显现。

　　但是，我们必须认识到北京市及其周边地区的大气污染状况依旧严峻。治理大气污染是一项需要持续推进且极为复杂的系统工程，不仅需要发挥国家与政府的力量，同时需要调动社会各界力量参与以及引导不同区域之间的合作。对此，我们必须厘清国家、政府与社会之间的关系。面面俱到的政府不一定是强政府，政府管得过宽往往会分散其有限的能力和精力，进而影响其整体效能。因此，充分发挥社会各界力量形成强社会，并与我国传统的强政府形成互动补充，才能最终实现强国家的理想蓝图。对于大气污染治理，我们也应摒弃传统的政府单一治理模式，逐步建立起依靠多元主体之间、不同区域之间协同治理的全新治理模式，形成强政府与强社会相协同的强国家全新治理模式，这不仅在理论上是一个理想的模式，在实践上也被多国经验所验证。

　　本书意在诠释这种强政府与强社会相互协同的全新治理模式。结合我国现状，本书将治理主体扩展为 11 种类型：个体、家庭、社区（街道）、普通大众、企业、政府、专家学者、新闻媒体、宗教组织、非政府组织（民间组织、社会中介组织）和国际组织。其中，政府在大气污染治理中起核心作用，通过颁布各项治理条例和意见，引导社会主体参与，最终形成多元主体协同治理的良好局面。同时，由于空气具有流动性与跨域性的特点，仅仅依靠北京市政府的力量在治理上已是捉襟见肘，这就需要北京周边区域如天津、河北等省份之间的协同治理。中央政府也陆续出台了有关政策要求建立大气污染治理的联防联控机制。例如：2010年5月11日，环境保护部等九部委共同发布了《关于推进大气污染联防联控工作改善区域空气质量的指导意见》；2015年8月29日修订的《中华人民共和国大气污染防治法》增设了专门的区域大气污染联防联控条款，如此等等。这些政策文件的出台都为京津冀大气污染区域协同治理提供了制度保障。

本书正是在此背景下应运而生。在相关协同治理理论的指导下，本书着重探讨了如何更有效地开展北京市及其周边地区大气污染的治理工作，以此为基础希冀构建起适合我国本土国情的强政府和强社会构成的强国家型全新治理模式。全书共分为4篇，有9章内容。第1篇"导论"，包含了本书第1章的内容，即介绍本书的研究背景、研究内容、研究方法以及全书的结构安排等。第2篇"多元协同治理"，包含了本书第2章至第6章的内容，主要介绍北京市大气污染治理过程中不同主体之间协同治理的机制及面临的问题。其中：第2章"我国大气污染多元治理制度的形成与发展"，介绍了新中国成立以来我国出台的关于治理大气污染的正式制度，并提出了我国未来大气污染治理制度发展的若干建议；第3章"北京市大气污染多元治理主体参与程度及其影响因素"，主要测量了北京市大气污染治理中各治理主体的合作程度；第4章"北京市大气污染多元主体不同治理方式选择与协同机制"，从主体结构、治理方式、协同机制3个方面，对25个大气污染治理案例进行分析，系统探讨了北京市大气污染多元主体治理方式的选择与协同机制，并给出了协同治理的政策建议；第5章"北京市大气污染治理的利益协调机制"，通过定量和定性相结合的研究方法提炼并归纳出大气污染治理中利益协调的7个原则；第6章"北京市大气污染多元协同治理中的冲突解决机制",利用案例研究、访谈和文献荟萃相结合的方法,探讨了大气污染冲突解决的影响因素及解决机制,提出了成功的大气污染冲突解决机制应满足的10个原则。第3篇"区域协同治理",包含了本书第7章和第8章的内容,主要介绍京津冀大气污染治理过程中不同区域之间协同治理的机制及面临的问题。其中:第7章"京津冀大气污染区域协同治理方式与途径",探讨了在治理京津冀大气污染中各个区域之间的协作方式如何影响到区域内大气污染治理的效果;第8章"京津冀大气污染区域协同治理主体利益分配类型与方式",探讨了在治理京津冀大气污染中各治理主体之间不同的利益分配方式如何影响到区域内大气污染治理的效果。第4篇"探索制度创新",包含了本书第9章的内容,主要介绍了中国大气污染治理的制度创新机制。其中,选取了1973—2010年我国的12个大气污染治理制度创新的案例,通过案例分析法归纳出制度创新中的若干重要因素。

从宏观上看,本书通过对北京市及其周边地区大气污染协同治理机制的研究,提出并论证了在大气污染治理中强政府与强社会相协同的强国家型全新治理模式的有效性与优越性,并归纳出大气污染多元主体协同治理机制的基本制度设计原则,为大气污染治理研究提供了一个崭新的思路;与此同时,本书把大气污染治理的视角从主体协同进一步扩展到区域协同,丰富与扩充了我国大气污染的多元协同治理体系。一方面,本书通过对相关经典理论的分析并运用定量与定性相结合的研究方法,厘清了影响大气污染多元协同治理效果的关键因素,为相关决策的制定提供了科学依据;另一方面,通过细化各种代理变量并结合案例分析的方法,构建了评价大气污染多元协同治理效果的测评体系,为未来此领域进一步的研究做了铺垫。

本书的读者对象定位既包括受过专业训练的公共管理、公共政策等社会科学领域的研究人员,也包括在环境保护部门工作的政府官员以及相关领域的社会从业者,还适合对大气污染治理问题感兴趣的其他读者。

希望本书能为我国大气污染治理贡献绵薄之力。由于水平有限，书中难免会有错漏之处，敬请读者批评指正！

杨立华

2017 年 5 月 24 日

目录
Contents

第 1 篇　导论

第 2 篇　多元协同治理

第 3 篇　区域协同治理

第 4 篇　探索制度创新

第1篇
导 论

治国有常，而利民为本。

——汉·刘安《淮南子·氾论训》

| 第1章 |

研究概述

1.1 研究背景与意义

1.1.1 研究背景

按照国际标准化组织（ISO）的定义，大气污染通常是指"由于人类活动或自然过程引起某些物质进入大气中，呈现出足够的浓度，达到足够的时间，并因此危害了人类的舒适、健康和福利或环境的现象"[①]。换言之，只要是某一种物质存在的量、性质及时间足够对人类或其他生物、财物产生影响，我们就可以称为"大气污染物"；而其存在造成的现象，就是大气污染。大气污染问题由来已久，可以说是伴随着每个国家工业化的进程，也是我国在推进工业现代化过程中必须直面的问题。北京是我国的首都，其空气质量一直备受关注。自2013年起，北京不时出现连续几天的"雾霾围城"现象，使其空气质量问题更是引起了人们的广泛关注。例如，2013年1月10日至14日，北京市空气质量连续4天维持在重度污染水平，其中11日到13日都是"六级"严重污染，为此北京首次启动了《重污染日应急方案》中最高级别的应急响应[②]；又如，从2015年11月27日开始，北京再次出现持续4天之久的空气严重污染现象，雾霾再次笼罩了京城[③]。大气污染严重影响了首都北京及其周边区域

[①] 王栋成,等. 大气环境影响评价实用技术[M]. 北京:中国标准出版社,2010:1-2.

[②] 北京环保局:南郊污染高于城区及北部地区[EB/OL]. (2013-01-15)[2016-04-22]. http://www.chinanews.com/sh/2013/01-15/4487335.shtml.

[③] 北京迎来今年最严重空气污染[EB/OL]. (2015-12-01)[2016-04-22]. http://www.chinanews.com/tp/hd2011/2015/12-01/586957.shtml.

经济和社会的健康发展，更是对民众的身体健康构成了威胁。

大气污染问题引起了政府和社会各界的高度重视。2014 年 2 月 27 日，习近平总书记在北京考察工作时提出，北京要建成国际一流的宜居之都，应该加大大气污染的治理力度①。3 月 5 日，李克强总理在十二届全国人大二次会议上作政府工作报告时提出"坚决向污染宣战"②。2015 年，北京市政府出台了《关于进一步健全大气污染防治体制机制 推动空气质量持续改善的意见》，强调深化区域联防联控，并努力实现区域环境质量总体改善和区域协同发展同步③。2015 年 8 月 14 日，环境保护部部长陈吉宁到北京调研大气污染防治工作，希望北京市能够力争带动周边城市大气污染防治水平，共同为区域大气环境质量改善而努力④。2016 年 2 月 29 日，北京市召开大气污染防治工作部署会，并决定 2016 年在全市范围内组织开展贯穿全年的"大气污染执法年"专项活动，要求各区、各部门、各单位牢固树立和认真践行创新、协调、绿色、开放、共享这五大发展理念，并认清形势，进一步攻坚克难，全面做好大气污染防治工作⑤。此外，企业、社会组织、专家学者和民众等社会力量也积极参与到大气污染的治理中。例如：北京金隅集团邀请原环境保护部政策法规专家对员工进行环保培训，以提升员工的环保意识⑥；公众环境研究中心、自然大学、北京市达尔问环境研究所等非政府组织积极引领公众参与到治理环境污染的活动中，开展绿色治理，并积极地推动我国大气治

---

① 习近平在北京考察就建设首善之区提五点要求[EB/OL].（2014 - 02 - 26）[2016 - 04 - 22]. http://news. xinhuanet. com/politics/2014 - 02/26/c_119519301. htm.

② 李克强在十二届全国人大二次会议上作的政府工作报告[EB/OL].（2016 - 03 - 06）[2016 - 04 - 22]. http://www. zgdsw. org. cn/n/2014/0306/c218988 - 24545489. html.

③ 北京市人民政府关于进一步健全大气污染防治体制机制 推动空气质量持续改善的意见[EB/OL].（2015 - 06 - 13）[2016 - 04 - 22]. http://zhengwu. beijing. gov. cn/gzdt/ggs/t1392663. htm.

④ 环保部部长陈吉宁来京调研[EB/OL].（2015 - 08 - 14）[2016 - 04 - 22]. http://news. xinhuanet. com/local/2015 - 08/14/c_128126735. htm.

⑤ 北京市部署 2016 年大气污染防治工作[EB/OL].（2016 - 03 - 01）[2016 - 04 - 22]. http://news. xinhuanet. com/local/2016 - 03/01/c_128765149. htm.

⑥ 金隅组织 2016 年环保工作培训班[EB/OL]. [2016 - 04 - 22]. http://www. bbmg. com. cn/second/index. aspx? nodeid = 13&page = ContentPage&contentid = 8985.

理法制体系的建设与完善①；各类新闻媒体对北京的大气污染问题也密切关注，进行了实时追踪与报道。

由于大气污染具有流动性和跨域性特点，因此仅仅依靠一方力量难以打好"雾霾阻击战"，需要不同区域的政府和社会力量开展协同治理②，构建政府与社会协同治理模式。2014 年 10 月 31 日，北京市环保局发布了北京市 $PM_{2.5}$ 来源解析研究结果，通过模型解析，全年 $PM_{2.5}$ 来源中区域传输占比为 28% ~ 36%，本地污染排放占比为 64% ~ 72%，特殊重污染过程中区域传输占比高达 50% 以上。可见，外地污染源是北京市大气污染源中第二大来源，因此在北京市大气污染治理中不仅需要北京市政府与社会各界力量的参与，更需要周边地区政府与社会力量的通力协作，进行跨域治理③。在新的大气污染防治法修改之前，我国延续了长期以来的大气污染单因子监管和行政条块化监管模式，在区域性大气污染控制方面长期处于无监管、无措施、无责任人的"三无状态"，这直接制约了我国大气污染防治的成效④。基于此，关于大气污染协同治理的研究与实践便应运而生。2008 年北京奥运会前，为了保证奥运期间空气质量达标，我国首次打破行政区域的界限，建立了京津冀及周边地区大气污染联防联控机制，并取得了良好的效果⑤；在随后的上海世博会、广州亚运会和北京 APEC 会议期间继续采用这一机制，成为我国成功实现大气污染区域协同治理的典范。但是，由于缺乏区域协同治理的相关配套措施，采取的几次区域协同治理行动仅仅是特殊时期的短期行为，而不是长效机制。实践证明，"运动式"的治理方式，难以对大气污染进行有效治理。因此，需

---

① 北京环保局与三家非政府组织座谈环境信息公开[EB/OL]. (2013 – 04 – 24)［2016 – 04 – 22］. http://www.chinanews.com/gn/2013/04 – 24/4761247.shtml.

② 汪伟全.空气污染的跨域合作治理研究：以北京地区为例[J].公共管理学报,2014,11（1）：55 – 64.

③ 张成福,李昊城,边晓慧.跨域治理：模式、机制与困境[J].中国行政管理,2012（3）：102 – 109.

④ 吴志功.京津冀雾霾治理一体化研究[M].北京：科学出版社,2015：185.

⑤ 屠凤娜.京津冀区域大气污染联防联控问题研究[J].理论界,2014（10）：64 – 67.

要建立政府与社会的互动机制①，推进大气污染的协同治理。

为了打破大气污染治理"各自为政"和"运动式"的局面，2010年5月，环境保护部、国家发展改革委等九部门联合出台了《关于推进大气污染联防联控工作改善区域空气质量的指导意见》，这是第一个专门针对大气污染联防联控的综合性政策文件，提出到2015年要建立大气污染联防联控机制，强调北京市及周边地区的协同治理。随后，2012年，环境保护部、国家发展改革委、财政部出台《重点区域大气污染防治"十二五"规划》，提出建立"联席会议制度""联合执法监督机制"等②，推动了各省市之间的大气污染区域协同治理。2013年9月，国务院出台了《大气污染防治行动计划》（"国十条"）③，从政策上对京津冀、长三角和珠三角开展区域协同治理进行了支持。同年，环境保护部、国家发展改革委等六部门联合出台了《京津冀及周边地区落实大气污染防治行动计划实施细则》④，至此，北京市大气污染区域协同治理正式拉开帷幕。2015年，通州区被确立为北京市行政副中心标志着贯彻京津冀协同发展迈出坚实的一步⑤，为北京市大气污染多元协同治理奠定了坚实的基础。

2015年纪念抗日战争胜利70周年大阅兵之后的空气质量再度恶化以及2016年初严重的大气污染问题的再现，都说明北京市及其周边地区大气污染治理任重而道远，迫切需要发挥各地区政府和社会各界力量，大家一起行动起来，形成大气污染的多元协同治理机制。本书正是在此背景下，探讨北京市大气污染治理中政府与社会的互动合作关系对治理效果的影响，论证强政府与强社会相协同的强国家型全新治理模式的可行

① 胡宁生．国家治理现代化：政府、市场和社会新型协同互动[J]．南京社会科学,2014（1）：80－86．

② 关于印发《重点区域大气污染防治"十二五"规划》的通知[EB/OL]．[2016－04－22]．http：//www.zhb.gov.cn/gkml/hbb/gwy/201212/t20121205_243271.htm．

③ 国务院关于印发大气污染防治行动计划的通知[EB/OL]．[2016－04－22]．http://www.gov.cn/zwgk/2013－09/12/content_2486773.htm．

④ 关于印发《京津冀及周边地区落实大气污染防治行动计划实施细则》的通知[EB/OL]．[2016－04－22]．http://www.zhb.gov.cn/gkml/hbb/bwj/201309/t20130918_260414.htm．

⑤ 通州加快行政副中心建设 贯彻京津冀协同发展[EB/OL]．[2016－04－22]．http://news.xinhuanet.com/fortune/2015－07/15/c_128023356.htm．

性、有效性以及优越性，并把这种全新的协同治理模式从主体之间拓展到区域之间，为最终整体推进我国治理体系的现代化进程提供可靠的案例经验。

1.1.2　研究意义

本书的研究价值主要体现在两个方面，一是学术研究价值，二是现实应用价值。首先，从学术研究价值层面来看，本书将大气污染治理从单一主体和单一中心简化模型推向更加系统的多元主体治理与多中心协同治理模型，这与当前国际学术界对多元协同治理问题的关注趋势相一致，它不仅对大气污染治理的理论构建和发展方面具有较重要的理论贡献，还对更高层次的一般化集体行动困境的解决和公共事务治理有借鉴价值。其次，从现实应用价值层面来讲，本书的研究对于促进京津冀及周边地区的政府与社会参与大气污染协同治理具有指导意义，有助于进一步提高北京市及其周边地区大气污染协同治理的科学性，推动京津冀及周边地区构建科学合理的大气污染协同治理机制，进而为京津冀整体区域协同发展规划提供借鉴与参考。

1.2　研究内容与方法

1.2.1　研究内容

如图1.1所示，本书主要围绕两个核心议题展开研究：第一，在北京市大气污染治理中，多元协同治理是否扮演了重要角色？如果是，那么其主要参与主体是什么，其具体的治理机制是什么，治理机制的实际效果如何？第二，在跨区域大气污染治理中，京津冀区域协同治理都有哪些有效的方式与途径，京津冀区域协同治理是如何分配与协调治理主体间的利益关系的？

根据以上两个议题，本书研究的主要内容包括：

（1）我国大气污染多元治理制度的形成与发展；

（2）北京市大气污染多元协同治理主体参与程度及影响因素研究；

（3）北京市大气污染多元主体治理方式的选择与协同机制研究；

（4）北京市大气污染治理中利益协调机制研究；

（5）北京市大气污染治理中冲突解决机制研究；

（6）京津冀大气污染区域协同治理方式与途径研究；

（7）京津冀大气污染区域协同治理主体利益分配与协调研究；

（8）我国大气污染治理制度创新机制研究。

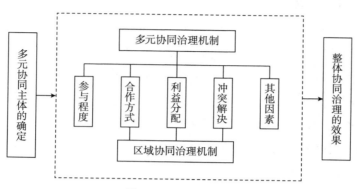

图 1.1　研究框架

资料来源：作者自制，下同（此后，资料来源为作者自制的，不再标注）。

本书基于协同治理的相关理论，探讨如何更好地进行北京市大气污染治理以及在治理过程中需要解决的若干问题，并希冀构建起适合中国国情的治理模式。从第2篇开始介绍关于"多元协同治理"的研究，包含了本书第2章至第6章的内容，主要介绍北京市大气污染治理过程中不同主体之间协同治理的机制及面临的问题。其中：第2章"我国大气污染多元治理制度的形成与发展"，介绍了新中国成立以来我国出台的关于治理大气污染的正式制度，将其划分为工厂粉尘治理阶段、全国大气浓度治理阶段、大气治理试点阶段、总量限制联防联控阶段、空气质量治理试点推广阶段等5个阶段，并提出了我国未来大气污染治理制度发展的若干建议；第3章"北京市大气污染多元治理主体参与程度及其影响因素"，主要运用问卷调查法测量了北京市大气污染治理中各治理主体的合作程度；第4章"北京市大气污染多元主体不同治理方式选择与协同机制"，从主体结构、治理方式、协同机制3个方面，对25个大气污染治理案例进行分析，系统探讨了北京市大气污染多元主体治理方式的选择与协同机制，并给出了协同治理的政策建议；第5章"北京市大气污染治理的利益协调机制"，通过定量和定性相结合的研究方法，探讨大气污染治理中的利益协调机制，得出大气污染治理中利益协调的7个原则；第6章"北京市大气污染多元协同治理中的冲突解决机制研究"，利用案例研究、访谈和文献荟萃相结合的方法，探讨了大气污染冲突解决的影响因素及解决机制，研究发现3种要素影响大气污染冲突的成功解决以及成功的大气污染冲突解决机制应满足的10个原则。第3篇开始介绍关于"区域协同治理"的研究，包含了本书第7章和第8章的内容，主要介绍京津冀大气污染治理过程中不同区域之间协同治理的机制及面临的问题。其中：第7章"京津冀大气污染区域协同治理方式与途径"，探讨了在治理京津冀大气污染中各个区域之间的协作方式如何影响到区域内大气污染治理的效果；第8章"京津冀大气污染区域协同治理主体利益分配类型与方式"，探讨了在治理京津冀大气污染中各治理主体之间不同的利益分配方式如何影响到区域内大气污染治理的效果。第4篇为"探索制度创新"，包含了本书第9章的内容，主要介绍了中国大气污染治理的制度创新机制。其中：选取了1973—2010年我国的12个大气污染治理制度创新的案例，通过模式匹配的案例分析方法，辅以文献研究，归纳出制度创新机制中的7个要素，组成了大气污染制度创新的供给机制、动力机制和变化机制。

1.2.2　研究方法与研究数据

本书主要采用定性与定量相结合的混合研究方法，包括案例分析、问卷调查、实地访谈、文献荟萃分析、数理统计等。当然，对于不同的研究问题，本书将采用不同的研究方法，研究方法以问卷调查与案例分析为主；同时，实地访谈、文献荟萃分析和数理统计等方法被用来对研究数据进行补充与验证。

1.2.2.1　研究方法

（1）问卷调查。

问卷调查选择了北京市的核心区县，即东城区、西城区、海淀区、朝阳区、昌平区、丰台区、通州区和顺义区，涵盖了首都功能核心区、城市功能拓展区、城市发展新区和生态涵养发展区。问卷调查的主要目的是了解被调查者对大气污染治理中多元主体的参与及合作情况的感知评价，这种基于大样本的感知评价方法，能够保证得出科学有效的结论。同时，为了验证京津冀区域协同治理方式与途径的理论框架，本研究还采用目标抽样和滚雪球抽样相结合的方式，对了解大气污染区域协同治理的官员、企业人员、居民、村民、专家学者等进行问卷调查。

（2）实地访谈。

实地访谈方法是为了弥补问卷调查和案例分析的不足，本书从两个方面进行实地访谈：一是在发放问卷的过程中，与当地居民进行深入的交流，以更清楚地了解人们对多元协同治理及治理过程中相关问题的认识；二是以选取的相关案例为依据，到实地进行调查，采访对大气污染治理有一定了解的民众、企业人员、政府官员、非政府组织成员等，了解其对北京市大气污染多元协同治理过程中相关问题的感知程度。总访谈的人数超过100人，每人访谈时间为1.5～3小时，其中主要访谈对象为北京、天津、河北三地以及周边地区大气污染的主要参与者，包括当地的政府部门、重点排污企业的工作人员，公众、专家学者以及其他的社会组织成员。

（3）文献荟萃分析。

此外，为了弥补封闭性调查问卷和访谈所得信息的缺陷，基于空气质量指数（Air Quality Index，AQI）和城市空气质量公开指数（Air Quality Transparency Index，AQTI）的诸多科学数据以及已有科学文献将被用来共同确定这些数据的有效性。文献荟萃将通过收集1978—2016年的政府公报及文件、学术论文、研究报告、统计数据、新闻报道、历史记录等相关资料进行分析，同时也选择其他省份的案例进行比较研究，以验证研究结论的可扩展性。这些案例将主要基于案例的分布地域、自然和社会条件差异、可获取性及在大气污染治理问题方面存在的相似性等进行选择。

（4）数理统计。

最后，本书还利用了回归统计分析、相关分析、卡方分析、因素分析及案例比较分析等方法来分析数据，并得出相关结论。

研究路径如图 1.2 所示，多元主体的确定依据杨立华等学者的研究成果而得，如图 1.3 所示。

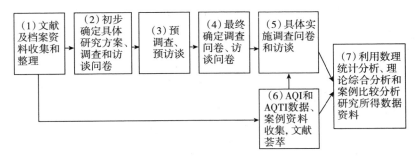

图 1.2　技术路线

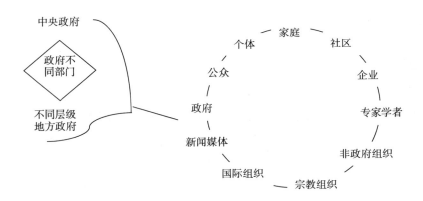

图 1.3　大气污染中的多元参与主体

1.2.2.2　研究数据与案例

（1）问卷调查数据。

本书在第 2 篇"多元协同治理"中，选择了北京市的核心区县进行调研，即东城区、西城区、海淀区、朝阳区、昌平区、丰台区、通州区和顺义区，涵盖了首都功能核心区、城市功能拓展区、城市发展新区和生态涵养发展区。问卷调查的对象包括了农民、个体工商户、企业人员、政府部门工作人员、事业单位工作人员、宗教组织工作人员、非政府组织工作人员和国际组织工作人员等。正式的调查于 2015 年 4—7 月进行，共发出问卷 2600 份，回收 2183 份，回收率为 84.0%；有效问卷 1937 份，有效率为 88.7%。第 3 篇"区域协同治理"中，本书选取了京津冀三地以及周边地区有代表性的调查对象，问卷发放总数为 600 份，回收 516 份，回收率为 86.0%；在剔除选项有明显规律等无效问卷后，回收有效问卷 503 份，有效问卷回收率为 97.5%。

（2）访谈数据。

实地访谈的地区主要是北京市及其周边城市，访谈的方式有面谈、电话访谈等。访谈的对象主要为政府部门官员、企业人员、当地居民、专家学者、媒体人员、国际组织工作者、民间组织工作者、宗教人士。

（3）案例选择与收集。

对于案例，本研究选取了北京市以及其他省份的大气污染治理相关典型案例。案例选取的依据有：首先，事件的起因与大气污染有关（如由垃圾焚烧、工厂向空气排污等引起的）；其次，案例中涉及的主体实施了具体的行动（如上访、网上公开声讨等）；最后，案例拥有大量相关文献研究支持（如期刊文章、新闻报道、网络资料、书籍著作等），能保证所选案例的完整性与可靠性。与此同时，本书从证据来源、案例地区与层级等多个方面对案例进行了筛选。

第一，证据来源方面。为了保证案例资料的可靠性与完整性，本书综合使用多种渠道采集资料，并在使用过程中进行灵活调整与组合，从多个角度对案例事实进行验证。案例的证据来源包括期刊文章、会议论文、图书专著、学位论文、政府文件、报纸新闻（包括纸质版和电子版）、网络资料（主要指论坛、博客、微博等信息）以及实地的采访与观察等，形成了资料三角形。需要指出的是，此处所列的这几项证据来源是针对整体案例讲的，因为不同案例发生的地点不同、规模不同、引起的社会关注度也不同，所以并非所有案例都拥有上述所列的每项证据来源的支持。同时，最终案例资料形成于对不同研究者搜集的初始资料的共同整理，保证了研究者的多样性，进而形成研究者三角形。通过资料三角形和研究者三角形形成案例的证据三角形，保证了案例资料的有效性与可信度。

第二，案例地区与层级方面。本书在案例的选取过程中特别注意案例地区分布的广泛性和案例事件的代表性，最终确定的这些案例分布的地点不仅包括空气污染严重的北京市，还拓展到了中国大气污染严重的其他省、市、县、乡，能够保证研究的有效性。案例层级是指案例发生区域的行政职级，包括国家级、省级、市级、区县级、乡镇级等。同时，大量案例属于市级、区县级和乡镇级，有助于增加研究的适用性。

为保证研究的外部有效性，本书在案例的选择上分为两个阶段，即第一阶段的案例总结和第二阶段的案例验证。第一阶段的案例总结工作旨在分析和总结大气污染治理的影响因素及重要问题的解决机制，如利益协调及冲突解决机制，本阶段共 10 个案例，主要为北京市发生过的大气污染冲突案例；第二阶段的案例验证将案例的选取扩展到了中国大气污染严重的其他省、市、县、乡等，其目的在于检验第一阶段总结的影响因素和解决机制。

案例编码中最常遇见的问题就是由个人喜好和结果偏向性等主观因素造成的编码偏见与误差，为了解决这一问题，本书的案例编码由多人共同完成。在整个的编码过程中共有三人参与，即研究者和两名协助编码人。首先由三人采用背对背形式进行编码。其次对三人的编码结果进行对比，若三者的相似度均大于 70%，则讨论统一编码；若存在两两相似度低于 70%，则重新进行编码，直到三者的相似度均大于 70%。最后讨论统一编码，确定结果。

1.3 研究的模式构建：强政府与强社会相协同的强国家型全新治理模式

当前，北京市及其周边地区的大气污染形势依旧严峻，对其进行治理必须摒弃以往以政府为中心的单一治理模式，充分发挥并调动社会组织和民间力量，逐渐形成强政府与强社会相协同的强国家型全新治理模式。而强政府与强社会的加总，才是最终实现理想意义上强国家的必要条件。

在我国历史上，国家治理有着强政府的传统，而社会力量则一直相对较弱。鉴于此，有必要从理论上对政府和社会之间的关系做一个简单梳理。西方学者常常从法团主义和多元主义理论层面对政府与社会关系进行论述。

1.3.1 法团主义

法团主义（Corporatism）有着悠久的历史渊源。学术界比较一致的看法是，法团主义具有欧洲天主教教义、民族主义和社会有机论三个理论来源。[1] 法团主义在理论上认为，社会与国家不是对立的，国家的权威要予以保护。[2] 通过对法团主义从起源到 20 世纪 70 年代具体政治实践的细致观察，菲利普·施密特下了这样的定义："法团主义，作为一个利益代表系统，是一个特指的观念、模式或制度安排类型，它的作用是将公民社会中的组织化利益联合到国家的决策结构中。"他还进一步对法团主义的基本特征做了如下界定：国家具有重要地位，它合法参与经济决策，主导工业发展方向；而社会参与则是以行业划分的功能团体形式，它们互相承认对方的合法性资格和权利，并相互协商制定有关的政策；法团主义政制的中心任务是有序地将社会利益组织、集中和传达到国家决策体制中去，因而它主张促进国家和社会团体的制度化合作；获批准的功能团体对相关的公共事务有建议、咨询责任，同时在决策完成后有执行义务，它还应把本集团成员完好地组织起来，限制他们的过激行动；获批准的功能团体数量是限定的；不同团体间是非竞争的关系；每个行业内的不同代表组织以层级秩序排列，这反映了它们与国家接近的机会和距离；功能团体在自己的领域内享有垄断性的代表地位；作为交换，对功能团体若干事项，国家应有相当程度的控制。[3]

美国学者威亚尔达认为，法团主义有三个特征：一个强势的主导国家；对利益群体自由与行动的限制；吸纳利益群体作为国家系统的一部

---

① 郑柏琼. 法团主义与中国特色社会主义民主建设[J]. 安庆师范学院学报（社会科学版），2005（6）：39 – 41.

② 赵斌. 法团主义视角下的国家—社会关系[J]. 求索，2013（9）：260 – 262.

③ 王侃. "法团主义"视角下政府、社会协作关系的构建与运作：基于宁波北仑"区域和谐共建理事会"制度的研究[J]. 浙江学刊，2010（1）：145 – 150.

分，帮助国家管理和开展相关政策。与多元主义（Pluralism）相比，法团主义下政府与社会组织关系的情形可概括为：社会组织依服务功能做出区别，并受到单一数量的限制，有非竞争与层级顺序的特质，同时具有垄断性，其存在必须由政府承认或颁发执照，并且通过服务资源注入或领导选择等方式对社会组织进行干预。①

法团主义的国家与社会关系中，国家与社会不是彼此独立而是相互融合的，国家希望能将社会的利益整合进国家的体系，从而使国家能够对社会进行控制和支持。在国家的控制和支持下，某个利益团体形成垄断、其他利益团体按照层级排列，社会中的利益团体之间是非竞争关系。国家有绝对的主导权，利益团体之间的关系由竞争变为垄断。国家与利益团体之间存在一种制度化的交换，利益团体有部分权利对国家提出意见建议，也有义务使国家意见在自身所在领域中得到贯彻实施。②

1.3.2　多元主义理论

多元主义理论是 20 世纪上半叶流行于西方的一种政治思想，它反对西方传统的主权学说，否认国家是唯一具有最高主权的机构，认为教会、工会、商会等社会团体具有与国家同样的性质和权力，政治权力是多元的。持多元主义理论者把现代社会中存在的各种社会团体作为个人与国家之间的中介，认为这些个体自由组建的多元化的、彼此竞争的各种团体，有助于社会中各种诉求的表达，并且通过自由竞争可以达成一种"政治市场"的均衡状态，从而使整个社会受益。国家不是凌驾于各种社会团体之上的主权者，而是众多社会团体中的一个，它的作用在于维护公共利益，调解各社会团体之间的冲突，它也不是法律的唯一来源，其他社会团体也是法律的制定者。③

多元主义理论以社会为中心，其核心观点为社会与国家是彼此独立

---

① 杨永伟，陆汉文．服务购买中政社关系研究的范式转换与超越[J]．求实，2017（1）：68－76．
② 王卉．公共服务"逆回购"中政府与社会组织的关系研究[D]．上海：华东政法大学，2016．
③ 丁惠平．中国社会组织研究中的国家—社会分析框架及其缺陷[J]．学术研究，2014（10）：45－49．

的，社会中有着分散而多元的权力，这些具有权力的利益团体需要通过竞争来获得资源。"就国家与社会的关系来说，多元主义认为社会与国家是彼此独立的。由多个具有自由意志和自身利益代表的团体共同组成的社会不受国家的干涉和影响，存在着分散而多元的权力。利益团体是完全自主的，遍布广泛、领域广阔，代表着不同的利益诉求，不同的利益团体之间通过激烈的竞争获取资源。在竞争中没有占绝对主导地位的利益团体，每个利益团体都可以通过竞争反映自身的利益诉求、运用自身的资源去影响国家的决定。在多元主义的理念中，每个利益团体都可以通过对国家施加压力来维护自身权益，国家是社会赋权的社会意志的代表，负责对压力进行回应。相对而言，国家处于较为被动的地位，需要在不同的利益团体之间进行调节。在多元主义理论的国家与社会的关系中，国家可以更广泛地听取来自社会的声音，社会可以对国家进行监督。"①

通过对以上西方两个经典理论的梳理，我们发现政府与社会并不是矛盾对立与不可调和的，恰恰相反，它们应该是互动补充、相辅相成的，所以强政府与强社会相协同的治理模式是理想中所追求的善治模式。

在提出强政府与强社会相协同的强国家型全新治理模式之前，首先我们有必要厘清政府与国家之间的关系②。有学者将政府与国家相混同，认为国家等同于政府。然而，国家并不能简单地与政府画等号，白平则认为"国家指地理、主权意义上的政权组织与各种非政府的社会组织构成的统一整体"③。可见，各类社会组织便是国家内除政府以外的部分，和国家内可唯一合法使用暴力的正式组织——政府完全不同，社会组织是非整体化的存在，作为整体存在的政府与非整体存在的社会相加总才构成了真正意义上的国家，而我们平时只是在狭义上把政府等同于国家，实际上是忽略了社会这一重要环节。乔尔·S. 米格代尔在其著作《强社会与弱国家：第三世界的国家社会关系及国家能力》中认为，虽然国家

---

① 王卉. 公共服务"逆回购"中政府与社会组织的关系研究[D]. 上海：华东政法大学，2016.
② 此部分的文献综述和相关讨论较多参考了如下文献：杨立华. 建设强政府与强社会组成的强国家：国家治理现代化的必然目标[J]. 国家行政学院学报，2018(6)：59-62.
③ 白平则. 强社会与强国家：中国国家与社会关系的重构[M]. 北京：知识产权出版社，2013：8.

与政府有区别，但是政府作为执行国家意志力的代表，是国家的代言人，在一定程度上政府与国家在某些场合是等同的；但国家领导人在追求国家强势地位时，面对来自酋长、地主、老板、富农、部落首领等强人，通过其各种社会组织的抵抗形成的难以逾越的障碍时，往往显得无能为力。[①] 可见，国家的有效治理不能仅仅依靠一个强势的政府，还需要吸纳各类社会组织，没有来自社会的普遍参与和认同，再强势的政府也很难自行运转形成一个理想意义上的强国家，从强政府到强国家之间恰恰需要一个强社会来弥合与填充所有的管理缝隙。

其次我们有必要厘清强政府和强社会之"强弱"概念。从狭义的国家和政府等同的角度讲，福山曾指出："有必要把国家活动的范围和国家的权力强度区别开来，前者主要指政府所承担的各种职能和追求的目标，后者指国家制定并实施政策和执法的能力特别是干净的、透明的执法能力——现在通常指国家能力或制度能力。"也正是在这个意义上，他说："它们不需要什么都管的国家，但它们确实需要在有限范围之内具有必要功能的、强有力并且有效的国家。"[②] 维斯和霍布森更明确地指出，"国家干预的外延范围与力度或有效度应区别开来，国家能力和国家职能并不等同"，"管得宽并不等于管得住"，"且国家能力与其经济和社会干预能力成正比，与其干预范围成反比。国家希望达到的干预范围越大，国家能力越弱；国家实际实现的干预程度越大，国家能力越强"[③]。可见，强政府不一定是面面俱到、处处统管的政府，管得过宽、过广的政府很可能是弱政府。但是，非政府的社会组织则不一样，社会管理范围的大小虽不必然地表现为社会力量强弱的全部内容，却是社会力量强弱的基础。就社会而言，社会管理范围宽广的社会虽不必然就是强社会，但为建立强社会提供了基础；而社会管理范围狭隘的社会，即使力量发挥到极致，也仍只能

---

① 乔尔·S. 米格代尔. 强社会与弱国家：第三世界的国家社会关系及国家能力[M]. 张长东，译. 南京：江苏人民出版社，2009：37.

② 弗朗西斯·福山. 国家构建：21世纪的国家治理与世界秩序[M]. 黄胜强，等译. 北京：中国社会科学出版社，2007.

③ 琳达·维斯，约翰·M. 霍布森. 国家与经济发展[M]. 黄兆辉，译. 长春：吉林出版集团有限责任公司，2009.

是弱社会，不会变成强社会。而社会力量的强大则是构建强国家的基础，白平则也指出："强国家离不开社会公众的支持、参与，民众支持是国家强大的基础；同时，社会强大并不意味着要削弱国家，而一个虚弱的社会则必然无力支持一个国家持久的强大。"① 综上可见，由于强政府在其必要的限度和范围内，无论多么强大，都不会影响社会管理范围的大小和社会管理能力的强弱，所以，强政府与强社会并不冲突，二者共同构成了真正意义上的强国家。

在厘清政府、社会和国家基本概念及政府和社会强弱关系的基础上，杨立华把政府、社会和国家的关系划分为四种基本类型：强政府和强社会组成的强国家、强政府和弱社会组成的半强国家Ⅰ型、弱政府和强社会组成的半强国家Ⅱ型、弱政府和弱社会组成的弱国家。② 如果我们把强弱关系进一步细分为强、较强、半强、半弱、极弱五种，那么在此划分下，我们可以回顾中国的历史，对其各个阶段的政府与社会关系进行简单的评判：整个传统封建中国可看作半弱政府与极弱社会的国家（虽相对于其他国家而言，封建社会的中国政府能力也一直较强，仍可看作那个时期半强国家Ⅰ型的典范；但相对于未来要进一步发展的理想类型的强国家来说，这个时期的政府仍可看作半弱政府）；到了民国时期，政府职能和能力有所增强，可看作半弱政府与半弱社会的国家；新中国成立后，我国采取了高度集中的政治与经济体制，在这一模式下，国家与社会高度一体化，政府能力大幅增强，国家对社会事务无所不包，在高度集中的政治经济体制下，国家的职能深入社会的每一个环节，社会力量虽然仍旧存在，但是丧失了积极性和主动性，在"文化大革命"前，我国处于较强政府与半弱社会的阶段；"文化大革命"开始后到党的十一届三中全会前，可以说我国处于半弱政府与极弱社会的阶段；党的十一届三中全会到 1989 年，政府力量逐渐恢复正常，社会力量也有所发展，可看作较强政府与半弱社会的阶段；1989 — 2011 年，我国进入了国家与社

---

① 白平则. 强社会与强国家:中国国家与社会关系的重构[M]. 北京:知识产权出版社,2013:8.

② 杨立华. 建设强政府与强社会组成的强国家:国家治理现代化的必然目标[J]. 国家行政学院学报,2018(6):59 – 62.

会转型期，公民权利得到了快速发展，政府能力略有下降，但基本仍维持较强地位，社会虽进一步发展，但仍处在较弱状态，可看作较强政府与半弱社会的第二阶段；2011 年以后，政府力量进一步加强，社会力量进一步削弱，但整体上仍可看作较强政府与半弱社会的第三阶段。如今我们要实现国家治理现代化，而其目标之一就是首先要实现从较强政府和半弱社会所构成的国家向强政府和半强社会所构成的国家转变，最终实现从强政府与半强社会所构成的半强国家Ⅰ型向强政府和强社会所构成的强国家转变①。

在此意义上，本书提出了强政府与强社会相协同的强国家型治理大气污染的新模式。这种治理大气污染的新模式可以说是强政府与强社会构成的强国家型协同治理模式在某个具体领域的研究应用。当然，以此为切入点，也可以将这一协同治理的新模式拓展到其他领域。

1.4　研究的贡献

本书对北京市大气污染协同治理机制进行了全面而系统的分析，提出强政府与强社会相协同的强国家型全新治理模式，这在大气污染治理研究方面是一个新突破，也是制度分析和制度经济学研究的一个新课题，希望在将来能够带动更多相类似的研究。具体而言，本书的主要贡献如下。

（1）从强政府与强社会组成的强国家角度，依据协同治理的相关理论，对北京市大气污染协同治理机制进行了研究。论证了在大气污染治理中，强政府与强社会是可以同时存在的，并且是治理大气污染的有效方式，扩展了政府与社会研究的视域。

（2）通过实证研究归纳出有效且成功的大气污染协同治理机制的基本制度设计原则。这些制度设计原则可为未来大气污染协同治理的制度安排和实践运用提供具体指南。

---

① 更多具体分析请参阅:杨立华.建设强政府与强社会组成的强国家:国家治理现代化的必然目标[J].国家行政学院学报,2018(6)：59－62.

（3）多方法综合集成厘定了影响大气污染多元协同治理效果的关键因素。影响多元协同治理效果的因素很多，但究竟哪些是关键因素却没有得到最终确认。本书综合使用回归分析、相关分析、因素分析、系列卡方检验等研究方法并结合理论分析，确定了其中关键性的因素，从而为未来大气污染治理领域进一步的研究和相关决策提供了科学依据。

（4）构建评价大气污染多元协同治理效果的测评体系。以往的研究虽然认识到了多元协同治理在大气污染防治中的作用，但是并未对这种作用进行针对性的测量。本书尝试通过细化各种代理变量同时综合应用多种数据收集和分析方法构建系统测评体系，对大气污染多元协同治理的效果进行测量。

（5）把大气污染协同治理中的主体协同扩展到了区域协同，并对跨区域协同治理的方式与途径及利益分配与协调机制进行了系统性分析，进一步拓展了大气污染协同治理体系的发展途径，为整体区域协同发展规划提供借鉴与参考。

第2篇

多元协同治理

乘众人之智，则无不任也；用众人之力，则无不胜也。

——汉·刘安《淮南子·主术训》

| 第 2 章 |

我国大气污染多元治理制度的形成与发展[①]

2.1　导言

大气污染本身具有的污染速度快、范围大、持续时间长等特点[②]决定了其治理难度大、困难多，必须通过建立明确的规则，并使其治理制度化，才能取得良好的效果。于是，合理的大气污染治理制度就成为大气污染治理取得成效的重要前提和保障。因此，本章主要考察新中国成立以来我国制定的大气污染治理的有关制度。

制度在不同的学科有不同的含义[③]，道格拉斯·C.诺斯将制度定义为"一个社会的博弈规则，或者更规范一点说，它们是一些人为设计的、形塑人们互动关系的约束"，主要包括正式的规则（包括政治和司法宪法、经济规则和契约）、非正式的约束（包括人们日常生活中的行事准则、行事规范以及惯例）和二者的实施特征。本章主要考察国家在治理大气污染过程中出台的正式制度，包括相关法律法规、政府政策、政府会议文件、环保机构文件等。本章通过对正式制度进行内容分析，探讨我国大气污染治理制度的变迁过程，归纳其特点并发现其存在的问题，然后提出改进建议。

---

① 本章部分内容已在所列文献发表:杨立华,常多粉. 我国大气污染治理制度变迁的过程、特点、问题及建议[J]. 新视野,2016(1)：94 - 100.
② 王文革. 环境资源法[M]. 北京：北京大学出版社,2009：35.
③ 杨立华,杨爱华. 三种视野中的制度概念辨析[J]. 中国人民大学学报,2004(2)：115 - 121.

2.2　我国大气污染治理制度变迁过程

通过分析比较不同时期我国有关大气污染治理的全国会议召开、机构设置及制度颁布等方面的信息（见表2.1），可将我国大气污染治理制度的变迁分为五个阶段（见图2.1）。

表 2.1　我国有关大气污染治理的制度信息

项目	1978 年以前	1978—1989 年	1990—1999 年	2000—2010 年	2010—2014 年
全国会议	第一次全国环境保护会议	第二、第三次全国环境保护会议	第四次全国环境保护会议	第五、第六次全国环境保护会议	第七次全国环境保护会议
机构设置	1974 年设立国务院环境保护领导小组	1982 年设立环境保护局，1984 年升为国家环境保护局（副部级）	国家环境保护总局（正部级）	环境保护部	环境保护部
制度颁布	数量较少，形式单一，以政府条例为主，主要针对工厂粉尘	数量增多，形式有所增加，法律、管理办法、标准等形式出现，主要针对烟尘浓度	数量大大增多，增加细则、方案、技术政策等形式，开始采用重点区域等试点形式	数量和形式都增加，主要针对污染总量控制，实施联防联控措施	数量和形式空前多，主要针对大气雾霾等重污染天气，同时将试点经验进行推广

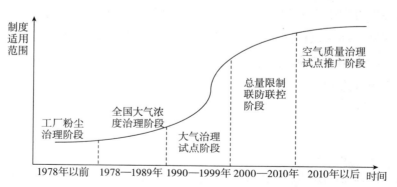

图 2.1　我国有关大气污染治理的制度变迁

（1）第一阶段：1978年以前的工厂粉尘治理阶段。

1978年以前，国家工作重心为经济建设，环境保护不被重视，出台的相关制度比较少，且制度主要是针对各公私营工厂企业内的空气质量，以保护工人的身体健康为主，如1953年的《工厂安全卫生暂行条例》、1956年的《工厂安全卫生规程》。1973年，第一次全国环境保护会议召开，提出了"三十二字"战略方针；同年出台的《工业"三废"排放试行标准》规定了工业废气容许排放量浓度。1974年国务院成立的环境保护领导小组负责全国的环境保护工作，这是我国历史上第一个环境保护机构。由此大气治理工作初步发展起来。

（2）第二阶段：1978—1989年的全国大气浓度治理阶段。

改革开放后，环境保护逐步得到重视，大气污染治理工作针对全国大气浓度问题进行治理，促进了制度制定。具体表现在三方面。①全国环境保护会议分别于1983年和1989年召开，环境保护成为我国的基本国策，我国先后提出环境保护的八大制度。②环保机构的地位逐步得到提高。1982年，环境保护局成立，内设于城乡建设环境保护部；国务院成立环境保护委员会，专门致力于加强各部门的协调。1984年，国家环境保护局成立，至此成为副部级，环境保护工作得到了很大程度的保障。③这一时期主要出台的相关制度的数量和形式都有所增多，其中：《中华人民共和国环境保护法（试行）》（1979）、《中华人民共和国大气污染防治法》（1987）为大气污染治理提供了法律保障；《大气环境质量标准》（1982）运用量化的方法，将大气环境质量区分为三类，并且规定了空气污染物三级标准浓度限值，使大气污染治理和环境保护可操作化；《关于防治煤烟型污染技术政策的规定》（1987）对城市街道和行政区的烟气黑度与烟尘浓度进行了规定，并提出建设的基本原则。

（3）第三阶段：1990—1999年的大气治理试点阶段。

我国大气污染治理制度在这一阶段主要采用了试点方式，制度制定得到快速发展。主要表现在三方面。首先，1996年全国环境保护会议制定了污染防治和生态保护并重的方针，提出保护环境是实施可持续发展战略的关键，要将环境保护工作推向一个崭新的阶段。其次，环保机构地位进一步提高，1998 年国家环境保护总局成立，机构地位上升为正部级。环境保护工作以国家环境保护总局为主，同时加强了与其他相关部门的合作，如：《征收工业燃煤二氧化硫排污费试点方案》由国家环境保护局、国家物价局、财政部、国务院经贸办联合发布；《机动车排放污染防治技术政策》由国家环境保护总局、科学技术部和国家机械工业局联合发布。最后，这一时期出台的制度数量和形式都快速增加，且更加科学。对原有的部分制度进行了修订，如：1995 年《中华人民共和国大气污染防治法》进一步修订，对落后生产工艺和设备、煤炭的洗选等问题进行修改；1996 年《环境空气质量标准》也对总悬浮颗粒物等 14 种术语的定义和对环境质量的分区、分级有关内容进行了改动，调整补充了污染物项目、取值时间、浓度限值和数据统计的有效性规定；《汽车排气污染监督管理办法》（1990）、《大气污染防治法实施细则》（1991）、《征收工业燃煤二氧化硫排污费试点方案》（1992）、《机动车排放污染防治技术政策》（1999）等以管理办法、细则、方案、技术政策等形式，具体规定了大气污染治理的工作实施，运用收费等市场经济手段，加强了对二氧化硫、烟尘、废气和粉尘等污染物的监督和管理；《酸雨控制区和二氧化硫污染控制区划分方案》（1998）等制度采取了试点的形式，展开了大规模的重点城市、流域、区域、海域的污染防治及生态建设和保护工程，大大促进了大气污染的治理。

（4）第四阶段：2000—2010 年的总量限制联防联控阶段。

这一阶段的大气污染治理制度主要针对污染总量进行限制，开始实施联防联控措施，进一步促进制度发展。主要表现在三方面。首先，先后于 2002 年和 2006 年召开全国环境保护会议，将环境保护定为政府的一项重要职能，规定按照社会主义市场经济的要求，动员全社会的力量做好这项工作。其次，2008 年环境保护机构成为国务院组成部分，且制度制定机构更加专业化，以环境保护总局（部）为主，这有利于责任明晰化。最后，这一时期的制度更加完善，从各个方面对大气污染治理工作进行了修订或规定。2000 年修订了《中华人民共和国大气污染防治法》，对立法目的、防治主体、法律责任等进行了修改，坚持可持续发展战略，更加明确各级政府责任，同时法律责任由 10 条增加到 20 条，并将超标排污定为违法，加大了惩罚力度；《两控区酸雨和二氧化硫污染防治"十五"计划》（2002）、《现有燃煤电厂二氧化硫治理"十一五"规划》（2007）、《国家酸雨和二氧化硫污染防治"十一五"规划》（2010）等以规划的形式，主要针对重点区域的酸雨、二氧化硫等污染物，大大保证了环境保护工作的连续性；《关于有效控制城市扬尘污染的通知》（2001）、《二氧化硫总量分配指导意见》（2006）和《主要污染物总量减排监测办法》（2008）等制度表明，二氧化硫、酸雨、光化学烟雾、灰霾、臭氧层、氮氧化合物等物质进入管制范围，管制对象由污染物的浓度控制转为总量控制；在实施范围方面，环境保护制度开始实施区域联合，《燃煤二氧化硫排放污染防治技术政策》（2002）、《关于推进大气污染联防联控工作改善区域空气质量的指导意见》（2010）规定了大气污染联防联控工作的重点区域，防控重点污染物、重点行业、重点企业和重点问题等内容。

（5）第五阶段：2010 年以后的空气质量治理试点推广阶段。

这一阶段对大气环境保护的重视程度达到空前阶段，主要是将成功的试点经验进行推广，全面提高空气质量。这主要表现在三个方面。首先，2011 年召开全国环境保护会议，主张在发展中保护、在保护中发展，推动经济转型，提升生活质量，为经济长期平稳较快发展固本强基，为人民群众提供水清天蓝地干净的宜居安康环境。其次，制度制定机构主要为环境保护部，此外国家发展改革委、科学技术部、财政部、国家统计局等机构也参与其中，参与机构增多，且相关机构地位较高。最后，这一阶段所出台的制度是有史以来数量最多、形式最多元、最具战略地位的。2012 年将《环境空气质量标准》进一步修订，新增加一氧化碳、臭氧、$PM_{2.5}$ 三项监测污染物，将空气污染指数改为空气质量指数，同时规定有些项目必测，有些项目根据地方生态环境特点选测，规定更加科学。《大气污染防治行动计划》（2014）提出"经过五年努力，全国空气质量总体改善，重污染天气较大幅度减少；京津冀、长三角、珠三角等区域空气质量明显好转"的总指标，并制定出具体指标。这一阶段的制度适用范围集中在重点区域，如《重点区域大气污染防治"十二五"规划》主要适用于北京、上海、天津、重庆等直辖市以及 15 个省会城市在内的共计 47 个城市，《空气质量新标准第一阶段监测实施方案》《空气质量新标准第二阶段监测实施方案》等适用于规定的 116 个重点城市和模范城市。这一阶段的制度对各污染物的总量减排进行严格的量化和控制，更加重视监测能力的建设且采取多种手段治理大气污染，如与五大企业签订《"十二五"主要污染物总量减排目标责任书》（2012），出台《关于加强环境空气质量监测能力建设的意见》（2012），加强监测能力建设，制定《蓝天科技工程"十二五"专项规划》（2012）；2013 年出台《关于进一步做好重污染天气条件下空气质量监测预警工作的通知》，主要针对高污染行业进行管制，加强重污染天气下的空气质量监测建设，加强对雾霾天气、可吸入颗粒物的控制，机动车等废气排放逐渐成为管制的重点；《中华人民共和国大气污染防治法》（2015 修订）从修订前的 7 章 66 条扩展到现在的 8 章 129 条，条文增加了近 1 倍，几乎将所有的法律条文都进行了修改，做出总量控制以强化责任，从源头进行治理，加大处罚力度，规定环境信息公开，保障公民参与和监督大气环境保护的权利并鼓励公民进行举报等规定，为大气污染治理提供了法律保障。

2.3 我国大气污染治理制度变迁主要特点

根据不同阶段我国有关大气污染治理的全国会议召开、机构设置及制度颁布等方面的差异，可将我国大气污染治理制度变迁的主要特点概括如下。

（1）大气污染治理制度数量不断增多，形式呈现多元化、连续化趋势，制度结构逐渐完善，且制度规定的惩罚力度逐渐加大。

随着工业经济的发展，大气污染越来越严重，对人们生活的影响越来越大，为此，政府逐渐加强了制度建设。大气污染治理制度数量不断增加，制度形式越来越多，呈多元化趋势，上至宪法、综合法、政府行政法规，下至通知、规定等，都为大气污染治理提供了越来越完善的制度保障。此外，制度制定具有连贯性，这一方面体现了制度的路径依赖；另一方面反映了政府治理大气污染计划的长期性，有利于政策的有效贯彻实施。

随着制度的不断发展，造成大气污染所需承担的法律责任日益明确，惩罚力度也不断加大，如《中华人民共和国大气污染防治法》（2015 修订）取消最高罚款封顶限额，施行"按日计罚"。

（2）大气污染治理机构的地位不断提高，合作机构日益增多，呈现多部门联合治理的现象，地方政府和其他社会主体作用逐渐得到重视。

随着环境保护工作日益受到重视，环境保护机构的权力和地位也日益提高，这一方面能够保证相应的措施得到贯彻和落实；另一方面加强了环保部门与国家发展改革委、财政部等合作，为环境保护提供了更多资金资源的支持，有利于政策的贯彻落实。随着对大气污染的认识越来越科学，一方面，制度的制定越来越多地与农业农村部、科学技术部、国家统计局等多部门合作，并征求有关部门、行业协会、企业事业单位和公众等各方意见，尤其是越来越重视组织专家进行审查和论证。另一方面，制度的制定越来越多地发挥了地方政府在大气污染治理中的作用，并规定了对超总量和未完成达标任务的地区实行区域限批，此外，还约谈主要负责人，为治理大气污染提供各方面的技术支持和保证。

（3）大气污染治理制度的管制对象呈现以二氧化硫、悬浮颗粒物、氮氧化物等为主，多种污染融合治理的现象；同时对污染物的管制重点由浓度控制转为总量控制。

由于政府资源有限，不同时期管制的主要大气污染物是不同的。改革开放后至 2000 年前，经济发展和城市化一直占政府工作的核心地位，所以发展工业和城镇化建设成为必然趋势，这就造成煤炭、发电行业等迅速发展，导致了酸雨的多发，因此这一阶段政府主要治理二氧化硫等污染物。随着时代的发展和科技的进步，科学家们发现造成大气污染的污染物会相互影响，如一氧化碳、二氧化碳、二氧化硫、可悬浮颗粒物等之间的相互作用会导致再污染，因此加强了对多种污染物的融合治理。

《中华人民共和国大气污染防治法》（2015 修订）规定对颗粒物、二氧化硫、氮氧化物、挥发性有机物、氨等大气污染物和温室气体实施协同控制，并重点控制机动车尾气污染和燃煤污染等污染源头。此外，对污染物的管制重点由浓度控制转为总量控制，如《城市烟尘控制区管理办法》是对烟尘浓度进行控制，《二氧化硫总量分配指导意见》是对二氧化硫总量进行规定，《中华人民共和国大气污染防治法》（2015 修订）规定以大气环境质量为目标，进行产业结构调整，这表明政府对污染管理要求有了质的变化，有利于从根本上改善大气质量。

（4）大气污染治理制度的适用范围由全国范围为主转为重点区域治理，重视区域间联防联控。

在新中国成立初期，政府面向全国各地制定大气污染治理制度。随着时间的推移和社会的发展，政府逐渐认识到资源的有限性和各地经济发展的不平衡性，因此开始有针对性地制定政策。一般是采取试点的形式，对污染严重的城市着重治理，集中力量解决主要问题，试点成功后再扩展到全国各地。这样既保证了政策有效性迅速显现，又能够实现资源的有效配置。此外，由于一个地区的大气污染问题与周边地区有很大关系，因此跨地区联合治理逐渐成为解决大气污染问题的有效措施。鉴于经济发展水平和居民意识等因素，目前区域间联防联控主要运用在京津冀、长三角、珠三角等重点区域和直辖市、省会城市。

2.4　当前大气污染治理制度存在的问题

虽然我国大气污染治理制度已经比较完善，但是较其他发达国家而言，仍存在较多问题。

（1）制度形式虽逐渐多元化，但法律法规等强约束力制度和技术政策等类型的制度数量仍较少。

西方国家多运用法律甚至宪法的形式来保证环境治理（如美国颁布了《空气质量法》），而在我国，大气污染治理制度目前虽然已渐成体系，但是政府条例，如指导办法、方案、通知等，仍占较大比例，类似于大气污染防治法等成文法或宪法的制度形式较少，其约束力和强制力远不如美国。

技术政策是针对特定问题的一种技术方面的规定，在国外是经常被使用的一种政策形式，能够切实改进空气质量。在我国政府条例这一层级的制度中，诸如《机动车排放污染防治技术政策》《燃煤二氧化硫排放污染防治技术政策》等制度形式比较少。

（2）大气污染治理机构地位不断提高，且呈现多部门合作的趋势，但合作部门仍局限于同级部门间，与纵向部门间和政府组织外的合作仍较少。

正如全球治理委员会在《我们的全球之家》中将治理定义为"各种公共的或私人的个人或机构管理其共同事务的诸多方式的总和"，多元主体的参与是治理各种社会问题的趋势。① 政府机构是大气污染治理的主体，且兄弟部门间的合作有利于合理分配资源，为大气污染的治理提供财力、物力等方面的支持。反观我国，大气污染治理机构一方面与监测监督等机构的合作较少，从而不利于大气污染的预防和减缓，另一方面与全国人民代表大会及常务委员会等上级权力机构和下级相关部门的合作与互动也较少，在纵向层级没有形成比较完善的体系，地方机构也很少参与制度制定过程。

制定大气污染物合理的浓度和总量标准、持续监测大气中各污染物的数值、研究和使用大气污染物减排技术等工作的实施，需要政府机构加强对专业技术方面以及公司企业等方面的支持，只有这样，才能进一步加快大气污染的治理进程。但目前，大气治理机构不管是与科学研究院、高等院校等专业机构的合作，还是与企业等主要大气污染源的合作，抑或是与国际政府或非政府组织的合作，都处于初步阶段，有待加强。

---

① 杨立华. 构建多元协作性社区治理机制解决集体行动困境：一个"产品－制度"分析（PIA）框架[J]. 公共管理学报,2007(2)：6－23.

（3）大气污染治理制度仍存在重点管制对象较少、执行力度仍需加大等问题。

在美国，对二氧化硫、总悬浮颗粒物、一氧化碳、二氧化氮、臭氧、铅等6种污染物都进行严格控制，在一个地区，这6种污染物中只要有1种不达标，该地区就被称为"未达标区"，就被强制要求进行治理。[1] 而我国目前所管制的污染物主要是化学需氧量、氨氮、二氧化硫、氮氧化物和颗粒悬浮物这几种，针对其他污染物的管制标准很少或几乎没有，这与防治大气污染物之间的相互影响是不相符的，而且在已有的标准设定上，虽然我国的标准已经逐渐接近或达到先进国家的水平，如《环境空气质量标准》已于2012年将$PM_{2.5}$纳入我国环境空气质量标准中，但是由于缺乏约束力，在现实生活中的执行力有待加强。

（4）大气污染治理中区域间联防联控目前主要在京津冀等较少地区实施，且在实施过程中，中央所起作用较大，地方政府的作用发挥受到限制。

美国、欧盟等是较早实施区域联防联控的国家和地区。在美国，除了联邦环境保护署、州和地方之外，还设有专门的州际输送委员会[2]；且全国共设立了247个州内控制区和263个州际空气质量控制区，其中州内控制区由州管理，州际空气质量控制区的污染问题由有关州政府联合组建的州际空气污染控制机关管理[3]。同样，在欧盟实施区域保护管理协调机制和跨境污染防治合作机制，如《2008/50/EC指令》第25条第1、第2款规定，"相关成员国应协力合作，适当时可制定联合行动"。这些措施给了地方很大的自主权。但我国的区域联防联控措施主要集中在京津冀、珠三角、长三角等经济发达地区实施，而在西北等经济欠发达地区中空气污染严重的工业城市还没实施，重点治理地区的数量相对我国辽阔的疆域来说是较少的；且在实施联防联控措施的重点区域，主要是中央政府进行统一规划、统一监管、统一协调，地方政府的自主权相对较

① 张庆阳,张沅,曹学柱. 城市大气污染治理有关研究[J]. 气象科技,2001(4):6-10.
② 环境保护编辑部. 国外大气污染防治的区域协调机制[J]. 环境保护,2010(9):25-29.
③ 薛志钢,郝吉明,陈复. 国外大气污染控制经验[J]. 重庆环境科学,2003(11):159-161.

小，没有充分发挥其积极性。

2.5 未来大气污染治理制度发展的建议

制度具有路径依赖性，同时制度也是发展的。分析了我国大气污染治理制度的变迁路径、特点和存在问题后，本节将据此为我国未来大气污染治理制度的发展方向提出相应建议。

（1）健全制度体系结构，制定更高层级的法律法规等形式，在操作层级方面，要较多运用技术政策等形式，且保持制度的连贯性和联动性。

依法治国是我国的基本国策，而有法可依是前提。一方面，我国大气污染治理制度在60多年里得到很大完善，但是在宪法层级与国外先进国家仍有较大距离，这是我国大气制度的未来发展方向；另一方面，政府行政机构制定的具体细则和条例是直接影响行为主体的，见效最快，因此借鉴国外的成功经验，我国政府机构可以制定更多技术政策，为大气污染和治理主体提供更多技术上的支持和指导。

空气污染治理是一个长期而艰巨的过程，因此在制定制度时需要保证制度的连贯性，将大气污染治理分阶段完成，将长期目标与短期目标相结合。例如，《两控区酸雨和二氧化硫污染防治"十五"计划》与《国家酸雨和二氧化硫污染防治"十一五"规划》、《空气质量新标准第一阶段监测实施方案》与《空气质量新标准第二阶段监测实施方案》的形式应该加以推广。同时，需要使不同制度形式之间相互配合和相互补充，使宪法、成文法律、政府条例等在不同程度上，以不同形式对大气污染治理的目标和措施进行规定。

（2）加强机构合作，既包括与体制内纵向和横向部门间的机构合作，也包括与体制外多种非政府组织机构的合作，同时要发挥社会公众在制度制定过程中的作用。

研究表明，强政府与强社会相协同的社会治理结构是治理效果最好的协作治理形式。① 目前，我国政府机构是大气污染治理制度制定和实施的主体，而其他社会主体的作用则没有得到充分发挥。因此，只有进一步促进各社会主体的有效参与，才能真正建立强政府与强社会相协同的社会治理结构。我国已成立了生态环境部这一专门机构，作为国务院重要组成部分管理我国环境保护工作，环保机构地位得到很大提高；且与财政部、国家发展改革委等部门进行合作，为大气污染治理提供了财力、物力等各方面的支持。但大气污染问题既是环境问题，也是经济问题，更是社会问题，其涉及很多主体，是一个极为复杂的问题，因此需要多主体共同参与到大气污染的治理中。在政府行政体制内，既需要平级兄弟部门的合作，也需要上下级间的互动，形成左右互助、上下协力的网络，切实推进政策落实落地；同时，也要加强与政府外的组织机构间的合作，如研究院、高校、非政府组织、国际组织、企业等，积极鼓励这些组织的发展，以充分发挥它们在大气污染治理方面的专业知识、社会资本、技术、资金等的优势。

此外，社会公众的智慧和力量是不可估量的，在制度制定中应充分考虑其在制度制定和效果实现中的作用。既要充分赋予公众对大气污染源和执法情况的监督权，并提供便利渠道；也要增加公众在大气污染治理中的义务，坚持绿色出行，自觉控制机动车的使用，自觉选用优质煤炭等。

（3）科学制定重点污染物管制对象的种类，优化产业结构，同时加大各质量标准的执行力度。

在大气污染治理中，污染物管制对象的种类和标准就是其要解决的核心问题。在我国，由于经济发展水平的限制和集中力量解决当前主要问题的原则，目前我国大气污染治理主要围绕二氧化硫、氮氧化物、悬浮颗粒物等污染物进行管制。但是，大气污染是一个很复杂的问题，它可能是由多种污染物相互反应产生，也可能是一种污染物在被治理后转

---

① YANG L H. Types and institutional design principles of collaborative governance in a strong – government society: the case study of desertification control in Northern China [J]. International Public Management Journal, 2016(4): 586 – 623.

为另一种污染物。因此，就目前所管制的重点对象来说，还是比较少的。我国应该根据目前的经济水平和科学研究水平，将更多的污染物种类纳入政府管制的重点范围，以提高大气污染治理的有效性和持久性。重点污染物管制对象与产业结构有着密切关系，通过优化产业结构，加强对煤炭工业脱硫脱硝的工业改进，进行纺织、造船等高污染产业的设施更新和技术创新，促进其转变发展类型；鼓励电子、生物技术等低污染行业的发展，推动"无污染、低耗能"的可持续发展和环境保护模式。此外，已有的质量标准虽然借鉴了国际标准，大大提高和完善了管制标准，但是我国需要进一步加大各部门的执行力度，严格规定各部门的职责。

（4）扩大联防联控措施的实施区域，充分发挥地方政府作用。

大气污染源是移动的，且具有很强的外部性，这就需要相邻地区积极合作，实行联防联控措施。目前我国主要在京津冀、长三角、珠三角等重点地区实施联防联控措施。这些地区经济发达且大气污染严重，在这些地区实施联防联控措施对全面提高我国大气质量有很大作用，但这是远远不够的。借鉴国外成功经验以及考虑到我国中央政府财力、资源等方面的有限性，我国应该一方面根据实际情况，扩大联防联控措施的实施范围；另一方面给予地方充分自主权，由各地政府联合制定符合所在地区实际的措施，不能达成一致的再由中央政府出面协调，这样既能减轻中央政府的压力，又能充分调动地方的积极性。

2.6 结论

总之，自新中国成立以来，我国大气污染治理制度不管是在数量、类型方面，还是在制定机构的数量及地位方面都得到了很大提高，保证了大气污染治理工作的实施；在管制对象及适用范围等方面的制定也更加科学化，有关污染物等各种标准及规定也逐渐接近国际先进水平。但是，面对日益严峻的大气污染现状，我国的大气污染治理制度还需要进一步完善。我们需要深入借鉴我国过去已有制度中的成功经验和国外制度的先进经验，逐步解决现有制度中存在的问题，进一步提高大气污染治理工作在国家各项工作任务中的地位，在保证政府部门执行力的同时，充分发挥社会各主体在大气污染治理中的作用，形成强政府与强社会相协同的全新治理模式，为早日实现强国家的理想蓝图提供科学的制度保障。

第 3 章

北京市大气污染多元治理主体参与程度及其影响因素

3.1　导言

上一章对新中国成立以来大气污染治理制度进行了深入考察，发现我国大气污染治理虽呈现多部门合作的趋势，但合作部门仍以政府内的同级部门居多，和政府组织外的合作相对较少，于是扩大合作对象与合作范围、吸纳各类社会组织参与协同治理成为必然选择。2013—2016 年，北京市"雾霾围城"现象不时出现，显示传统治理仅仅依靠政府单一力量已经无法有效应对大气污染的复杂形势，需要引进不同社会组织参与大气污染协同治理。同期，北京市政府也先后出台了若干关于大气污染治理的政策，使得多元主体共同参与大气污染治理的局面逐渐形成。

那么，在治理大气污染过程中，不同社会组织与社会群体的参与意愿与参与程度究竟如何，又受到哪些因素的影响？本章集中对北京市大气污染多元主体的参与程度及其影响因素进行系统考察，以期在未来的治理过程中，能积极协调各类主体积极有效地参与大气污染协同治理，发挥各自优势，共同促进大气污染治理效果的持续改善。

3.2　文献综述

针对大气污染问题，国内外学者进行了深入的研究，提出了多种与大气污染和其他环境问题有关的治理模型。例如，政府模型[1][2]强调了政

---

① PIGOU A C. The economics of welfare [M]. London：Macmillan & Co. ，1932.

② OSTROM E. Governing the commons [M]. London：Cambridge University Press，1990.

府的重要性①，指出政府应该为城市空气污染治理提供环保投资，并进行污染控制②。企业参与模型着重分析企业的功能和作用，指出企业应创新思考传统的环境治理模式③，从能源和工艺上进行调整，采纳环境技术④⑤，公开环保信息⑥。社区自治模型⑦强调了社区成员（包括宗教组织和不同非政府组织等，但主要从社区成员的角度分析问题）的功能。宗教组织和非政府组织参与模型主要强调了这两类相应组织的角色。公众参与理论指出公众的认知和行为是发挥基础性作用的重要因素⑧，国家需要在立法上对公众参与做出突破性、具体性规定，鼓励公众参与⑨⑩；还有，改善家庭的消费结构，促进家庭的参与⑪。杨立华等提出的学者参与型治理模型强调了长期以来被传统模型所忽视的专家、学者、技术人员以及相似群体在环境治理等集体行动困境问题解决中的作用⑫。奥斯特罗姆对前人的研究进行了梳理，基于美国环境治理的实践，提出了解决"公共池塘"问题的多中心治理范式。⑬

对于多元协同治理，我国的学者进行了一系列的研究。合作治理或

① BRENDA J N. A framework for analysis of transboundary institutions for air pollution policy in the United States [J]. Environmental Science & Policy, 1998(3): 231 – 238.

② 王洪礼,李怀宇,郭嘉良. 城市空气污染治理策略研究[J]. 统计与决策,2009(23): 31 – 33.

③ SPENCE D B. The shadow of the rational polluter: rethinking the role of rational actor models in environmental law [J]. California Law Review, 2001(4): 917 – 918.

④ 杨伟娜,刘西林. 排污权交易制度下企业环境技术采纳时间研究[J]. 科学学研究,2011(2): 230 – 237.

⑤ 胡应得. 排污权交易政策对企业环保行为的传导机制研究[J]. 科技进步与对策,2012(16): 88 – 91.

⑥ 马静. 兰州市大气污染现状分析及防治对策建议[J]. 环境研究与监测,2008(1): 21 – 27.

⑦ OSTROM E. Governing the commons [M]. London: Cambridge University Press, 1990.

⑧ 洪大用,范叶超. 公众对气候变化认知和行为表现的国际比较[J]. 社会学评论,2013(4): 3 – 15.

⑨ 黄莉敏. 我国大气污染防治中的公众参与[J]. 天水行政学院学报,2005(3): 21 – 24.

⑩ 李艳芳. 公众参与和完善大气污染防治法律制度[J]. 中国行政管理,2005(3): 52 – 54.

⑪ CARLOS A C, STRANLUND J K. Controlling urban air pollution caused by households: uncertainty, prices, and income [J]. Journal of Environmental Management, 2011(10): 2746 – 2753.

⑫ YANG L H. Types and institutional design principles of collaborative governance in a strong – government society: the case study of desertification control in Northern China [J]. International Public Management Journal, 2016(4): 586 – 623.

⑬ 张克中. 公共治理之道:埃莉诺·奥斯特罗姆理论述评[J]. 政治学研究,2009(6): 83 – 93.

者协同治理是公私部门为达到公共治理的目的而开展的权力分享与协作，并正被各级政府尝试用来应对前所未有的经济社会变化和挑战①。从现实来看，后工业化造就了新的社会形态，在社会治理的意义上，已经呈现给我们多元治理主体并存的局面。从这一现实出发，我们需要建构的是一种合作治理模式②。在我国一些生物多样性地区开展的协议保护（Conservation Steward Program，CSP）开创了政府、社区、民间组织共同开展生态环境治理的新方式，探索出特许保护赋权、社区自治、生态补偿多元化、第三方监督、信息交流与协商等治理机制，并取得了明显成效，为大气污染治理提供了借鉴③。近几年来，大气污染治理制度的不断完善④，为多元社会行动者参与大气污染治理创造了条件。以政府为主体、市场补充、社会参与的多中心制度供给能够在大气污染治理方面发挥巨大作用⑤。杨立华等的研究发现可以将环境治理中的社会行动者划分为11个：个体、家庭（包括宗族）、社区、普通社会大众、企业、政府、专家学者、新闻媒体、宗教组织、非政府组织和国际组织⑥。

　　对于协同或者合作程度的测量，主要是通过定量的方式，如通过问卷调查进行测量，也有部分采用定性与定量相结合的方式，及采用混合方法进行测量，如问卷调查与深度访谈结合等。在定量途径方面，有的学者从法经济学角度分析，探讨了国际合作达致的因素。⑦ 有学者通过问卷调查的方式以华南地区部分高校92个团队为样本，从科研团队合作网络角度对科研团队合作紧密程度进行了测量。⑧ 有学者开展了合作伙伴关

　　① 敬乂嘉. 合作治理:历史与现实的路径[J]. 南京社会科学,2015(5):1-9.
　　② 张康之. 从协作走向合作的理论证明[J]. 江苏行政学院学报,2013(1):95-106.
　　③ 黄春蕾. 我国生态环境公私合作治理机制创新研究:"协议保护"的经验与启示[J]. 理论与改革,2011(5):59-62.
　　④ 陈健鹏,李佐军. 新世纪以来中国环境污染治理回顾与未来形势展望[J]. 环境与可持续发展,2013(2):7-11.
　　⑤ 王春玲,付雨鑫. 城市大气污染治理困境与政府路径研究:以兰州市为例[J]. 生态经济,2013(8):144-148.
　　⑥ YANG L H,LAN Z Y. Internet's impact on expert - citizen interactions in public policymaking——A meta analysis [J]. Government Information Quarterly, 2010(4):431-441.
　　⑦ 赵骏,李将. 变量与量度:国际合作达致的因素解构[J]. 浙江学刊,2015(2):172-179.
　　⑧ 许治,陈丽玉,王思卉. 高校科研团队合作程度影响因素研究[J]. 科研管理,2015(5):149-161.

系中合作程度对其收益的影响研究，利用交易成本经济学的分析方法说明合作收益产生的原因，用对合作的投入代表合作的程度，建立了两层动态博弈模型，分析了企业在各阶段的投入对其收益的影响。[①] 有学者设计了海峡两岸金融合作程度的指标体系，并加以量化，应用 VAR 模型对海峡两岸金融合作程度与经济发展的关系进行了实证分析。[②] 有学者用规范的经济学研究方法将合作因素引入经济增长理论，在一个具有典型特征的社会群体合作演化基础上，总结出群体合作程度变化的三个特征，然后进行线性回归近似得出群体合作程度的动态变化方程。[③] 有学者通过调查问卷的数据，进行探索性因子分析和确定性因子分析，确定影响企业间持续合作的企业间交往感受的要素构成；接着采用结构方程的方法，研究了交往感受各要素是如何影响企业持续合作的合作程度和合作效率的，并分析了影响的程度。[④] 在混合方法方面，有学者通过非结构化访谈和问卷调查方法编制了消费者参与程度测量模型框架，探究消费驱动的经济增长方式转变。[⑤]

结合上述文献梳理的结果，可以看出对于协作及其程度的测量，当前国内外学者主要运用问卷调查、访谈法、经济学方法和博弈论等进行测量，这些方法各有优缺点和不同的适用情境。在管理学研究中，我们对研究对象的测量通常有两种方式：实验操纵和问卷调查。[⑥] 对于本章而言主要采用问卷调查的方法，采用这个方法的原因有三。首先，笔者在设计问卷之前通过阅读海量文献，对北京大气污染多元主体协同中的核心问题有了基本把握；通过向公共管理领域知名专家学者进行求教，前

① 陶青,仲伟俊. 合作伙伴关系中合作程度对其收益的影响研究[J]. 管理工程学报,2002(1)：66-69.

② 王劭佑,乔桂明. 海峡两岸金融合作与经济发展的实证分析[J]. 财经问题研究,2012(1)：53-59.

③ 黄少安,韦倩. 合作与经济增长[J]. 经济研究,2011(8)：51-64.

④ 洪炳宏,黄沛. 交往感受对企业间持续合作的影响机制研究:基于实证分析的视角[J]. 上海管理科学,2012(4)：17-20.

⑤ 李进军,胡培. 基于消费驱动的经济增长方式转变研究:消费者参与程度测量模型框架[J]. 经济与管理研究,2012(9)：33-40.

⑥ 陈晓萍,徐淑英,樊景立. 组织与管理研究的实证方法[M]. 北京:北京大学出版社,2012:324.

前后后进行了二十余次的讨论，借助他们的智力成果保证了本研究的内部有效性。其次，问卷的设计过程合乎科学研究规范，在海量文献阅读和请教专家以及小组讨论的基础上予以定稿，保障了研究的信度。最后，对于样本的选择，研究采用二阶段抽样方法，保障了研究的外部有效性和统计有效性。

3.3 数据、方法与理论框架

3.3.1 数据与方法

实地调查选择了北京市的核心区县，即东城区、西城区、海淀区、朝阳区、昌平区、丰台区、通州区和顺义，涵盖了首都功能核心区、城市功能拓展区、城市发展新区和生态涵养发展区。问卷调查的对象包括了农民、个体工商户、企业人员、政府部门工作人员、事业单位工作人员、宗教组织工作人员、非政府组织工作人员和国际组织工作人员等。正式的调查于 2015 年 4—7 月进行，共发出问卷 2600 份，收回 2183 份，回收率为 84.0%，剔除没有填答、填答不全以及填答前后矛盾的问卷，最后得到有效问卷 1937 份，有效率为 88.7%。

3.3.1.1 信度检验

利用 SPSS 21.0 对问卷结果进行可靠性检验，得出总体的 Cranach's Alpha 值为 0.972，各个选项的 Cranach's Alpha 值均在 0.8 以上，说明问卷质量符合要求，具体见表 3.1。

表 3.1　信度分析

测量量表	题项	题项数	Cranach's Alpha
多元协同主体应该承担的责任	C01－01 至 C01－13	13	0.873
多元协同主体应该发挥的作用	C02－01 至 C02－13	13	0.885
各个治理主体的实际参与程度	D01－01 至 D01－13	13	0.938
各个治理主体参与（协作）影响因素评价	D02－01 至 D14－11	143	0.991

3.3.1.2　效度分析

效度即为有效性（validity），效度分析最理想的方法是利用因子分析测量量表或整个问卷的结构效度。通过因子分析可以考察问卷能否测量出研究者设计问卷时假设的某种结构。在因子分析的结果中，用于评价结构效度的主要指标有累计方差贡献率、共同度和因子负荷。累计方差贡献率反映公因子对量表或问卷的累计方差有效程度，共同度反映由公因子解释原变量的有效程度，因子负荷反映原变量与某个公因子的相关程度。[①]

从表3.2可以看出，问卷的相关指标的 KMO 值均大于 0.8，p 值均小于 0.05，累计方差贡献率也基本达到了要求，通过了 KMO 和 Bartlett 的检验，具有较为合理、可信的结构效度，可以进行下一步的分析。

表3.2　KMO 和 Bartlett 的检验

项目		多元协同主体应该承担的责任	多元协同主体应该发挥的作用	各个治理主体的实际参与程度	各个治理主体参与（协作）影响因素评价
Kaiser – Meyer – Olkin 值		0.873	0.882	0.923	0.984
Bartlett 球形检验	近似卡方	13532.113	15147.812	21621.689	276867.104
	df	78	78	78	10153
	Sig.	0.000	0.000	0.000	0.000
累计方差贡献率/%		69.850	72.838	75.047	75.689

3.3.1.3　共同方法变异检验

采用单因素检验法（Harman's one – factor test）对问卷数据进行探索性因素分析，将所有变量题项放在一个探索性因素分析中，KMO 值为 0.896，说明非常适合进行因素分析。检验未旋转的因素分析结果，结果抽取出 14 个特征值大于 1 的因素，其中第一个因素的特征值为 12.189，解释变异量只占 19.660%，说明并没有发现某个因子解释力特别大的情况，共同方法偏差不显著，在合理的范围内。

---

① 刘子龙，高北陵，袁尚贤. 社会能力评定量表的编制及信效度检验[J]. 中国临床心理学杂志，2005（1）：19–22.

3.3.2 主体框架

3.3.2.1 治理主体

北京大气污染治理的主体分为两类，即污染主体和治理主体。污染主体是指向大气中排放污染物的个体或者组织，包括工业企业、建筑施工企业、运输企业、餐饮企业、其他服务业企业、民众等。治理主体是指主导或者参与大气污染预防和治理过程中的组织或者个人，以前主要是指政府和污染企业，但是2014年3月1日起施行的《北京市大气污染防治条例》[①]规定要建立多元主体协作机制，依据此规定以及借鉴杨立华[②]等学者的研究成果，多元治理的主体包括个体、家庭、社区、企业、政府、专家学者、非政府组织、宗教组织、新闻媒体、公众、国际组织等。

3.3.2.2 测量及相关理论

（1）测量的定义。

关于测量，国内外学者给出了不尽相同的定义。玛吉诺认为，测量是"科学家对自然的最终诉求"，它矗立在"理论与经验的关键点上……是理性与自然的接触"。在行为科学关于测量的各种定义中，史蒂文斯改进并拓展了坎贝尔表述，将测量定义为"依据规则或习惯把数字分配给对象或事件的不同方面"。[③] 广义上来说，测量是依据一定的法则使用量具对事物的特征进行定量描述的过程。[④] 测量是运用一套符号系统去描述某个被观察对象某个属性的过程，此符号系统有两种表现形式：第一，以数字的形式去呈现某个属性的数量；第二，以分类的模式，去界定被观察对象的某个属性或特质属于何种类型。前者是一个度量化的过程，后者则是一种分类的

---

① 北京市大气污染防治条例3月1日起施行[EB/OL].（2016－06－09）[2017－12－02]. http://www.bjmemc.com.cn/g327/s921/t1923.aspx.

② 杨立华. 多元协作性治理：以草原为例的博弈模型构建[J].中国行政管理,2011(4)：119－124.

③ STEVENS S S. Psychophysics: introduction to its perceptual neural and social prospects[M]. New York：John Wiley,1975.

④ 戴海琦,罗照盛. 心理测量学[M]. 北京：高等教育出版社,2010：3.

工作。① "使用测量的一个巨大优势在于，我们可以应用数学这个强大的工具来研究对象。一个数字集和一个对象集的各方面同构，对数字集的运算就可以让我们形成有关现象的规则性和规律的简明且精确的命题，如果没有测量所带来的优势，就无法达到这样的程度。"②

（2）合作程度测量相关理论。

第一，社会 - 生态系统分析框架。埃莉诺·奥斯特罗姆在一篇题为《超越万能药的诊断方法》（*A Diagnostic Approach for Going beyond Panaceas*）的论文中首先提出的多层框架。③ 该框架最宽的第一层与资源系统、管理系统的单位和共同产生互动与结果的使用者相关（见图3.1）。首先分解第一层，这将产生许多变量，它们可以描述在第一层中识别出的任何基本系统的特征。第二层变量可以进一步分解为第三层、第四层或第五层变量——这取决于提出的问题以及一个变量的不同子类别是否容易

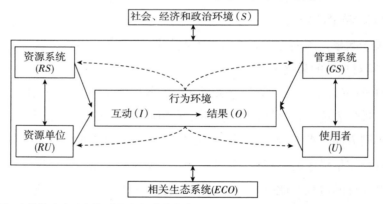

注：实线箭头表示直接因果联系，虚线箭头表示反馈。

图3.1 社会 - 生态系统分析框架的第一层

资料来源：艾米·R. 波蒂特，马可·A. 詹森，埃莉诺·奥斯特罗姆. 共同合作：集体行为、公共资源与实践中的多元方法［M］. 路蒙佳，译. 北京：中国人民大学出版社，2011：213.（略有改动）

---

① 邱皓政. 量化研究与统计分析［M］. 重庆：重庆大学出版社，2013：20.

② 埃拉扎尔·J. 佩达泽，利奥拉·佩达泽·施梅尔金. 定量研究基础［M］. 夏传玲，译. 重庆：重庆大学出版社，2013：21－22.

③ 艾米·R. 波蒂特，马可·A. 詹森，埃莉诺·奥斯特罗姆. 共同合作：集体行为、公共资源与实践中的多元方法［M］. 路蒙佳，译. 北京：中国人民大学出版社，2011：213.

在特定类型的过程中产生不同结果。该框架可以用于研究与各种规模的特定资源系统——从小型沿海渔场到全球公共资源——相关的多种问题。宏观社会-生态系统（SES）框架为展现微观环境变量如何影响社会困境中的核心关系提供了一个"框架"。

在图3.2中，通过这个模型，可以说明当某种情况影响微观层次上的行为人环境结构时，也会对宏观环境中的关系产生复杂影响。为了开始诊断影响互动和结果的因果模式，需要结合图3.1中第一层所包含的、对结果有影响的"第二层"环境变量。①

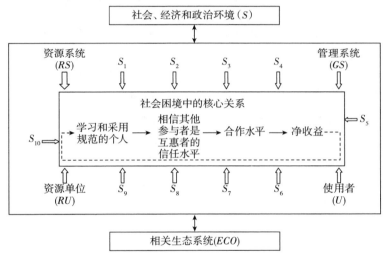

注：S_1表示经济发展，S_2表示民主趋势，S_3表示政治稳定性，S_4表示技术，S_5表示政府资源政策，S_6表示市场激励，S_7表示传媒机构，S_8表示宪政规则，S_9表示行政体制，S_{10}表示非政府组织。

图3.2　影响微观环境的社会-生态系统宏观环境

资料来源：艾米·R.波蒂特，马可·A.詹森，埃莉诺·奥斯特罗姆．共同合作：集体行为、公共资源与实践中的多元方法［M］．路蒙佳，译．北京：中国人民大学出版社，2011：214.

表3.3中的第二层变量（以及两个第三层变量）初步汇总了对分析与社会-生态系统结果有关的多种理论难题具有潜在重要性的本体中的

———————————

① 艾米·R.波蒂特，马可·A.詹森，埃莉诺·奥斯特罗姆．共同合作：集体行为、公共资源与实践中的多元方法［M］．路蒙佳，译．北京：中国人民大学出版社，2011：213.

重要变量，并对其进行了分类。表 3.3 不包括具有潜在重要性的第二层社会 - 生态系统变量的"最终"名单。当进行更多研究时，该框架也会逐渐改进。列出某个框架中的某个变量并不等于提出一个界定清晰的理论问题。没有理论能包括所有影响社会 - 生态系统内发生的某些重要过程的第二层变量（或大量第三层和第四层变量）。变量列表并不是理论。建立社会 - 生态系统框架的目的是帮助学者、官员和市民理解对分析与资源管理有关的各种理论问题十分重要的潜在变量集及其子变量。[①]

表 3.3　社会 - 生态系统分析框架中的第二层变量

社会、经济和政治环境（S）

S_1 经济发展，S_2 民主趋势，S_3 政治稳定性，S_4 技术，S_5 政府资源政策，S_6 市场激励，S_7 传媒机构，S_8 宪政规则，S_9 行政体制，S_{10} 非政府组织

资源系统（RS）	管理系统（GS）
RS_1 资源部门（例如：水资源、森林资源、牧场资源、鱼类资源）	GS_1 政府组织
RS_2 系统边界的清晰性	GS_2 非政府组织
RS_3 资源系统的规模	GS_3 网络结构
RS_4 人类建设的设施	GS_4 产权制度
RS_5 系统生产率	GS_5 操作规则
RS_{5a} 系统生产率指标	GS_6 集体选择规则
RS_6 均衡特性	GS_{6a} 当地集体选择自治权
RS_7 系统动态的可预测性	GS_7 宪法性规则
RS_8 储存特征	GS_8 监督与惩罚过程
RS_9 地点	
资源单位（RU）	**使用者（U）**
RU_1 资源单位流动性	U_1 使用者人数
RU_2 增长率或更新率	U_2 使用者的社会经济特征
RU_3 资源单位之间的互动	U_3 使用历史
RU_4 经济价值	U_4 地点
RU_5 规模	U_5 领导力／开创力
RU_6 独特标记	U_6 规范／社会资本

---

① 艾米・R. 波蒂特，马可・A. 詹森，埃莉诺・奥斯特罗姆. 共同合作：集体行为、公共资源与实践中的多元方法［M］. 路蒙佳，译. 北京：中国人民大学出版社，2011：214.

续表

资源单位(RU)	使用者(U)
RU_7 空间分布与时间分布	U_7 关于社会生态系统的知识／思维模型
	U_8 资源的重要性
	U_9 使用的技术
行为环境［互动(I)→ 结果(O)］	
I_1 各种使用者的收获水平	O_1 社会绩效指标（如有效规则、效率、平等、可靠、可持续）
I_2 使用者之间共享的信息	O_2 生态绩效指标（如过度收获、可复原性、多样化、可持续性）
I_3 商议过程	O_3 对其他社会生态系统的外部性
I_4 使用者之间的冲突	
I_5 投资行为	
I_6 游说活动	
I_7 自我组织活动	
I_8 人际交往活动	
相关生态系统 （ECO）	
ECO_1气候明显；ECO_2污染模式；ECO_3流入与流出重点社会生态系统	

资料来源：艾米·R. 波蒂特，马可·A. 詹森，埃莉诺·奥斯特罗姆. 共同合作：集体行为、公共资源与实践中的多元方法［M］. 路蒙佳，译. 北京：中国人民大学出版社，2011：215.

"事实上，我们可以在另一个层面上解读埃莉诺·奥斯特罗姆的社会－生态系统分析框架。我们可以假设生态系统本身是稳定的，生态系统变化由人类行为所引发。例如，造成公地悲剧和河流污染的主要原因是人类对自然资源施加了破坏性影响。也就是说，参与资源开发的利益主体构建了特定的社会系统，再通过社会系统对资源系统施加影响，进而造成一系列社会的、经济的和生态的结果。社会系统含有特定的治理结构，而治理结构含有特定的利益主体之间的治理行动。因此，利益主体之间治理行动的不同状况是造成不同结果的根本原因，治理行动的质量越高，就越可能提升社会绩效评估、经济绩效评估和生态绩效评估的水平。因此，良善的治理行动当是追求的目标。既如此，就有必要将治理行动作为因变量，分析那些影响治理行动水平的变量因素。"[1]

表 3.4　治理行动的结构性变量因素

因变量			治理行动（指的是行动主体间信任水平、合作水平和净收益）
自变量	社会系统	个体层次	①个体具备相关知识和能力；② 个体的内在偏好；③个体的参与认知；④个体的参与效能感；⑤使用历史；⑥地理位置；⑦对资源依赖的程度
		微观环境	①高人均合作边际收益率；②潜在伙伴声誉已知且良好；③与全部参与主体交流是可行的；④更长的时期；⑤选择进入或退出某个群体的能力；⑥安全；⑦群体规模；⑧信息可获得性；⑨监督和惩罚能力；⑩资源要素可获得性；⑪资源要素差异；⑫行动规则；⑬组织结构；⑭领导力；⑮使用的技术；⑯冲突调解机制
		宏观环境	①宪政规则、民主趋势与政治稳定性；②行政体制与公共政策；③市场激励与经济发展；④大众媒介

资料来源：杨涛. 公共事务治理行动的影响因素：兼论埃莉诺·奥斯特罗姆社会-生态系统分析框架［J］. 南京社会科学，2014（10）：79.

第二，产品-制度（PIA）分析框架。杨立华提出的 PIA 分析框架对不同主体间的利益冲突协调机制进行了分析。

PIA 分析框架主要用来分析社会行动者之间是如何通过互动（或博弈）与合作来解决集体行动困境的。该框架认为，对各行动者之间互动（博弈）过程的分析，需考虑以下 12 个变量（见图 3.3）：谁是参与者；参与者的位置；参与者可以选择行动的战略空间；参与者所具有的资源或资本；参与者的个体动机（影响个体的目标、期望等）与偏好；影响行动者战略空间及其选择的各种社会正式和非正式规则；参与者具体选择的博弈行动；参与者的效用方程（对成本与收益的计算）；影响参与者行动的信息和知识及其结构；博弈进行的具体过程；博弈结果；博弈结果对于所研究问题的影响并进而产生的新产品[2]。

如果将 PIA 分析框架与决策理论结合起来，并且把分析单元（如社

---

① 杨涛. 公共事务治理行动的影响因素：兼论埃莉诺·奥斯特罗姆社会-生态系统分析框架［J］. 南京社会科学，2014（10）：77-83.

② 杨立华. 构建多元协作性社区治理机制解决集体行动困境：一个"产品-制度"（PIA）分析框架［J］. 公共管理学报，2007（2）：6-22.

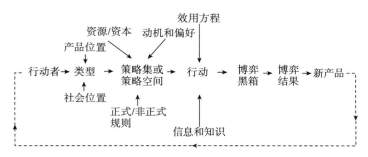

图3.3　PIA分析框架

资料来源：杨立华．构建多元协作性社区治理机制解决集体行动困境——一个
"产品－制度"（PIA）分析框架［J］．公共管理学报，2007（2）：18.

区、县、城市、州和国家）、分析层次（如制度分析视角下的宪政层次、
集体层次和个人层次；或者从范围角度看的个人、家庭、社区、县、城
市、州、国家、国际和全世界层次）、时间跨度和问题类型考虑进来，则
PIA分析框架可以进一步扩展为一个框架模型（见图3.4）。①

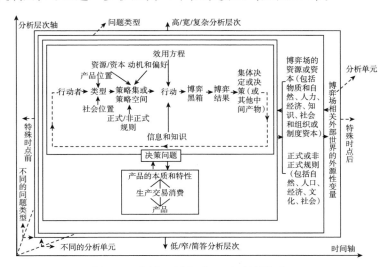

图3.4　产品－制度（PIA）扩展框架

资料来源：杨立华．构建多元协作性社区治理机制解决集体行动困境：一个
"产品－制度"（PIA）分析框架［J］．公共管理学报，2007（2）：20.

———————————

① YANG L H. Scholar participated governance：combating desertification and other dilemmas of col-
lective action［D］. Phoenix：Arizona State University，2009.

（3）理论框架。

本章的研究是在确定污染主体和治理主体的基础上，测量多元主体在北京市大气污染治理中的合作程度。因此，基于以上相关理论，本章研究的因变量是多元治理主体的合作程度，自变量为影响合作程度的各种因素，如各主体的合作意愿、各主体的合作能力、各主体所具备的合作资源或者资本、各主体可以选择的合作渠道和方式、各主体具备有效的技术工具、合作的成本、各主体通过合作获得的收益、各主体的相互状况、交流沟通机制、影响各主体合作的各种正式与非正式规则等。本章的理论框架具体见图3.5。

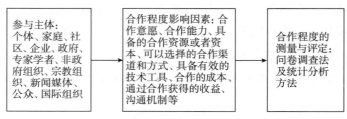

图 3.5 理论框架

3.3.3 研究假设

多元主体参与大气污染治理合作程度的测量主要从参与的次数、频率、深度、广度等方面来体现，涉及的因素如前所述。综上，提出本章的具体假设。

假设1：治理主体的合作意愿越强，其合作程度越高。

假设2：治理主体的合作能力越强，其合作程度越高。

假设3：治理主体参与的方式与途径越多（或越顺畅），其合作程度越高。

假设4：治理主体所具备的合作资源或者资本越雄厚，其合作程度越高。

假设5：治理主体通过合作获得的收益越多，其合作程度越高。

假设6：治理主体的合作成本越低，其合作程度越高。

假设7：治理主体间的交流沟通机制越完善，其合作程度越高。

假设8：治理主体彼此间的信任度越高，其合作程度越高。

假设9：治理主体相互依赖的程度越高，其合作程度越高。

假设10：治理主体共同承担风险的需要越强，其合作程度越高。

假设11：治理主体过去合作的经历越多，其合作程度越高。

3.4　结果

3.4.1　各治理主体实际参与程度评分

为了对各个治理主体在当前北京市大气污染治理中实际参与的程度的期望进行比较，笔者计算了量表的平均评分，具体如表3.5所示。

表3.5　各治理主体实际参与程度评分

组织或者群体	均值	众数	标准差
（1）北京市政府	5.12	6	1.461
（2）中央政府	5.07	6	1.468
（3）北京市各区政府	4.93	6	1.477
（4）新闻媒体	4.86	5	1.469
（5）专家学者	4.75	6	1.495
（6）企业	4.57	5	1.603
（7）社区街道（乡级组织）	4.46	4	1.487
（8）民间、非营利组织、社会中介组织（如基金会、环保组织等）	4.41	6	1.632
（9）个体	4.40	4	1.726
（10）普通社会大众（个体和家庭除外）	4.40	4	1.539
（11）家庭	4.33	4	1.600
（12）国际组织	4.22	6	1.779
（13）宗教组织	3.94	3	1.766

注：量表为七级李氏量表，7分表示参与程度最高，1分表示最低。

从结果来看，北京市大气污染治理中实际参与的程度评分最高的是北京市政府，其次是中央政府以及北京市各区政府，最低的是宗教组织。

3.4.2　各治理主体实际参与程度影响因素评分

为了深入了解各治理主体实际参与程度影响因素情况，笔者分析了各个主体受到的 11 个不同因素的影响，具体如表 3.6 所示。

从表 3.6 所示的结果可以看出，影响各治理主体实际参与程度的前 6 个因素是主观意愿、能力的大小、参与的方式与途径、拥有资源的多少、参与获得的利益、参与需要付出的成本，影响最低的是过去合作的经历。

3.4.3 研究假设检验结果

为了更好地展现影响因素（自变量）与参与程度（因变量）之间的关系，笔者进行了多元回归分析。在进行多元回归之前，笔者进行了正态性、方差齐性检验等，数据也不存在多重共线性问题，VIF 值均小于 5，远小于 10，符合进行多元回归分析的经典假定要求，具体如表 3.7 所示。

表 3.6 各治理主体实际参与程度与影响因素评分

影响因素	个体	家庭	社区街道	普通社会大众	企业	中央政府	北京市政府	北京市各区政府	专家学者	新闻媒体	宗教组织	NGO①	国际组织
(1) 主观意愿	5.72[1]	5.66[1]	5.59[1]	5.71[1]	5.62[1]	5.75[1]	5.86[1]	5.72[1]	5.67[1]	5.72[1]	5.26[1]	5.57[1]	5.57[1]
(2) 能力的大小	5.33[2]	5.37[2]	5.44[2]	5.42[2]	5.44[5]	5.40[4]	5.72[2]	5.65[2]	5.57[2]	5.52[2]	5.06[2]	5.27[2]	5.33[2]
(3) 参与的方式与途径	5.27[3]	5.30[3]	5.35[3]	5.36[3]	5.41[6]	5.52[2]	5.64[3]	5.57[3]	5.47[3]	5.47[3]	4.98[3]	5.16[3]	5.25[3]
(4) 拥有资源的多少	5.20[5]	5.22[5]	5.31[4]	5.27[4]	5.47[4]	5.47[3]	5.59[4]	5.50[4]	5.25[5]	5.29[5]	4.87[4]	5.12[4]	5.09[4]
(5) 参与获得的利益	5.10[6]	5.15[6]	5.19[6]	5.19[6]	5.53[2]	5.30[5]	5.42[6]	5.40[6]	5.21[6]	5.33[4]	4.81[6]	5.02[6]	5.02[6]
(6) 参与需要付出的成本	5.26[4]	5.25[4]	5.24[5]	5.20[5]	5.51[3]	5.40[4]	5.48[5]	5.41[5]	5.27[4]	5.27[6]	4.80[7]	5.03[5]	5.03[5]
(7) 沟通了解的程度	5.08[7]	5.07[7]	5.06[7]	5.06[7]	5.12[8]	5.25[6]	5.28[8]	5.22[8]	5.16[7]	5.23[7]	4.84[5]	4.97[9]	4.97[9]
(8) 彼此间的信任度	5.04[8]	5.02[10]	5.06[7]	5.02[10]	5.05[10]	5.20[9]	5.21[10]	5.23[7]	5.14[8]	5.16[8]	4.81[6]	4.99[7]	4.99[7]
(9) 互相依赖的程度	5.00[9]	5.01[10]	5.04[8]	5.03[9]	5.07[9]	5.21[8]	5.23[9]	5.19[10]	5.09[9]	5.14[9]	4.76[8]	4.98[8]	4.98[8]
(10) 共同承担风险的需要	5.08[7]	5.03[8]	5.06[7]	5.04[8]	5.24[7]	5.23[7]	5.29[7]	5.21[9]	5.04[10]	5.09[10]	4.80[7]	4.94[10]	4.94[10]
(11) 过去合作的经历	4.82[10]	4.78[11]	4.92[9]	4.86[11]	5.03[11]	5.17[10]	5.15[11]	5.08[11]	5.00[11]	5.03[11]	4.72[9]	4.92[11]	4.92[11]

注：[ ] 中的数表示各个评分值的排序。

①NGO 一般指非政府组织。

表 3.7 各治理主体实际参与程度及其影响因素多元回归分析

项目	个体	家庭	社区街道	普通社会大众	企业	中央政府	北京市政府	北京市各区政府	专家学者	新闻媒体	宗教组织	NGO	国际组织
常数项 C	1.153 (0.000)***	1.788 (0.000)***	1.919 (0.000)***	1.153 (0.000)***	2.508 (0.000)***	2.606 (0.000)***	2.686 (0.000)***	2.577 (0.000)***	2.335 (0.000)***	2.546 (0.000)***	1.689 (0.000)***	2.293 (0.000)***	1.384 (0.000)***
主观意愿	0.238 (0.000)***	0.136 (0.000)***	0.094 (0.002)**	0.238 (0.000)***	0.016 (0.617)	0.017 (0.557)	0.110 (0.000)***	0.098 (0.003)**	0.126 (0.002)**	0.023 (0.477)	-0.024 (0.521)	-0.139 (0.000)***	-0.009 (0.812)
能力的大小	0.178 (0.000)***	0.087 (0.028)**	0.041 (0.292)	0.178 (0.000)***	0.217 (0.000)***	0.131 (0.000)***	-0.016 (0.678)	0.015 (0.733)	-0.027 (0.292)	0.044 (0.279)	0.094 (0.069)*	0.075 (0.100)	0.226 (0.000)***
参与方式与途径	0.095 (0.032)**	0.039 (0.363)	0.000 (0.997)	0.095 (0.032)**	-0.046 (0.317)	-0.36 (0.325)	0.026 (0.544)	-0.022 (0.617)	-0.035 (0.997)	0.038 (0.347)	-0.110 (0.023)**	0.121 (0.011)**	-0.098 (0.033)**
拥有资源的多少	-0.092 (0.032)**	-0.053 (0.204)	-0.065 (0.094)*	-0.092 (0.032)**	-0.040 (0.362)	0.021 (0.579)	0.000 (0.997)	-0.001 (0.973)	0.070 (0.094)*	-0.037 (0.338)	-0.070 (0.177)	0.128 (0.006)**	0.032 (0.513)
参与获得的利益	0.024 (0.497)	0.053 (0.142)	0.088 (0.019)**	0.024 (0.497)	0.009 (0.811)	-0.001 (0.968)	-0.016 (0.664)	0.067 (0.067)*	-0.061 (0.019)**	-0.003 (0.939)	0.064 (0.136)	-0.040 (0.312)	0.035 (0.450)
参与需要付出的成本	-0.191 (0.000)***	-0.084 (0.030)**	0.002 (0.964)	-0.191 (0.000)***	-0.099 (0.011)**	0.067 (0.044)**	0.055 (0.131)	-0.049 (0.190)	-0.034 (0.964)	0.094 (0.017)**	-0.069 (0.124)	-0.045 (0.282)	-0.064 (0.174)
沟通了解的程度	0.021 (0.637)	0.054 (0.233)	0.036 (0.365)	0.021 (0.637)	0.170 (0.000)***	0.090 (0.035)**	0.139 (0.001)***	0.127 (0.004)***	0.090 (0.365)	-0.042 (0.305)	0.057 (0.271)	0.090 (0.073)*	0.023 (0.653)
彼此间的信任度	0.135 (0.003)***	0.085 (0.059)*	0.104 (0.017)**	0.135 (0.003)***	0.066 (0.162)	0.057 (0.203)	0.083 (0.060)*	0.065 (0.163)	0.072 (0.017)**	0.050 (0.275)	-0.059 (0.266)	0.050 (0.319)	0.072 (0.166)
互相依赖的程度	0.049 (0.278)	0.089 (0.054)*	0.083 (0.055)*	0.049 (0.278)	0.089 (0.054)*	-0.038 (0.390)	-0.036 (0.401)	-0.026 (0.566)	0.119 (0.055)*	0.054 (0.213)	0.202 (0.000)***	-0.001 (0.970)	0.134 (0.009)***
共同承担风险的需要	-.056 (0.170)	-0.174 (0.000)***	-0.006 (0.870)	-.056 (0.170)	-0.055 (0.187)	0.109 (0.004)***	0.091 (0.018)**	0.057 (0.172)	0.026 (0.870)	0.069 (0.088)*	0.098 (0.057)*	0.087 (0.060)*	0.053 (0.276)

续表

项目	个体	家庭	社区街道	普通社会大众	企业	中央政府	北京市政府	北京市各区政府	专家学者	新闻媒体	宗教组织	NGO	国际组织
过去合作的经历	0.220 (0.000)***	0.267 (0.000)***	0.116 (0.000)***	0.220 (0.000)***	0.077 (0.044)**	0.045 (0.162)	0.008 (0.796)	0.113 (0.001)***	0.121 (0.000)***	0.156 (0.000)***	0.157 (0.000)***	0.109 (0.007)***	0.156 (0.000)***
R 值	0.444	0.404	0.386	0.436	0.343	0.383	0.366	0.363	0.381	0.355	0.419	0.393	0.428
F 值	41.738	33.048	29.742	39.556	22.557	29.227	26.329	25.900	28.788	24.595	36.265	31.089	38.038
Sig.	0.000***	0.000***	0.000***	0.000***	0.000***	0.000***	0.000***	0.000***	0.000***	0.000***	0.000***	0.000***	0.000***

注:( )中的值表示 Sig. 值，*** 表示在置信水平为 0.01 下显著，** 表示在置信水平为 0.05 下显著，* 表示在置信水平为 0.1 下显著。

从上述回归分析的结果可以看出，在北京市大气污染治理中，各个治理主体实际的参与程度都受到了这 11 种因素的影响，与此相对应的研究假设的验证结果具体见表 3.8。

表 3.8　研究假设检验结果

假设	检验结果	
	支持	不支持
假设 1：治理主体的合作意愿越强，其合作程度越高	个体、家庭、社区街道、普通社会大众、北京市政府、北京各区政府、专家学者	企业、中央政府、新闻媒体、宗教组织、国际组织
假设 2：治理主体的合作能力越强，其合作程度越高	个体、家庭、普通社会大众、企业、中央政府、宗教组织、国际组织	社区街道、北京市政府、北京各区政府、专家学者、新闻媒体、NGO
假设 3：治理主体参与的方式与途径越多（或越顺畅），其合作程度越高	个体、普通社会大众、宗教组织、NGO、国际组织	家庭、社区街道、企业、中央政府、北京市政府、北京各区政府、专家学者、新闻媒体
假设 4：治理主体所具备的合作资源或者资本越雄厚，其合作程度越高	个体、社区街道、普通社会大众、专家学者、NGO	家庭、企业、中央政府、北京市政府、北京各区政府、新闻媒体、宗教组织、国际组织
假设 5：治理主体通过合作获得的收益越多，其合作程度越高	社区街道、北京各区政府、专家学者	个体、家庭、普通社会大众、企业、中央政府、北京市政府、新闻媒体、宗教组织、NGO、国际组织
假设 6：治理主体的合作成本越低，其合作程度越高	个体、家庭、普通社会大众、企业、中央政府、新闻媒体	社区街道、北京市政府、北京各区政府、专家学者、宗教组织、NGO、国际组织
假设 7：治理主体间的交流沟通机制越完善，其合作程度越高	企业、中央政府、北京市政府、北京各区政府、NGO	个体、家庭、社区街道、普通社会大众、专家学者、新闻媒体、宗教组织、国际组织
假设 8：治理主体彼此间的信任度越高，其合作程度越高	个体、家庭、社区街道、普通社会大众、北京市政府、专家学者	企业、中央政府、北京各区政府、新闻媒体、宗教组织、NGO、国际组织

续表

假设	检验结果	
	支持	不支持
假设9：治理主体相互依赖的程度越高，其合作程度越高	家庭、社区街道、企业、专家学者、宗教组织、国际组织	个体、普通社会大众、中央政府、北京市政府、北京市各区政府、新闻媒体、NGO
假设10：治理主体共同承担风险的需要越强，其合作程度越高	家庭、中央政府、北京市政府、新闻媒体、宗教组织、NGO	个体、社区街道、普通社会大众、企业、北京市各区政府、专家学者、国际组织
假设11：治理主体过去合作的经历越多，其合作程度越高	个体、家庭、社区街道、普通社会大众、企业、北京市各区政府、专家学者、新闻媒体、宗教组织、NGO、国际组织	中央政府、北京市政府

从表 3.8 可以看出，对于文中提出的 11 种假设，有些主体持支持态度，有些主体不予以支持。

3.5 讨论

3.5.1 提供了量化大气污染多元协同治理中各主体合作程度的测量路径

测量是运用一套符号系统去描述某个被观察对象的某个属性的过程。① 此符号系统有两种表现形式：第一，以数字的形式去呈现某个属性的数量；第二，以分类的模式，去界定被观察对象的某个属性或特质属于何种类型。前者是一个度量化的过程，后者则是一种分类的工作。从统计分析的观点来说，测量是一个将某个研究者所关心的现象予以"变量化"的具体步骤，也就是把某一个属性的内容，以变量化的形式来呈现。此时，被观察对象可能是个别人、一群人的集合或各种实体对象。科学化的测量，除必须符合标准化的原则，也需要注意客观性。一个有

---

① BERNSTEIN N. The theory of measurement error [J]. Psychometric Theory, 1994(1)：209 - 247.

意义的测量结果应不受测量者的主观因素影响，同时其过程应有具体的步骤与操作方法，以供他人检验。①

测量领域中主要存在三大理论派别，即经典测量理论、可概括性理论和项目反应理论②。本章就是基于经典测量理论，对北京市大气污染治理中多元主体的合作程度进行了测量。当前，对程度测量主要采用量表方法，包括自行开发量表以及引用现有成熟量表，或者是采用量表及与数理统计相结合的方法③、实验的方法④，进行直接或者间接的测量⑤。程度测量的具体方法包括：①多级估量法的三种形式，完全的多级估量法、简化的多级估量法、只有两类反应的多级估量法；②区间估计法；③综合评价法。⑥ 当前，对大气污染治理中各个主体之间合作程度进行测量研究的文献凤毛麟角，而本章通过采用自编量表测量了北京市大气污染治理中多元主体的合作程度，为量化大气污染多元协同治理中各主体合作程度的测量提供了一条崭新的路径。

3.5.2　大气污染治理主体间合作程度的影响因素是一个集成的整体

行动者采取治理行动受到各种因素的影响，埃莉诺·奥斯特罗姆的社会－生态系统分析框架分析了个体层次、微观环境和宏观环境等多种因素⑦，本章结合奥斯特罗姆以及杨立华 PIA 分析框架的研究成果，选取了合作成本与收益等 11 种因素对合作程度进行探讨。

意愿是影响合作的一个重要因素。弗朗西斯·培根说过"思想决定

---

① 邱皓政. 量化研究与统计分析[M]. 重庆：重庆大学出版社,2013：20.

② 唐宁玉. 三种心理测量理论的信度观[J]. 心理科学,1994(1)：33－38.

③ 张育民,窦彦丽,廖春艳. 山西省中青年健康生活方式参与程度研究[J]. 沈阳体育学院学报,2008(6)：29－30.

④ 张梅,辛自强,林崇德. 三人问题解决中的惯例:测量及合作水平的影响[J]. 心理学报,2015(6)：814－825.

⑤ 陈志霞,陈剑峰. 矛盾态度的概念、测量及其相关因素[J]. 心理科学进展,2007(6)：962－967.

⑥ 孟庆茂. 心理计量:程度测量的方法介绍(上)[J]. 心理学动态,1994(2)：17－22.

⑦ 杨涛. 公共事务治理行动的影响因素:兼论埃莉诺·奥斯特罗姆社会－生态系统分析框架[J]. 南京社会科学, 2014(10)：77－83.

行为"①，各个主体的权利意识、社会责任意识、公民意识（公民精神、公共精神）是其开展彼此合作的基础②。从行为主义研究的角度来看，任何行为都是在某种心理动机的驱使下展开的。③ 进行大气污染治理的行为也离不开心理因素的驱动，在北京市大气污染治理中，各主体进行合作的首要影响因素是主观意愿这一论点在问卷调查结果中得到了验证，而且主观意愿越强，其合作程度越深、广度越广，假设1得到了验证。

"利益决定立场，立场决定态度"④，对参与成本与参与收益的解读、计算和比较，影响着行动者决定是否选择参与合作及其参与合作动力的强弱。参与成本包括物质成本、机会成本、交易成本、负面的心理体验、他人不参与而被转移的成本、参与中所承受的参与风险以及"不参与成本"和退出参与的成本；参与收益包括物质上的收益、公共产品的再生产以及对参与过程本身的积极体验。⑤ 由于参与过程需要收集信息、提出和讨论方案，需要成本，公众会将预期收益和成本进行比较，决定是否参与合作。⑥ 在北京市大气污染治理中，各主体进行合作的次要影响因素是参与合作付出的成本及其收益，假设5和假设6得到了验证。

资源的可获得性⑦，即拥有资源的多少及其获取的难易程度，是行动者参与的另一个重要影响因素。行动者的财产和收入是构成其社会地位的因素之一，它除跟构成行动者社会地位的其他因素共同发挥对集体行动的影响作用外，还在独立发挥影响作用。一般而言，收入越高的行动者对自身健康的关注越多，因而参与环境治理的程度越高，对环境污染

① 宋人. 弗兰西斯·培根的伦理思想[J]. 哲学研究,1984(1)：59－65.

② 徐林,黄萍. 公众参与和城市管理:基于杭州市的实证研究[J]. 中共浙江省委党校学报,2012(1)：102－109.

③ 刘滇辉. 论公民政治参与的影响因素[J]. 湘潭大学学报(哲学社会科学版),2005(1)：93－95.

④ 雪珥. 国运1909:清帝国的改革突围[M]. 西安:陕西师范大学出版社,2010.

⑤ 杨涛. "成本－收益"视角下公共参与的影响因素分析[J]. 南京邮电大学学报(社会科学版),2012(3)：56－60.

⑥ 徐林,黄萍. 公众参与和城市管理:基于杭州市的实证研究[J]. 中共浙江省委党校学报,2012(1)：102－109.

⑦ 蔡晶晶. 诊断社会－生态系统:埃莉诺·奥斯特罗姆的新探索[J]. 经济学动态,2012(8)：106－113.

的感知越强烈①。拥有资源的多少及其可获取性这一影响因素在北京市大气污染治理中得以体现，假设4得到了验证。

参与的途径与方式是影响合作程度的又一因素，其常与制度因素相关。制度本身界定了各个主体参与合作的方式、深度、范围等方面的内容。在对北京市大气污染多元治理主体合作程度进行测量时发现，参与的途径与方式对中央政府、个体、宗教组织以及专家学者这些主体的影响程度是非常大的。其他学者的研究也验证了这一结论，即"对公众参与大气污染防治的影响因素调查问题中（多选题），排在前三位的是政府是否提供平等参与公共决策的机会，人数为223人，占34.5%；认为公众参与只是走形式，公众的意见不会被政府真正重视，人数为173人，占26.8%；认为没有对应的组织机构，人数为170人，占26.3%；排在后两位的是缺乏具体参与的指南和培训，人数为118人，占18.3%；其他，人数为56人，占8.7%。说明政府是否提供平等参与公共决策的机会是影响公众参与的重要外部因素"②。大众传媒是信息传播的媒介体，是公众参与的重要途径之一。专家学者在社会治理中发挥着独特的作用，杨立华指出解决集体和社会困境问题的第四种模型——学者型治理。③ 一方面，专家以其专业知识为政府决策提供咨询，提高决策的科学性；另一方面，专家为社会公众的参与提供知识支持，提高公众参与能力。④⑤因此，如何拓宽公共参与的渠道，提供更多的参与机会，完善公共参与机制显得尤为重要。假设3得到了验证。

彼此间的依赖程度也会对合作程度产生影响。合作行为的产生是基于异质资源互补的，而且合作具有"1+1＞2"的协同优势，双方依赖彼此优势所获得的利益常常大于单独工作所获得的利益，知识和能力的互

①② 代伟,李克国. 公众参与大气污染防治特征及影响因素分析:以秦皇岛市为例[J]. 中国环境管理干部学院学报,2015(5):30-32.

③ 杨立华. 学者型治理:集体行动的第四种模型[J]. 中国行政管理,2007(1):96-103.

④ 张海柱. 知识与政治:公共决策中的专家政治与公众参与[J]. 浙江社会科学,2013(4):63-69.

⑤ 徐林,黄萍. 公众参与和城市管理:基于杭州市的实证研究[J]. 中共浙江省委党校学报,2012(1):102-109.

补是合作创新的出发点。① 相互依赖的程度常常与信任问题密切相关，彼此间的信任程度与合作的程度呈正相关关系。② 信任是建立有效合作关系的润滑剂，只有在信任的基础上才会有合作行为的产生，信任程度越高，越有可能选择具有实质意义的公众参与形式。③ 假设9得到了验证。

沟通对合作同样产生影响。有研究表明，沟通的顺畅度与合作行为之间存在正向相关关系。沟通与信任是紧密联系的，信任产生于人与人之间真实与真诚的交流中。在逻辑上，可以把真实和真诚的交流看作合作的前提，也可以看作合作的结果，实际上它们是二而一的过程。信任包含于真实和真诚的交流中，正是有了真实和真诚的交流，人与人之间、组织与组织之间才包含了信任关系。④ 一般而言，信任是通过以下两种途径建立的。一是通过对合作成员背景的了解，二是通过合作组建后的交流。因此，紧密的合作关系有利于组织与组织之间产生信任关系。合作双方在高参与度的前提下，双方人员积极参与，并进一步在价值、观念等方面得到认可和增加相互理解；且私人交往也有利于合作成员之间的信任关系。假设7得到了验证。

共同承担风险对合作程度是一个不可忽略的影响因素。在某些公共事务的治理中往往包含着激烈的冲突，参与者可能面临来自相关利益者的陷害、打击和报复。由于制度化参与渠道的缺乏、低效或无效，参与者面临着极大的不确定性和风险性。⑤ 在这种情况下，假设10得到了验证。

能力的大小也是一个重要的影响因素。一般来说，能力的增强会增

---

① 李霞. 企业与高校成功合作创新的影响因素研究：概念模型[J]. 科技管理研究,2007(6)：40－42.

② 陈叶烽,叶航,汪丁丁. 信任水平的测度及其对合作的影响：来自一组实验微观数据的证据[J]. 管理世界,2010(4)：54－64.

③ 徐林,黄萍. 公众参与和城市管理：基于杭州市的实证研究[J]. 中共浙江省委党校学报,2012(1)：102－109.

④ 张康之. 论信任、合作以及合作制组织[J]. 人文杂志,2008(2)：53－58.

⑤ 杨涛. "成本－收益"视角下公共参与的影响因素分析[J]. 南京邮电大学学报(社会科学版),2012(3)：56－60.

进彼此间的合作程度①，能力越强，合作的深度越深、广度越广②。假设2得到了验证。合作的经验也是一个重要的影响因素。合作经验使合作者能更好地管理合作关系，并且降低合作成本。③ 合作经验越丰富，在合作过程中，事前避免或减少矛盾、冲突的可能性就越大；即使出现了矛盾、冲突，处理起来也会得心应手。④ 假设11得到了验证。总之，影响合作程度的因素是多方面的，它们是一个集成的整体，共同发挥着作用。

3.5.3　构建以政府为核心的大气污染多元协同治理体系

自2012年起，京津冀地区的大气污染问题日益凸显，雾霾肆虐，不仅损害了我国城市尤其是作为首都的北京，这一千年文化古城的形象，也严重影响了民众的身心健康。与其他环境污染不同的是，雾霾污染具有时间累加性、空间转移性和污染主体多样性等特征，这就决定了传统污染治理的方法很难适用。⑤ 大气污染治理需要改变过去的管制管理的方式，构建以政府为核心的，社会大众、新闻媒体、专家学者、NGO、企业等普遍参与的多元协同治理体系。⑥⑦⑧

第一，政府是区域性大气污染治理的核心力量。多元协同治理虽然强调去中心化和多元主体的广泛参与，但政府依然是多元治理主体中的核心。卢梭在《社会契约论》中对国家中政府存在的理由进行了论述：

---

① 赵佳佳,刘天军,田祥宇. 合作意向、能力、程度与"农超对接"组织效率：以"农户＋合作社＋超市"为例[J]. 农业技术经济,2014(7)：105－113.

② 杨涛. 公共事务治理行动的影响因素：兼论埃莉诺·奥斯特罗姆社会－生态系统分析框架[J]. 南京社会科学, 2014(10)：77－83.

③ HUBER P. On the determinants of cross－border cooperation of Austrian firms with central and eastern European partners [J]. Regional Studies, 2003(9)：947－955.

④ 李霞. 企业与高校成功合作创新的影响因素研究：概念模型[J]. 科技管理研究,2007(6)：40－42.

⑤ 任保平,段雨晨. 我国雾霾治理中的合作机制[J]. 求索,2015(12)：4－9.

⑥ 杨立华,周志忍,蒙常胜. 走出建筑垃圾管理困境：以多元协作性治理机制为契入[J]. 河南社会科学,2013(9)：1－6.

⑦ 杨立华. 构建多元协作性社区治理机制解决集体行动困境：一个"产品－制度"分析(PIA)框架[J]. 公共管理学报,2007(2)：6－23.

⑧ 杨立华. 多元协作性治理：以草原为例的博弈模型构建和实证研究[J]. 中国行政管理,2011(4)：119－124.

"公共力量需要有专门的代理人将它聚集起来，并且按照普遍意志的指示运用它；它负责国家和主权者之间的联络……政府只是主权者的执行人。"[①] 国家的主权者是人民，大气污染问题危及人民的生命与健康，治理污染问题是主权者普遍意志的指示、民心所向，故而政府可调动丰富的公共资源治理污染。[②] 政府掌控着最重要和最终的治理资源[③]，要实现大气污染的良好治理，必须发挥政府的主体作用。

第二，社会大众广泛参与。社会大众的参与是现代民主发展的标志之一，也是现代治理过程中必不可少的环节。一方面，社会大众的参与在形式上和实质上赋予了公民表达自己利益的机会，保障了公民获得影响其自身生活质量的权利；另一方面，它维系了公民与政府之间持续沟通与信任的关系，保障了政府公共政策的合法性基础，提高了治理绩效。[④] 盖伊·彼得斯在《政府未来的治理模式》中写道："公共部门提供的公共产品和服务与基层公务员和普通公民的利益密切相关，相关的计划和政策对他们影响最大，他们对此掌握的知识和信息也最多。如果这些知识和信息能够发挥作用，政府就会表现得更好。官僚体系内的专家无法获得制定政策所需要的全部信息，有时甚至得不到正确的信息。因此，如果排除公众对决策的参与，就会造成政策上的失误而不能实现预定的治理目标。"彼得斯还写道："要使政府的功能得到更好的发挥，最好的办法就是鼓励那些一向被排除在决策范围外的成员参与，使他们有更大的个人和集体参与空间。"[⑤] 事实上，环境问题的普遍化与复杂性意味着政府不可能单独依靠自己的力量完成保护环境与人类健康这一重大问题，它需要来自企业、第三部门和普通公众各种力量的支持与合作。[⑥]

---

① 让·稚克·卢梭. 社会契约论[M]. 黄小彦，译. 南京：译林出版社，2014：65.

② 杨立华，张柳. 大气污染多元协同治理的比较研究：典型国家的跨案例分析[J]. 行政论坛，2016(5)：24 - 30.

③ 江必新，鞠成伟. 国家治理现代化比较研究[M]. 北京：中国法制出版社，2016：142.

④ 江必新，鞠成伟. 国家治理现代化比较研究[M]. 北京：中国法制出版社，2016：161.

⑤ 盖伊·彼得斯. 政府未来的治理模式[M]. 吴爱明，夏宏图，译. 北京：中国人民大学出版社，2013：60 - 73.

⑥ 楼苏萍. 西方国家公众参与环境治理的途径与机制[J]. 学术论坛，2012(3)：32 - 36.

主要包括听证会、座谈会、论证会、讨论会和公开征求意见等传统参与形式，以及伴随着现代网络和信息技术快速发展而产生的电视辩论、网络论坛、手机短信、电子邮件、互动平台等新媒体方式。①

第三，积极发挥新闻媒体的作用。新闻媒体作为第四种力量②，在社会事务的治理中发挥着重要作用。新闻媒体作为传播工具，宣传党和国家路线、方针、政策、规章以及经济、政治、社会、文化等社情，是百姓获取思想和各种信息的主要来源，它可以主导和影响人们的世界观和价值观，引导人们对社会的感受和认知及其日常生活和个人行为。③ 同时，媒体也是民意表达的重要平台，是民意表达的重要渠道，媒体的基本功能之一正是传导舆论、表达民意。④ 此外，新闻媒体还具有舆论监督作用，新闻媒体不仅是社会的"传声筒"，而且应该发挥"瞭望哨"功能。⑤ 因此，应充分发挥新闻媒体的舆论监督作用，对污染环境和破坏生态的行为进行及时、准确和全面的信息披露，持续追踪事件后期发展动态，对污染企业持续施加压力，进而有效约束不良企业污染环境和破坏生态的行为，有效抑制企业的不良行为动机，促使企业遵纪守法，起到良好的监督作用。⑥

第四，重视专家学者在治理中的贡献。专家学者在治理中将扮演积极主动的信息提供者、志愿者与促进者的角色。专家学者作为信息提供者与志愿者，可以通过自身掌握的知识与技能，帮助政府以及企业更好、更快地解决污染问题；更重要的是，专家学者通过参与行动者博弈进程，促进各方协同，专家学者参与型治理逐渐成为一种可以有效摆脱环境治理集体行动困境的替代性途径。专家学者在博弈中通过担任信息提供者、

① 王红梅,刘红岩. 我国环境治理公众参与:模型构建与实践应用[J]. 求是学刊,2016(4)：65－71.

② 胡延平. 第四种力量[M]. 北京：社会科学文献出版社,2002.

③ 仰和. 电视广告对社会价值观念的影响[J]. 国际新闻界,2000(6)：71－75.

④ 纪红,马小洁,薛腾. 互联网的民意表达与权力监督功能[J]. 湖北社会科学,2010(3)：27－30.

⑤ 姜德锋. 论建设性的舆论监督[J]. 学术交流,2015(1)：203－207.

⑥ 秦书生,晋晓晓. 政府、市场和公众协同促进绿色发展机制构建[J]. 中国特色社会主义研究,2017(3)：93－98.

政府代理人、具有企业家精神的学者型领导者和纯粹博弈者等四种角色帮助政府更好地解决集体行动难题，其作用不可小觑。①

第五，改变企业被动的环境治理角色。企业作为生产和生活资料的生产者和制造者，为人类的生存与繁衍做出了不可磨灭的贡献；同时，企业也是自然资源的最大消耗者和环境污染的直接制造者，可以说企业是环境污染的主要制造者。生态环境的恶化，反过来会限制企业的发展，也会使整个人类社会陷入生态恶化的困境中。企业作为环境污染的最大制造者，理应成为环境教育的主体②，并在环境保护方面负主要责任，肩负起治理和保护环境的职责，特别是要从道德的高度来重新审视人与自然的关系，加强生态道德教育，提高企业环保意识，自觉规范自己的行为，为环保提供组织保证，加强科研和技改，提高企业的环保水平，将环保内容列入企业考核指标。③

第六，调动 NGO（非政府组织）的积极参与。霍布金斯大学萨拉蒙教授认为 NGO 具有组织性（formal organization）、非政府性（nongovern-mental）、非营利性（nonprofit – distributing）、自治性（self – governing）、志愿性（voluntary）。与政府、企业等传统的环境治理主体相比，环境NGO 在环境保护及治理中具有无可替代的作用。NGO 可以教育和引导公众，促进环境保护与治理领域的公众参与，推动并帮助政府实施有效的环境政策，对企业生产过程中的环境行为实施监督。④ 目前，我国的非政府组织仍处于发展阶段，现代公民型社会资本还没有得到良好的培育，NGO 还没有真正成为一支独立的社会力量。⑤ NGO 在大气污染治理中发挥着重要的补充与协调作用，对它们的发展应该持支持与鼓励的态度，

———————

　① 杨立华,张柳. 大气污染多元协同治理的比较研究:典型国家的跨案例分析[J]. 行政论坛,2016(5)：24 – 30.
　② 刘守旗. 企业:应当成为环境教育的主体[J]. 南京社会科学,2001(4)：64 – 67.
　③ 刘进才. 企业在环保中的道德责任[J]. 中国行政管理,2001(2)：29 – 30.
　④ 樊根耀,郑瑶. 环境 NGO 及其制度机理[J]. 环境科学与管理,2008,33(7)：4 – 6.
　⑤ 汤璇,夏方舟. 利益相关者雾霾应对行为研究[J]. 江西社会科学,2016(5)：205 – 210.

为 NGO 发挥积极的公共管理作用创造更好的体制环境①。

3.6　结论

本章运用问卷调查方法来测量北京市大气污染治理中的 13 个治理主体协作程度，通过研究验证了所提出的 11 个假设。为了推进北京市大气污染多元协同治理，需要做到如下几点。第一，加大宣传力度，提高各个治理主体的环境参与和治理意识，鼓励它们参与到大气污染治理中来。第二，提高各个治理主体的能力，如通过各种培训活动。第三，拓宽大气污染治理途径与渠道，让各个治理主体能够充分参与到大气污染治理中来。第四，努力降低协作治理成本，努力提高协作程度。第五，构建和完善沟通机制，促进各个主体间的交流沟通，以增强彼此间的信任度和相互依赖程度。第六，通过利益纽带使各主体紧密联系起来，让它们充分认识到"同呼吸，共命运"的严峻现实，以共同承担大气污染带来的风险。

但由于篇幅所限，本章对于影响协作或合作的因素没有做深入的分析和探讨。因此，在未来的研究中有必要就这方面进行深入的探讨，以完善此项研究。

---

① 张勇杰. 邻避冲突中环保 NGO 参与作用的效果及其限度：基于国内十个典型案例的考察［J］. 中国行政管理，2018(1)：39 − 45.

第 4 章

北京市大气污染多元主体不同治理方式选择
与协同机制

4.1 导言

上一章通过对大气污染治理过程中多元主体的参与程度与影响因素进行考察发现，虽然各主体不同程度地参与到大气污染的协同治理过程中，但是不同主体所选择的治理方式各不相同。本章将通过搜集整理近年来关于大气污染治理的诸多案例，首先考察多元主体在共同治理大气污染过程中所选择的不同治理方式及其影响因素。同时，由于不同主体的治理方式之间必须通过协同合作才能取得良好效果，因此本章随后将对不同主体治理方式的协同机制进行探究，并希望通过对各种协同方式效果的具体评估，找到最佳的协同方式与路径。

4.2 文献综述

围绕着环境治理这一主题，许多学者和研究机构从不同视角、不同层面进行了探索和研究，如对政府直控型治理模式进行评价[1][2]，对市场化环境治理模式进行探讨[3][4]，都旨在强调单一主体治理模式的困境。国

---

[1] 竺乾威. 公共行政学[M]. 上海:复旦大学出版社,2000.

[2] 周克瑜. 走向市场经济:中国行政区与经济区的关系及其整合[M]. 上海:复旦大学出版社,1999.

[3] 顾丽梅. 信息社会的政府治理:政府治理理念与治理范式研究[M]. 北京:中国人民大学出版社,2003.

[4] 曹颖. 大气污染应从末端治理转向系统解决:兼谈《大气污染防治行动计划》对能源结构的影响[J]. 宏观经济管理,2014(4):41-43.

外对协同治理的相关研究起步比国内早，理论成果较为丰硕。本研究在对文献收集和研究的过程中不仅关注了国内外社会治理的相关问题，还参考了很多区域大气污染问题的研究成果。

4.2.1　研究现状

通过对所选文献进行整理，我们总结出中国当代对治理模式的研究主要分为三个阶段：理论研究、构建治理模式、实践分析。早在 2000 年以前，我国便开始对环境污染治理模式进行了研究和探讨，当时的研究主要是根据我国出现的一系列生态环境问题展开，如土地沙漠化防治、泥石流的防治等。中国的协同治理研究从 2000 年开始起步，但当时主要是从治理的理论基础和现实背景两方面做出阐释，协同治理并没有成为主流的治理模式。总结来说，当时主要有政府直控型治理模式[1][2][3]、市场化治理模式等单一的治理模式[4][5]，强调以政府为主导，利用其权威从上到下进行治理。自 2010 年后，协同治理模式得到重视和发展，相关研究也开始走向多样化，参与主体不断增加，突破了政府主导、市场自治等单一的治理模式。

4.2.1.1　治理的概念及主要内容

治理理论（governance theory）是研究治理问题的理论基础。联合国全球治理委员会把治理定义为"个人与公私机构管理其自身事务的各种不同方式之总和。它是使冲突或不同利益得以调和并且采取联合行动的持续过程"[6]。从治理的对象来看，治理广泛适用于国家、公民、

---

① 解亚红."协同政府"：新公共管理改革的新阶段[J].中国行政管理,2005(6)：61 – 63.

② 谢宝剑,陈瑞莲.国家治理视野下的大气污染区域联动防治体系研究：以京津冀为例[J].中国行政管理,2014(9)：6 – 10.

③ 薛俭,李常敏,赵海英.基于区域合作博弈模型的大气污染治理费用分配方法研究[J].生态经济,2014(3)：175 – 179 + 191.

④ 高明,黄婷.大气污染治理企业发展的关键因素识别方法探讨[J].生态经济(中文版),2014(9)：180 – 184.

⑤ 童伟.公共服务市场化：政府管理改革的切入点[J].宏观经济管理,2007(9)：35 – 37.

⑥ COMMISSION ON GLOBAL GOVERNANCE. Our global neighbourhood[R]. Oxford：Oxford University Press,1995.

非政府组织、社会团体等各主体之间的活动关系。综上所述，治理具有如下特点。第一，治理主体的多样性。从传统的认识上看，治理是政府服务社会的职能，也只有政府才能有效地治理社会事务。随着治理理论研究的不断深入，人们开始意识到不能只依靠政府的权威性，也要发挥其他社会主体的功能。第二，强调国家与社会合作。治理理论的产生是由于国家与部门、社会团体等之间的界限越来越模糊。第三，治理通过社会各主体相互协调来实现，是一个动态的过程。确定目标、达成共识是实施有效治理的基础，各主体通过资源互补、相互配合、共同参与管理过程，最终实现治理的目标。第四，管理方式和管理手段的多元化。政府管理社会事务不仅需要运用其权威，还需要综合运用法律、技术等其他治理方式。只有多种手段协调运用才能使社会处于良性发展的过程中。

4.2.1.2 多元主体的确定

治理模式主要按照参与治理的主体结构及其使用的治理手段进行划分。有效的治理是一个完整的体系，主体以及治理方式选择的多样性构成了治理体系。治理主体包括个体、家庭、社区、公众、企业、政府、专家学者、民间组织、宗教组织、新闻媒体、国际组织等 11 个。[1][2][3][4][5]1960 年，科斯在《社会成本问题》中提出了利用市场机制来解决环境污染、环境破坏等负外部效应问题，即在界定环境资源产权的基础上，运用产权交易或讨价还价的过程协调各方利益。[6] 戴尔斯沿袭科斯的思路，

① YANG L H. Scholar – participated governance：combating desertification and other dilemmas of collective action（dissertation）［D］. Phoenix：Arizona State University，2009.

② YANG L H. Scholar participated governance：combating desertification and other dilemmas of collective action［J］. Journal of Policy Analysis and Management，2010（3）：672 – 674.

③ YANG L H. Roles of science in institutional changes：the case of desertification control in China［J］. Environmental Science and Policy，2013（27）：32 – 54.

④ YANG L H. Seven design principles for promoting scholars' participation in combating desertification［J］. International Journal of Sustainable Development and World Ecology，2010（2）：109 – 119.

⑤ 杨立华. 构建多元协作性社区治理机制解决集体行动困境：一个"产品 – 制度"分析（PIA）框架［J］. 公共管理学报，2007（2）：6 – 23.

⑥ 黄万华，刘渝. 市场机制在环境保护中的运行机理、条件、发展趋势及评价［J］. 资源开发与市场，2014（1）：70 – 72.

从产权角度出发对环境资源产权的设置与生态环境破坏的关系进行了论述，首次提出了排污权交易构想。① 这些学者都强调了企业在环境治理中扮演的重要角色。治理理论认为，政府利用其权威性在环境治理中的作用是不可替代的，但政府并不是全能的，它需要社会其他组织的参与、协助。政府有管理社会事务的能力和权力，在提供社会服务时要接受公众监督，并为其提供必要的支持条件。② 这些就为不同主体参与到治理中提供了理论基础。除此之外，"元治理"（Meta Governance）理论以外部性和公共物品理论为依据，强调了政府在社会治理中的重要性，没有政府的参与，就无法保证社会经济的可持续发展。环境质量具有非竞争性和非排他性，是一种公共物品③，如果空气被清洁干净，那么所带来的收益不可能只提供给一个人享受，由于空气具有公共性，其他人都能同时享受呼吸清新空气所带来的收益。④ 方世南在其《环境友好型社会与政府在环境治理中的作用》一文中提出，公民有享受公共服务的权利，政府依靠其权威性保障公民的权利，政府拥有的资源是其他社会主体不能比拟的，在整个环境治理中处于领导的地位，必须实施政府主导型环境治理战略。⑤ 以政府为主导的治理模式有自愿性环境治理模式、透明型环境治理模式、环境自觉行动治理模式等。⑥

4.2.1.3 多元主体治理方式选择

政府主导型治理模式强调，为克服环境污染外部性，政府可以综合运用多种治理手段，如行政、技术、生产等。政府既可以直接干预也可以间接干预环境的治理，政府直接干预的方式就是上文中提到的政府直

① 龚俊，杨廷文. 多元主体共同参与社会管理机制探析[J]. 人民论坛，2011（32）：172－173.

② SAVAN B, GORE C, MORGAN A J. Shifts in environmental governance in Canada：how are citizen environment groups to respond [J]. Environment & Planning C Government & Policy，2004（4）：605－619.

③ 任志宏，赵细康. 公共治理新模式与环境治理方式的创新[J]. 学术研究，2006（9）：92－98.

④ 卡伦，托马斯. 环境经济学与环境管理：理论、政策与应用（第三版）[M]. 李建民，姚从容，译. 北京：清华大学出版社，2006：53.

⑤ 方世南. 环境友好型社会与政府在环境治理中的作用[J]. 学习论坛，2007（4）：40－43.

⑥ 臧雷振. 治理类型的多样性演化与比较：求索国家治理逻辑[J]. 公共管理学报，2011，8（4）：43－44.

控型治理模式。[①] 政府是各种环境治理制度和政策的直接制定者与操作者，基于此，政府直控型治理模式强调了政府在环境治理中应当充分使用公共权力，保证环境治理的有效性、合理性。政府直接控制的治理方式具有深厚的行政色彩，政府以体制作为实施载体，通过运用行政手段对环境进行治理。我们可以从以下几个方面对政府直控型治理模式进行分析。第一，政府是环境资源的管理主体，拥有对环境资源监督和管理的权力，由于这种权力的存在，政府与其他社会主体之间的关系是不对等的，其他社会主体都要受到政府的管理，经济、社会、文化活动都会受到政府的管控。第二，行政是政府的主要管理方式，可以辅之以法律、技术手段，在整个社会管理中，主要采用直接实施的方式。从这个角度上看，行政管理方式也可以包括法律、技术、经济等管理方式。第三，政府作为管理者，采用的行政管理方式包含的内容十分广泛，在环境治理中，政府所发挥的效用大于社会发挥的作用，政府占到的比重较大。第四，政府可以使用强制性的手段参与环境治理，制定政策法律，规范各个主体的治理行为。这一特点使政府在对环境进行管理时，能够代表社会整体环境的利益。

较其他治理模式来说，政府直接控制进行治理具有独特的优点。首先，政府针对环境治理制定和实施的政策具有权威性，可以迅速、权威、高效率地达到目标，当出现突发和急迫的事件时，政府治理具有绝对的优越性。在环境问题中，运用市场进行治理，必须具备一定的条件，以市场管理作为基础，在市场环境中"人人自利"，通过对市场传达信息，可以促使经济环境中的主体按照既定方式来进行消费和产出。由此改变环境与经济发展之间的关系，最后使整个环境的质量得到提升和优化。其次，一个城市的经济发展与环境治理的关系是非常密切的，工、农、基建等与经济发展相关的因素都会对环境治理的效果产生影响，这样就需要宏观性、复杂性、综合性的政府调控，政府可以使用强制手段来达

---

① 安塞尔·M. 夏普,等. 社会问题经济学:第15版[M]. 郭庆旺,译. 北京:中国人民大学出版社,2004:158.

到环境治理的效果。环境市场机制的实质就是通过创建、利用市场，恢复价格机制，充分利用价格机制解决人类面临的环境问题。[①] 只有在具备足够的条件时，市场的环境治理功能才能发挥效用。按照一般的情况来看，市场在环境治理中发挥作用的影响因素是环境作为一种资源能明码标价，使环境资源的所有者能够得到产权，在市场上进行交易，建立一套完善的信息体系与法律规范。由于环境污染的加剧，各个国家提高了对环境质量的标准和要求，出于对自身健康的担忧，人们也对环境治理的效果提出了更高的要求，加之愈演愈烈的市场竞争，企业越发认识到，只有加强对环境的保护，减少对环境资源的索取，明确自身在环境治理中的责任，才能得到社会公众的认可，这关系到企业的存亡。在这个条件下，企业能够主动参与到环境治理的活动中，自觉承担起环境治理的责任。要想促进其进行自愿性环境治理，我们可以通过增加企业收入，加大对环保产业的扶持力度，向市场提供更多的环保产品来实现。只有减少政府对环境治理过程中的管制以及降低企业参与环境治理所要付出的成本，才能增强企业参与环境治理的积极性。与政府管制型治理模式相比较，自愿性环境治理模型能够赋予企业更大的自主权去实现所要达成的环境治理目标。企业是自愿性环境治理模式的主体，企业是环境污染的主要制造者，如果能够转变企业角色，由环境污染的主体向环境保护的主体转变，则不仅能够降低整个社会在环境治理中的成本，而且能避免由政府与污染企业间信息不对等造成"舆论风险"，促进企业防治污染、生态保护工作的落实，与政府管制相比，自愿性管制使企业有更大的灵活性。[②] 以公众为主导的治理模式，具有基数大、分散性的特点；以国际组织为主导的治理模式，具有资源丰富、针对性强的特点；以民间组织为主导的治理模式具有自发性、灵活性的特点；以社区、个体、专家等为主导的治理模式也有各自的特点。多元主体的参与有效弥补了政

---

① 黄万华,刘渝. 市场机制在环境保护中的运行机理、条件、发展趋势及评价[J]. 资源开发与市场,2014(1)：70 - 72.

② 保罗·R. 伯特尼,罗伯特·N. 史蒂文斯. 环境保护的公共政策[M]. 穆贤清,方志伟,译. 上海：上海人民出版社,2004.

府在环境治理方面的局限性（见图4.1）。

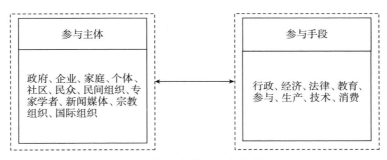

图4.1　多元主体治理方式选择

资料来源：杨立华，刘宏福 . 绿色治理：建设美丽中国的必由之路［J］. 中国行政管理，2014（11）：9（作者参考相关内容绘制）.

以政府为主导的治理模式由于其本身的局限性，并不能在环境治理的所有方面发挥作用。不仅是以政府为单一主体的治理模式会陷入困境，任何以其他单一主体为主导的治理模式都会出现相应的问题。以政府为主导的治理模式存在的困境包括政府承担所有的治理成本、由信息不对称造成的道德风险、业务外包等问题。在市场化治理模式实现过程中存在的困境有三个。一是市场治理具有外部性，在市场竞争中各利益主体是逐利的，在提供产品和服务时，衡量的标准是利润。以利润为导向的生产行为，会产生外部性的效果，外部性造成的收支差异越大，影响的范围也就越大，市场机制就越无法有效地配置资源。二是环境资源所有权模糊，环境资源具有外部性特点，一旦出现环境污染问题，就需要所有社会成员共同承担环境污染带来的后果，环境资源没有明晰的产权，不能使其价值化，造成环境污染者无须按照对等的价格承担污染费用。环境资源的共享性、外部性、免费性，使大部分社会主体不愿意主动承担治理费用；另外，市场外部性的存在会影响市场调控功能的发挥，使市场不能对经济进行调控，无法进行资源的合理配置。三是环境污染的直接责任难以明确，企业可以根据自身的实际情况，制定环境治理目标，在环境治理过程中使用更高效的方法，一方面可以减少企业对环境造成的污染，另一方面也可以降低企业的污染治理成本。随着污染程度的加剧，公众为了保障自己的生命健康，会对现行的法律、法规提出更高的要求，对环境治理的效果产生更高的期望。环境治理的政策、法规从出台到付诸实践，需要一个时间周期，运用环境政策、法规对环境污染进行调控存在滞后。多元主体的参与，一方面可以对相关的环境法律法规所提出的环境标准进行补充，另一方面可以在一定程度上减少环境立法的滞后属性带来的负面影响。以企业为主导的治理模式则因具有"自愿"的属性，在执行力度方面显得先天不足，在治理责任与企业成本的权衡中，一些企业选择"搭便车"，为追求经济效益而放弃承担本身在治理模式中的重要责任；而对于自愿参与治理的企业而言，由于缺乏完善的奖惩机制与监督机制，不能对完成治理任务者及时进行激励，对未达成治理目标的企业不能进行相应的惩罚，自发性的治理成果难以被客观地评价，导致这种不具备强制性的协议可信度降低，企业间达成的治理共识成为一纸空文。其他以个体、家庭、社区、公众、专家学者、民间组织、宗教组织、新闻媒体等为主导的治理模式都存在权威性不足、力量分散等问题。

4.2.1.4　协同治理的基本内容

近30年来，为了处理不断复杂化的社会问题与政府公共开支被压缩、执政能力不足之间的矛盾，政府、企业、非政府组织、公民之间协作进行环境治理在世界各国得到了普遍认可和广泛实践。各利益主体间相互协作可以达到更理想的治理效果，能够有效地保护环境，处理环境问题。协同治理从引起关注到学术界的深入研究，为环境治理提供了更多的理论依据和参考，协同治理越来越得到大众的认可，用"协同治理"来指代这种跨部门之间的协同。何水认为："所谓协同治理，是指在公共管理活动中，政府、非政府组织、企业、公民个人等社会多元要素在网络技术与信息技术的支持下，相互协调，合作治理公共事务，以追求最大化的管理效能。最终达到最大限度地维护和增进公共利益之目的。"[①]格里·斯托克将政府协同治理定义为："为了实现与增进公共利益，政府部门和非政府部门（私营部门、第三部门或公民个人）等多元合法治理

---

　　① 何水. 协同治理及其在中国的实现：基于社会资本理论的分析[J]. 西南大学学报（社会科学版），2008（3）：102-106.

主体在一个既定的范围内，运用公威、协同规则、治理机制和治理方式，共同合作，共同管理公共事务的诸多方式的总和。"① 郑巧和肖文涛指出："协同治理是指在公共生活过程中，政府、非政府组织、企业、公民个人等子系统构成开放的整体系统，货币、法律、知识、伦理等作为控制参量，借助系统中诸要素或子系统间非线性的相互协调、共同作用，调整系统有序、可持续运作所处的战略语境和结构，产生局部或子系统所没有的新能量，实现力量的增殖，使整个系统在维持高级序参量的基础上共同治理社会公共事务，最终达到最大限度地维护和增进公共利益之目的。"②

4.2.1.5　协同治理的有效方式

治理主体的多元化是协同治理的一大特征，学界对此多有探讨。弗里德里克森认为，协同治理理论的主要内涵之一是治理主体的多元性，在现代多元化的背景下，"单中心治理"模式日益显现颓势，以致公平缺失、矛盾丛生，因此必须确立"多中心治理"理念。③ 蓝志勇认为，多元主体共同参与社会管理是一种全新的决策和治理机制，即政府、公众、专家学者、新闻媒体、企事业单位、社会组织、人民团体等社会各主体通过讨论与协商共同决策社会公共事务。④ 夏志强和付亚南认为，政府不再是唯一的公共服务主体，私人组织和第三部门在公共服务供给中发挥着日益重要的作用。⑤ 学界对协同治理主体的确定有一定的共识，认为包括政府、公众、专家学者、新闻媒体、社会组织等，但是对协同治理主体缺乏科学的界定和系统的划分。根据杨立华对社会主体的分类与阐释，

① 格里·斯托克. 作为理论的治理：五个论点[J]. 国际社会科学杂志(中文版),1999(1)：19－30.

② 郑巧,肖文涛. 协同治理：服务型政府的治道逻辑[J]. 中国行政管理,2008(7)：48－53.

③ 弗里德里克森. 公共行政的精神[M]. 张成福,译. 北京：中国人民大学出版社,2003.

④ 蓝志勇. 给分权划底线,为创新设边界：地方政府创新的法律环境探讨[J]. 浙江大学学报(人文社会科学版),2007(6)：16－24.

⑤ 夏志强,付亚南. 公共服务多元主体合作供给模式的缺陷与治理[J]. 上海行政学院学报,2013(4)：39－45.

可以将社会主体分为 11 个类型。①

4.2.1.6　协同治理的理论模型

布莱森、克罗斯比以及斯通三位学者提出了跨部门协同分析模型。② 邓念国提出了协作治理的理论模型，该模型拥有五大变量即参与者结构、制度平台、动力机制、相互作用类型以及关键影响变量。③ 他认为，在中国的现实环境中，协同治理最有可能首先在非政治领域、低层次地区和社会资本丰厚的地区开展。协同治理的实证研究极为重要却一直占少数，大气污染治理是协同治理实际应用中的重要领域。杨立华提出，在特定条件下，在知识和信息方面具有比较优势的学者（包括专家、学者、教授、研究人员、技术人员及其他在知识方面具有优势的各种社会成员）能够帮助其他社会行动者（如政府）解决集体行动困境，实现多赢有效的合作。④⑤

总结以上理论模型，我们可以发现协同治理模型中反映了社会各系统——政府、非政府组织、公民等所有社会组织和行为者——都能在不同行动领域之间相互依存进而产生功能联系，并寻求多元互动、共同协作的运用方式。但各主体要遵循动态和权变原则，并承担起自己的责任，避免"搭便车"等因素造成的集体行动困难，要将系统内不同范围和层次中的无序转化为有序，促成良性合作，从而达到治理的目的。本章根据以往的研究，将这一过程划分为制度设计、模式构建、协同执行、互动过程四个阶段。霍尔和泰勒认为："制度对行为的影响不仅表现为明确人们能做什么事，而且表现为明确人们在某个给定环境中做所能想象到可以做的事。"⑥ 由此可知，制度设计中最根本的一环是进入协同程序的

---

① 杨立华. 多元协作性治理：以草原为例的博弈模型构建和实证研究[J]. 中国行政管理，2011（4）：119 – 124.

② BRYSON J M，CROSBY B C，STONE M M. The design and implementation of cross – sector collaborations：propositions from the literature [J]. Public Administration Review，2006（1）：44 – 55.

③ 邓念国. 公共服务提供中的协作治理：一个研究框架[J]. 社会科学辑刊，2013（1）：87 – 91.

④ 杨立华. 学者型治理：集体行动的第四种模型[J]. 中国行政管理，2007（1）：96 – 103.

⑤ YANG L H. Scholar – participated governance：combating desertification and other dilemmas of collective action [D]. Phoenix：Arizona State University，2009.

⑥ HALL P，TAYLOR R. Political science and the three new institutionlisms [J]. Political Studies，1996（5）：936 – 957.

渠道。杨立华构建了一个可清晰描述多元协同治理的简单博弈模型，讨论了多元主体选择、多元共时模型、差序模型和混合模型的不同。[①]

4.2.1.7　协同治理的影响因素

协同治理在运行时会受到外部因素和内部因素的影响，这些影响贯穿治理的整个过程，最终影响治理绩效的实现。为了系统研究社会主体如何协作性解决诸如集体行动困难和公共物品供给等问题。杨立华[②][③]依据多学科交叉研究理念提出了"大社会科学""大科学"及与此相关的"问题研究法"和"广义产品研究法"，主张以问题为中心，以广义产品分析为基点，突破学科界限，实现多学科专家合作，在综合应用各学科相关知识情况下，合作性解决各种各样的复杂社会问题。在"大社会科学""大科学""广义产品研究"（GPA）方法指导下，为解决研究多元协同治理过程中遇到的各种问题，杨立华[④]发展了将广义产品分析（GPA）、制度分析（IA）、博弈理论、决策理论和制度分析结合起来的"产品－制度分析"（PIA）框架，他认为包括行动者类型、资源、动机、规则和信息知识等在内的变量影响着协同治理内部的互动。

根据以往的研究成果，本章将影响因素归结为外部环境和内部因素。外部环境主要分为政治制度[⑤]、法律法规、政策规范、经济环境[⑥]、文化和社会心理环境[⑦]等。内部因素又分为硬因素和软因素。硬因素是指在当时的情境下，一经制定便不易改变的因素，如治理的主体、结构、方式、

---

① 杨立华. 多元协作性治理：以草原为例的博弈模型构建和实证研究[J]. 中国行政管理，2011(4)：119 – 124.

② 杨立华. 完美全面产品管理：社会结构和管理的产品分析[M]. 北京：北京航空航天大学出版社，2008.

③ YANG L H. Scholar – participated governance：combating desertification and other dilemmas of collective action [D]. Phoenix：Arizona State University，2009.

④ 杨立华. 构建多元协作性社区治理机制解决集体行动困境：一个产品 – 制度分析（PIA）框架[J]. 公共管理学报，2007(4)：6 – 23.

⑤ 丹尼斯·C. 缪勒. 公共选择理论[M]. 杨春学，等译. 北京：中国社会科学出版社，1999：282 – 302.

⑥ 俞可平. 治理理论与中国行政改革[J]. 公共行政管理科学，2001(5)：35 – 39.

⑦ 戴维·卡梅伦. 政府间关系的几种结构[J]. 国际社会科学杂志(中文版)，2002(1)：115 – 121.

目标①等，这些因素是相对稳定的。软因素指的是在协同过程中很可能发生变化的因素，这些因素存在于整个协同过程中，并相互影响，如信任②、组织动员③、利益协调④、权责⑤等。

4.2.2　现状分析与存在的问题分析

4.2.2.1　现状分析

通过对大量文献的整理和分析，发现现有文献都在不同程度上对多元主体治理解决各种社会和管理问题的作用，以及协同治理在处理问题时的积极效用达成共识。

第一，多元主体治理具有理论和实际上的双重合理性，顺应了现实需要。多数文献深入研究了多元主体治理的理论渊源，认为多元协同治理实质上是公共权力的回归，它适应了社会多元化的发展和治理需求，特别是协同治理为解决政府失灵和市场失灵提供了思路。

第二，多元主体治理的主体包括政府、公众、专家学者、新闻媒体、企业、社会组织、人民团体等社会主体。多数文献概括地表达了什么是多元主体，但并未对其进行科学的界定和系统的划分。

第三，单一的主体治理方式存在诸多限制，而协同治理是解决问题的有效方式。各主体因其所拥有的能力、权力有限，在问题解决的过程中会存在疏忽，从而影响问题解决的效果。研究者需要突破这一桎梏，寻求一种更有效的解决途径，为各主体实现合作提供理论基础。

第四，协同治理的基础是合作，各主体间也存在多种合作方式。但各主体在合作的同时，由于各主体间的差异，会出现冲突、竞争、顺从

---

① 曾维和. 协作性公共管理：西方地方政府治理理论的新模式[J]. 华中科技大学学报（社会科学版），2012（1）：49－55.

② 秦启文. 突发事件的管理与应对[M]. 北京：新华出版社，2004.

③ 吴春梅，庄永琪. 协同治理：关键变量、影响因素及实现途径[J]. 理论探索，2013（3）：73－77.

④ BEECH N，HUXHAM C. Cycles of identity formation in interorganizational collaborations [J]. International Studies of Management & Organization，2003（3）：28－52.

⑤ HUXHAM C，BEECH N. Characters in stories of collaboration [J]. International Journal of Sociology and Social Policy，2008（28）：59－69.

等情况，所以只有加强各主体间的规范才能实现有效的协同。相关研究缺乏对协同类型的进一步探讨。

第五，多种因素对协同治理造成影响。基于对协同治理的不同理解，学界分析了信任、信息技术、学习、资源依赖、社会资本、权力等因素，认为良好的协同治理应当充分考虑这些内部因素和外部因素，如果忽略这种情况，协同治理就难以达到治理的最终目标。

综上所述，我们可以发现多元治理中研究者的关注视角已经由单纯对其理论基础和实现背景的研究转向探讨其操作模式与实际应用，由单一科学领域的研究转向更多知识的综合作用研究、由理论研究转向实证研究，并且更加关注对以往忽视的公共危机治理、大气污染治理的独特作用的探讨。

4.2.2.2 存在的问题分析

国内学者对协同治理及有关概念进行了研究，但是普遍存在观点单一、内容不深入等缺陷。对此，可以考虑采取以下措施来解决。第一，增加研究的广度。由于国外对协同治理的研究起步较早，已经形成了一套完整的理论体系并能够很好地运用于实践当中，我国的学者对国外协同理论的研究则相对较少。第二，加强对协同治理的应用理论研究。国外的协同治理理论已经可以广泛地运用于各领域，而国内研究者大多停留在公共危机和社会管理两个方面，协同治理理论的效用没有得到很好的发挥。第三，多元主体协同治理是一个动态的过程，国内很多研究仅仅停留在对多元主体结构、协同内容的分析上，没有很好地挖掘多元主体协同治理的深度，从而忽视了对各主体之间关系的整合，主要集中在单一主体的治理层面，没能把握住各主体参与协同治理适用的范围和领域。如何才能实现多元主体治理的健康运行，如何有效地解决环境治理问题，各个主体怎样选择适用的治理方式参与环境治理等，这些重要的内容并没有得到国内研究者的重视，导致多元主体协同治理理论成果的空白、欠缺，没有很好地从理论研究向应用实践转化。

4.2.3 研究贡献与结构安排

本章主要运用杨立华提出的 PIA 分析框架，同时结合学者型治理、多元协同治理等行政管理研究中的前沿理论，探讨北京市大气污染多元主体治理的不同方式，评估其治理效果，然后在此基础上尝试构建出一个更具可行性和操作性的多元协同治理模式。这为有效解决大气污染治理问题及其他环境治理问题提供了借鉴和参考，同时也能推动相关理论研究的发展。

本章的研究假设是：多元治理主体参与北京市大气污染治理不同方式的选择影响治理绩效。研究的自变量是"多元主体参与北京市大气污染治理的不同方式选择"，因变量是"北京市大气污染治理的效果"。具体来说，研究内容分为以下几点。

第一，通过对所选区域实地调研的数据分析，确定多元主体治理方式的不同选择是否会影响北京市大气污染的治理效果，如果"是"则进一步确定多元主体治理的有效方式，即在北京市大气污染治理中，究竟有哪些主体可以参与到治理过程中，应当以何种方式进行，这都需要我们对影响大气污染治理结果的不同方式进行分析和总结。

第二，分析影响多元主体不同治理方式选择的因素。研究各学者对多元主体参与治理不同方式选择的成果，进一步分析影响治理开始、过程、结果的一系列因素，最终确定有效的治理方式。

第三，科学衡量不同治理方式的效果。想要最终确定协同治理的有效性，就必须科学地衡量大气污染治理的效果。

本章的研究不仅对北京市大气污染治理具有指导意义和经济价值，对我国其他地区的大气污染治理也具有参考意义。中国60多年的实践证明，简单应用西方理论和方法指导中国实践或简单套用西方固有模型来解释中国现实的做法都不理想，甚至会带来灾难性后果。由于目前北京市大气污染治理在某种意义上已经试验了多个理论家所提出的各种模型，但没有任何一种单一模型可以解决问题，很多问题不但在理论上需要多方参考解决，而且在实际实施上需要多方合作才能解决。因此，当前阶段有必要对北京市大气污染治理以往的实践进行归纳、总结，找出对策，以供新的政策和制度安排参考。基于PIA分析框架下的多元协同治理研究在进一步提高北京市大气污染治理科学性、推动构建合理治理制度安排体系方面具有广阔的前景，也具有重要的政策和经济价值。

第一，突破了现有治理研究对主体在治理中效用的简单假定，主张采用系统和深度分析方法，全面探讨主体间关系的多样性。在现有有关多元主体治理的一些讨论中，有关多元主体治理的论述虽然很多，但是关于如何更有效地运行的文献却相当缺乏，即使有也主要表现在两方面：一种是提倡单一主体的治理方式，即过于强调某一主体在治理中的参与方式与手段，即使有其他主体的参与，也只是简单地协助；另一种是在没有明确分析各种主体间关系及其影响因素的情况下，简单将各主体列入治理程序中，可称为"多元并行"观。本章的研究突破了这些假定，主张在深入研究多元主体治理实际情况的前提下，采用系统和深度分析方法，全面分析多元主体间的协同方式及其影响因素，从而将其更有效地运用于实际治理中。

第二，以往对多元主体治理的研究大多停留在简单地阐述其有用性上，而没有提出具体的操作方式。全国各个地区的实际情况不同，要想有针对性地解决大气污染问题，需要分区域进行研究。

4.3 研究框架与数据方法

4.3.1 研究框架与研究方法

4.3.1.1 研究框架

本章的研究假设是：北京市大气污染多元主体治理方式的选择与协同类型的不同对多元协同治理绩效差异性的影响。研究的自变量是"北京市大气污染多元主体治理方式选择与协同类型"，因变量是"北京市大气污染多元协同治理的实际绩效"。

在前期理论和文献综述的基础上，本章将重心放在多元主体治理的研究上，参与的主体一共有 11 个。多元主体治理的主要方式有 8 个：行政、经济、法律、技术、教育、参与、生产、消费。本节主要分为 5 个部分：第一，多元主体治理的主体确定；第二，多元主体治理的方式；第三，多元主体治理的多样性、适配性及形态；第四，协同治理机制研究；第五，协同治理的有效方式。基本的理论分析框架见图4.2。

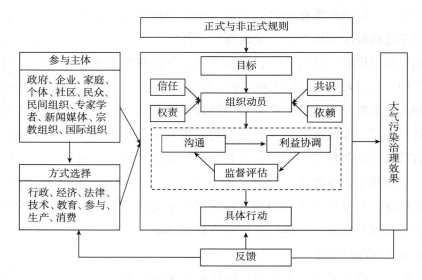

图4.2　基本的理论分析框架

4.3.1.2　研究方法

本章主要对问卷调查、实地考察所获得的数据进行实证分析和对已有的文献与档案资料进行整合分析，采用实证、整合分析相结合的方法。

采用调查问卷法在北京市内的核心研究区域的典型地区进行调查，主要采用SPSS分析工具对实地调查数据和文献分析的数据资料进行定量分析，描述性分析、相关计算、卡方分析、回归统计、因素分析以及模拟分析等方法都将用来分析相关问题。

实地调查数据与第3章中的调查数据来自同一份调查问卷，具体见3.3.1。通过利用SPSS分析工具对问卷结果进行分析，发现有效问卷中α可靠性基本通过检验（$\alpha = 0.96$）。又针对本章单独设计了问卷，发出了问卷300份，收回问卷259份，总回收率86.3%；有效问卷225份，有效率为86.9%。

为弥补封闭调查问卷所得信息的不足，还将采用实地访谈法进行补充；并通过文献检索的方式，对获取的283篇中文文献整合分析，用于弥补调查资料的不足。对于这部分文献资料，主要分析以下几个方面。第一，主要有哪些多元主体治理模式，这些治理模式参与的主体类型及实现手段。选取核心期刊（主要为 CSSCI 来源期刊）有关环境治理模式的高质量文献（引用次数较多的）进行分析，了解环境治理以及多元主体治理在环境污染治理中的作用。第二，具体分析已有研究中所强调的多元主体治理类型及使用手段。对这些治理类型进行分类汇总并对其治理绩效进行简单分析。第三，具体分析已有文献对协同治理类型、方式与影响因素的研究，进而探讨如何有效地进行协同治理。第四，初步论证协同治理用于治理时的效果。已有的大量文献强调了不同多元治理方式在特定情境下的效用，但多数只是停留在阐述层面，对其衡量指标和如何有效进行测量尚缺乏系统研究，本章将针对这些问题进行深入考量。

4.3.2　研究数据来源

4.3.2.1　文献搜集

采用文献荟萃的方法来研究现有文献中对大气污染治理方式的探究。2015 年 10 月从中国知网上搜索用于进行整合分析的文献，查询范围包括从 1996 年至 2015 年的所有文献。对于初步搜索出的文献，通过对其摘要、关键词、内容等的研究，剔除部分无关文献，最后对留下具有参考价值的文献进行整合分析。另外，为加深相关理论研究，本章又选取了部分论文集以及有关多元协同治理专著中的相关篇章进行分析。

通过中国知网对有关大气污染治理的大量文献的搜集与整理，最后挑选出优秀和具有参考价值的国内外文献，类型主要包括优秀期刊论文、国际会议相关论文以及书籍中的相关篇章等文献资料，其发表年限为1996 年至 2015 年，大多文献主要集中在 2000 年以后，在理论研究上愈加成熟，也更能切合现今的理论发展的需要。

要寻求一个具有实际效用的大气污染治理方式，在结合实际的同时，还必须对相关实践工作者和理论研究者的成果进行深入探讨与研究。围绕着环境治理这一主题，许多学者和研究机构从不同视角、不同层面进

行过很多探索和研究，不管是对政府直控型治理模式进行评价①②，还是
对市场化环境治理模式进行探讨③④，都是旨在强调单一主体治理模式的
困境，主张通过主体的多元化实现治理过程的协商化和治理结果的实效
化。这些成果为本章写作打下了扎实的理论基础，在对国内相关文献进
行研究的同时也研读了国外关于社会事务管理的相关理论。通过对这些
文献的研读，为本章的写作提供了丰富的文献支持（用于分析的文献各
年限的数量分布见图4.3）。

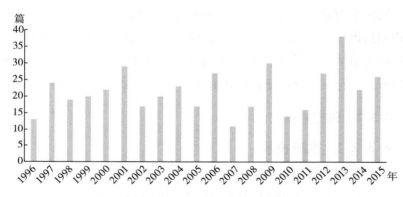

图4.3　1996—2015年文献数量分布

4.3.2.2　调研说明

本次实地调研区域主要涉及北京市各区、天津以及河北的部分城市。
此项实地调研从2015年6月至2016年6月，历时一整年。选择这几个城
市契合了选题的需要，这些地区大部分属于发达城市，同时也是污染比
较严重的地区。这些地区的治理情况具有一定的参考价值和研究价值，
具有指导和借鉴意义。

———————————

①　竺乾威．公共行政学［M］．上海：复旦大学出版社，2000．

②　曹颖．大气污染应从末端治理转向系统解决：兼谈《大气污染防治行动计划》对能源结构的
影响［J］．宏观经济管理，2014（4）：41－43．

③　谢宝剑，陈瑞莲．国家治理视野下的大气污染区域联动防治体系研究：以京津冀为例［J］．
中国行政管理，2014（9）：6－10．

④　柴发合，李艳萍，乔琦．基于不同视角下的大气污染协同控制模式研究［J］．环境保护，2014
（2）：46－48．

实地访谈的地区主要是北京市及其周边城市：北京市各区、天津市、河北省部分城市。访谈的方式有面谈、电话访谈等。访谈的对象主要为政府部门官员、企业人员、当地居民、专家学者、媒体人员、国际组织工作者、民间组织工作者、宗教人士。访谈对象基本情况见表4.1。访谈问题与问卷问题的主题一致，平均每人接受访谈的时间为 $1 \sim 1.5$ 小时。最后，通过问卷调查和访谈进行数据及资料的收集。

表4.1　访谈对象基本情况　　　　　　　单位：人

地区	人数	政府官员	企业员工	当地居民	专家学者	媒体人员	国际组织工作者	民间组织工作者	宗教人士
北京	12	2	2	2	2	1	1	1	1
天津	2	0	2	0	0	0	0	0	0
河北	2	1	1	0	0	0	0	0	0
总计	16	3	5	2	2	1	1	1	1

4.3.2.3　25个案例的选择说明

（1）案例选择方法。

本章的研究是关于多元协同治理主体互动的实证研究，采用问卷调查与案例分析相结合的综合分析方法。案例研究分析作为本章最主要的研究方法发挥着基础性的支撑作用，本章选取了25个反映多元协同治理主体互动的典型案例。为了保证研究的有效性，本章在案例的选取上进行了严格的控制。本着相关度高、内容典型且资料丰富容易获得的原则，本章从案例来源方面考虑对案例进行筛选，然后从案例层级、案例地域与时间两方面对案例范围进行控制，保证所选案例的真实性、完整性。

（2）案例来源。

为避免案例的片面性，本章在研究中对同一案例均采用多种证据来源，从多种角度对案例进行验证，并关注不同的资料来源对同一问题的描述是否契合，以保证所选案例来源的广泛性与案例内容的有效性。案例证据来源包括实地调研、期刊文章、图书专著、网络资料（包括网络新闻和网络文章等）、报纸新闻报道、政府文件、已形成的研究成果、学位论文等，保证案例资料来源的广泛性，形成资料三角形。但因为各案例引起的社会关注度不同，所以其形成的资料数量存在巨大的差异。由于资料收集过程中存在困难和局限，不是所有的案例都可以遵循以上来源进行收集整理，但是尽量保证案例来源的真实、有效、全面。同时，所选资料取自不同的研究团队成果，保证研究者的多样性。

其一，案例层级。案例层级是指案例发生的地理范围，如国家级、省级、地市级、县级、乡级、村级等。考虑到本章研究的主要对象是多元协同治理主体的互动，涉及不同层级下主体的互动行为，因此案例分布十分广泛，涵盖了包括国家、省市、县乡三个层级。本章对多元协同治理主体的互动机制研究是基础性研究，不是研究某一孤例或者某个层级内的案例，而是希望为更广范围内的多元协同治理主体互动提出理论解释和政策建议。因此，本章选取了各个层级的典型案例进行统一分析，以期为多元协同治理主体的互动提出普适性的理论和建议。

其二，案例地域与时间。本章是关于北京市大气污染治理的实证研究，问卷调查和实地调研的数据全部来源于北京市各区县。本章在进行案例研究的过程中尽量搜集北京市内的典型案例，但考虑到大气污染治理的特点及案例有效性等其他标准，北京市内的典型案例数量不足以支撑此项研究，因此本章还选取了其他地区的案例。

（3）数据收集。

如上文所述，为保证案例内容的真实性，本章在案例的选择上采用了多种来源，包括实地调研、期刊文章、图书专著、网络资料（包括网络新闻和网络文章等）、报纸新闻报道、政府文件、已形成的研究成果、学位论文等。由于各案例的具体特点以及来源文献查阅难易程度的不同，不可能保证各类型来源文献的均衡，只能尽量保证各案例来源文献上的广泛性。

对于要研究的25个案例，本章共选取了346篇文献来进行佐证（见表4.2），每一个案例的佐证文献数为15~20篇，每一验证文献均由不同的学者或研究团体形成。其中，新闻报道类最多，共76篇文献，占文献总数的22.0%。如果将网络资料也视为新闻报道的一种，则新闻报道共

94 篇文献，占总数的 27.2%。对每一案例均会有新闻媒体予以关注，由于其形成的新闻报道类文献较多，搜集也相对容易，每一案例也基本涉及了网络资料和新闻报道两类。其次为期刊文章类，共选取 60 篇文献，占文献总数的 17.3%。其他来源文献分别为：图书专著，8 篇，占比 2.3%；政府文件，8 篇，占比 2.3%；已形成的研究成果，31 篇，占比 9.0%；学位论文，55 篇，占比 15.9%；实地调研，14 篇，占比 4.0%。

表 4.2　案例资料来源　　　　　　　　单位：篇

案例名称	资料类型								总数
	期刊文章	图书专著	网络资料	新闻报道	政府文件	研究成果	学位论文	实地调研	
C4-1 北京六里屯垃圾焚烧厂	3	0	9	1	0	2	3	0	18
C4-2 北京奥运会	7	0	8	4	1	6	4	0	30
C4-3 北京市清洁空气行动	5	1	3	6	2	2	5	4	28
C4-4 APEC 会议	1	0	2	10	0	5	0	1	19
C4-5 绿色社区创建活动	2	0	3	2	0	0	1	0	8
C4-6 北京地球村	1	0	5	3	0	0	1	0	10
C4-7 绿色和平	1	0	6	3	0	0	1	0	11
C4-8 $PM_{2.5}$ 事件	8	0	6	4	1	3	7	2	31
C4-9 "好空气保卫侠"	2	0	2	1	0	0	0	0	5
C4-10 "我为祖国测空气"行动	2	0	3	1	0	0	0	0	6
C4-11 李贵欣诉讼案	1	0	4	2	0	0	0	0	7
C4-12 国际中国环境基金会	1	0	2	2	0	0	1	0	6
C4-13 北京市怀柔区大气治理	3	2	2	1	2	0	4	0	14
C4-14 北京市丰台区大气治理	1	0	3	2	0	3	1	0	10
C4-15 北京市顺义区大气治理	1	0	2	2	0	0	1	1	7
C4-16 北京市"煤改气"	2	0	6	2	1	1	3	2	17
C4-17 北京市"零点行动"	1	0	2	3	0	0	4	3	13
C4-18 中石化环保行动	2	0	2	8	1	2	3	1	19
C4-19 2013 年北京雾霾报道	1	0	3	3	0	0	1	0	8

案例名称	资料类型								总数
	期刊文章	图书专著	网络资料	新闻报道	政府文件	研究成果	学位论文	实地调研	
C4-20 "阅兵蓝"	1	0	5	2	0	0	0	0	8
C4-21 长三角地区大气治理	3	2	5	2	0	1	3	0	16
C4-22 国网河北公司	6	1	2	5	0	2	2	0	18
C4-23 天津滨海新区大气治理	1	0	2	2	0	2	4	0	11
C4-24 焚烧秸秆	2	1	3	3	0	1	3	0	13
C4-25 珠三角雾霾治理	2	1	4	2	0	1	3	0	13

（4）案例编码。

案例编码的操作方式是把案例与各个要素进行匹配整理，最后对匹配的结果进行量化评级。案例编码最大的失误就是由个人主观进行操作，因为个人主观判断的偏差会影响编码的有效性、可信度。因此，在实际操作过程中，本章的案例编码由多人共同完成。首先由多人根据初始资料探讨案例编码评价标准，进而由笔者和另一名同学依照共同的案例资料和前期制定的评价标准对案例进行编码，之后将首次编码的结果和案例原始资料交予第三位同学检查并讨论修改，形成第二次案例编码结果。再重复上述过程对第二次案例编码结果进行集体讨论修改，形成第三次案例编码结果，直至编码结果不再有漏洞时结束编码。本次研究共进行了三次编码，以此保证对案例编码的可靠性。

本章案例编码要素主要包括 8 个方面，分别为案例名称、案例层级、案例地域、案例类型、参与主体、参与方式、协同机制、协同绩效（见表4.3）。

表 4.3　案例编码要素

案例要素	测量指标
案例名称	
案例层级	村、乡镇、市、省
案例地域	所属市

案例要素	测量指标
案例类型	A_1 冲突 /A_2 合作
参与主体	政府、个体、家庭、社区、公众、企业、专家学者、民间组织、宗教组织、新闻媒体、国际组织
参与方式	行政、经济、法律、教育、技术、生产、参与、消费
协同机制	H（高）/M（中）/L（低）/ND（没有数据）
协同绩效	S（成功）/SS（半成功）/F（失败）

4.3.3　研究的技术路线

第一，通过对相关文献和档案资料的收集与整理，确定研究的基本现状、主要问题及相关理论基础。文献收集主要来自中国期刊网以及相关书籍和专著；初步的档案资料收集将主要通过实地搜集、索取以及从当地相关机关或部门购买的方式实现。

第二，在文献和档案资料整理与分析的基础上确定详细的观察研究方案、制订详细的研究计划和实地调查问卷，并进行预调查，完善调查问卷和观察规划书。

第三，结合对不同具体内容的考察，实地研究主要集中在北京市16个市辖区。

第四，通过整理调查问卷及资料，形成初步完整的有关大气污染治理数据资料。这些数据资料包括大容量的调查数据库和大量的观察资料。

第五，采用SPSS软件对调查问卷的数据资料进行定量分析，重点分析各主体对大气污染治理的参与程度、参与方式等，形成初步研究结果。

第六，在文献荟萃分析和以往研究整合分析的基础上，对典型案例进行补充分析，以验证以上实地研究在国内其他地域的外部有效性和可扩展性。

第七，将定性分析与定量分析的结果结合起来，从理论和实证两个角度构建"协同治理"新模型。

归纳起来，以上研究的技术路线见图4.4。

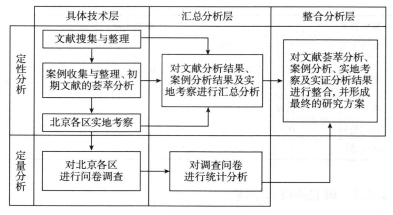

图 4.4　研究的技术路线

4.3.4　变量测量

本章的研究假设是：北京市大气污染治理多元主体治理方式的选择与协同类型的不同对多元协同治理绩效影响的差异。研究的自变量是"北京市大气污染多元主体治理方式选择与协同类型"，因变量是"北京市大气污染多元协同治理的实际绩效"。研究的操作变量是多元主体治理方式的选择和多元主体协同的类型。在研究中，主要采用实地访谈数据、案例分析数据和问卷调查数据对上述变量进行测量。

4.3.4.1　调查数据的测量

本章数据来自北京市的问卷调查所得的有效问卷，该问卷的设计是基于受访者对北京市大气污染多元主体治理方式选择与协同治理问题的实际感知来进行量化性评价。例如，调查受访者对北京市大气污染程度的判断分为 6 个等级进行评价：非常严重、比较严重、一般、比较不严重、非常不严重、不清楚。通过对于不同等级感知情况的具体量化以及对北京市各区、天津以及河北的部分城市等地的实地调查，能够使大样本数据下受访者对于实际情况的感知评价具有较强的研究价值。在数据结果分析中使用 SPSS 19.0 软件，主要对相关变量进行描述性分析来研究各变量的特点和相互关系。

4.3.4.2　案例结果的测量

案例层级的测量指标为村、乡镇、市、省四个。案例地域指标为案例发生的地点名称。案例起止时间为案例开始与结束的时间，因具体案例的差异有的具体到年份，有的具体到月份。案例的类型指标包括冲突、协作两个。参与的测量指标主体共 11 个。

案例名称根据先后顺序，分别以 C4 – 1 至 C4 – 25 进行标识。

协同机制的测量主要细分为 9 个要素，具体为：正式或非正式规则（法律制度）；明确的治理目标、相互信任、相互依赖、达成共识、有效的沟通、利益协调、明确的权利和责任、监督评估。分别记为：F_1、F_2、F_3、F_4、F_5、F_6、F_7、F_8、F_9，根据案例编码的具体情况，还会对这 9 个要素进一步细化或是剔除不显著的因子。对 9 个要素的测量指标包括"十分满足""基本满足""不满足""无证据支持" 4 个指标，分别用"H""M""L""ND"表示。其中"十分满足"是指案例显示的资料完全满足该要素表述的意义，即案例完全体现了这一要素。"基本满足"是指案例不完全满足该要素表述的意义，但在一定程度上表现出了与其一致的方面，只是部分满足。"不满足"是指案例完全没有表现出该要素的特点。"无证据支持"是指收集的资料不能确定案例是否满足所要对应的因素，匹配的关系存在模糊性，因此其为无证据支持。协作绩效的测量包括"成功""半成功""失败" 3 个指标，分别用"S""SS""F"来表示。如果多元协同治理主体的协作过程极大地促进了大气污染问题的解决或者有效地促进了空气质量的改善，那么就认为治理绩效是成功的，用字母"S"来表示；如果多元协同治理主体的协作过程较大地促进了大气污染问题的解决或者基本改善了空气质量状况，那么就认为治理绩效是半成功的，用字母"SS"来表示；如果多元协同治理主体的协作过程对大气污染的状况影响较小甚至不利于空气质量的改善则认为治理绩效是失败的，用字母"F"来表示。

4.4 结果

4.4.1 北京市大气污染多元主体不同治理方式选择

本节的第一部分主要通过问卷调查的数据对北京市大气污染治理的总体现状和影响各主体不同治理方式选择的因素进行分析；第二部分通过分析问卷调查的数据从而得出影响各主体不同大气污染治理方式选择的因素；第三部分主要通过案例分析多元协同治理中参与互动的不同主体可选择的治理方式。

4.4.1.1 各主体参与大气污染治理情况

通过被调查者对各主体在当前北京市大气污染治理中实际参与程度的评价，分析各主体参与污染治理的情况，见表4.4。根据被调查者对北京市大气污染各主体参与治理程度的评价来看，排在前三位的分别为政府、新闻媒体、专家学者，分别为5.1、4.9、4.8。为了精确起见，我们使用表4.4中的小计（小计为选择"非常同意""比较同意"的频率之和）数据描述。政府排在第一位，与被调查者普遍的认知有关。对于污染问题，政府负责预防、控制，最后得到处理结果。而政府出台相关政策需要经过专家论证，媒体宣传。作为污染相关性最大的主体之一，企业没有得到较高的排名。企业作为最大的利益相关者之一，也是污染的主要来源，部分企业为了自身的利益需要，没有考虑环境价值的重要性。作为重要的治理主体，公众、国际组织、民间组织、宗教组织在大气污染治理中的作用并没有得到充分有效的发挥。

表4.4　各主体在当前北京市大气污染治理中实际参与的程度统计　单位：分

主体	小计	排名
政府	5.1	[1]
企业	4.6	[4]
社区	4.5	[5]
家庭	4.3	[9]
个体	4.4	[6]
公众	4.4	[6]

主体	小计	排名
专家学者	4.8	[3]
新闻媒体	4.9	[2]
国际组织	4.2	[10]
民间组织	4.4	[6]
宗教组织	4.0	[11]

注：①表中的数据为被调查者所评价分数的平均值，可选分值为1~7分，小数点后保留一位；②"[ ]"中数字为平均值的排序。

通过对问卷中"各主体在当前北京市大气污染治理中发挥的作用如何"这一问题进行分析（见表4.5），从各个主体所获得的分值来看，宗教组织、社区、家庭、公众、国际组织、民间组织、个体、专家学者、新闻媒体的平均得分都在2分以上，这些主体在参与治理的过程中发挥了不可或缺的作用。其他依次是企业、政府。政府作为在北京市大气污染治理中实际参与程度得分最高的主体，在大气污染治理中发挥作用的分值却最低。政府在治理中的行为效果并没有得到被调查者的认可。企业是大气污染的主要制造者之一，其参与污染治理的行为也没有得到被调查者的认可。而其他主体，如专家学者、新闻媒体等却得到了较高的分数，当这些主体参与到治理中时，可以产生一定的影响。

表4.5　各主体在当前北京市大气污染治理中发挥作用数据统计　单位：分

主体	小计	总计
政府	1.6	1.4
企业	1.7	1.4
社区	2.2	1.6
家庭	2.2	1.7
个体	2.1	1.6
公众	2.2	1.6
专家学者	2.0	1.6
新闻媒体	2.0	1.6
国际组织	2.2	1.6
民间组织	2.2	1.6

主体	小计	总计
宗教组织	2.3	1.7

注：①表中的数据为被调查者的频率统计，小数点后保留一位；②小计为"非常大""比较大"的总分值平均数，总计为选择"非常大""比较大""一般"的总分值平均数。

在访谈中，政府官员、当地居民、专家学者等访谈对象对政府、企业等其他主体在当前北京市大气污染治理中实际参与的程度及发挥的作用表达了看法。

参与治理的主体还是政府，政府制定法律、政策，其他的像企业、新闻媒体、市民都会参与进来。2008 年北京奥运会的时候，政府不就制定了一系列措施吗？像提倡大家"绿色出行"，尽量不要开车，出行多使用公共交通；有些污染重的企业还要限制产量甚至要停产。大家也积极参与了，毕竟是国际性的大赛。当时的大气质量得到了很大的改变，要说主要发挥作用的还是政府。（20160823QZL）

在我们国家，环保组织发挥的作用非常有限，主要是开展倡导公众参与治理的活动。我们小区开展过环保组织举办的科普测试活动，活动的主要目的是想引导公众对雾霾形成科学的认知，提高大家对雾霾治理的关注度以及参与的积极性。可是，环保组织存在的价值不应该仅仅是鼓励大家参与，而应该是获取相应的权利，监督政府、企业、新闻媒体等其他主体的行为。（20160711ZEH）

从一位普通公民的角度来说吧，全中国公民的人数那么多，大家都应该加强大气保护的意识，多坐坐公交、地铁，不要抽那么多烟，少吃点路边摊啊，这些都是很小的事情。如果我们每个人都能坚持做一些简单的事情，整个城市的环境状况就会不一样了。（20160902WH）

企业要生产要发展，要赚钱养活自己的员工，还要兼顾环境保护，我们的压力也很大。站在一个企业的角度来说，主要还是靠企业挪出一部分钱加大对技术和研发的投入力度，用更先进、更经济、更实用的技术为企业发展服务，同时也是为环境保护服务。当然，政府的支持也很重要，如果有财政上的补贴，就可以缓解我们的压力。（20160823ZXH）

4.4.1.2 各主体不同大气污染治理方式选择的影响因素

我们将参与环境治理的主体分为政府、企业、社区、家庭、个体、公众、专家学者、新闻媒体、国际组织、民间组织、宗教组织 11 个。在进行环境资源管理时，政府也会出现能力的欠缺，因而需要社会其他主体配合，资源互补。其他主体出于生命健康、社会可持续发展的需要，愿意联合起来接受政府的管理，这样就赋予了政府存在的理由。环境的治理具有外部性和公共性，会出现"搭便车"的行为[①]，所以其他主体如企业、公众、专家学者等都会认为这是政府的责任，主要的治理职责都应由政府来承担。为了避免出现这样的情况，需要研究影响各个主体进行治理方式选择的因素，为多元主体不同治理方式协同机制研究提供数据支撑和理论依据。

（1）影响政府治理方式选择的影响因素。

对政府参与的问题调查中（见表4.6），有效的沟通（5.8 分）作为影响政府大气污染治理参与程度的主要因素，排在第一位。排在第二位的影响因素依次是完善的正式或非正式规则（法律制度）、明确的权利和责任、各主体相互信任、监督评估。接下来分别是各主体达成共识、能力大小、有效的利益协调、明确的治理目标、各主体相互依赖、付出的成本、主观意愿。政府作为社会事务的管理者可以使用强制性手段，促使企业承担环境保护的责任。政府治理污染的决心影响政府政策的制定和实施，最终影响治理的效果。

（2）影响企业治理方式选择的影响因素。

对企业参与的问题调查中（见表4.6），完善的正式或非正式规则（法律制度）排在第一位。其他影响因素依次为明确的权利和责任、能力大小、各主体达成共识、有效的利益协调、各主体相互信任、付出的成本、监督评估、有效的沟通、主观意愿、各主体相互依赖、明确的治理目标。企业是以盈利为目的的主体，完善的正式或非正式规则（法律制度）可以约束其行为，限制其为了生产的需要对环境进行污染的行为。

---

① 洛克. 政府论［M］. 丰俊功，译. 北京：光明日报出版社，2009.

（3）影响社区治理方式选择的影响因素。

对社区参与的问题调查中（见表4.6），明确的治理目标排在第一位，其他影响因素包括明确的权利和责任、各主体相互信任、监督评估、能力大小、各主体达成共识、有效的利益协调、有效的沟通、主观意愿、付出的成本、各主体相互依赖、完善的正式或非正式规则（法律制度）等。只有在确立目标后才能明确环境治理的行为和方向，治理目标的确定是影响社区参与大气污染治理参与程度的首要因素。

（4）影响家庭治理方式选择的影响因素。

对家庭参与的问题调查中（见表4.6），完善的正式或非正式规则（法律制度）排在第一位，其他影响包括明确的权利和责任、监督评估、各主体相互信任、能力大小、有效的利益协调、各主体达成共识、有效的沟通、主观意愿、各主体相互依赖、付出的成本、明确的治理目标。完善的正式或非正式规则（法律制度）能让家庭这一主体合理使用更多的治理方式，也能让这一主体在参与治理的过程中更有保障。

（5）影响个体治理方式选择的影响因素。

对个体参与的问题调查中（见表4.6），各主体相互信任排在第一位，其他影响因素依次为完善的正式或非正式规则（法律制度）、明确的权利和责任、有效的利益协调、监督评估、能力大小、各主体达成共识、有效的沟通、付出的成本、主观意愿、各主体相互依赖、明确的治理目标。各主体相互信任是最主要的影响因素，信任是进行合作的基础，只有建立在信任基础上的关系才能牢固，在这种关系的保障下，个体也愿意付出更多的成本和利益。

（6）影响公众治理方式选择的影响因素。

对公众参与的问题调查中（见表4.6），完善的正式或非正式规则（法律制度）排在第一位，影响较弱的因素为明确的权利和责任、各主体相互信任、能力大小、各主体达成共识、有效的利益协调、有效的沟通、主观意愿、各主体相互依赖、付出的成本、明确的治理目标、监督评估。影响公众在北京市大气污染治理参与程度的主要因素为完善的正式或非正式规则（法律制度）、明确的权利和责任、各主体相互信任。其中，影

响最大的因素是完善的正式或非正式规则（法律制度），只有这一因素得
到完善，才能保障公众参与大气污染治理中的权利，明确这一主体在大
气污染治理中的义务。

表 4.6　各治理主体不同治理方式选择的影响因素（1）　　单位：分

影响因素	政府	企业	社区	家庭	个体	公众
完善的正式或非正式规则（法律制度）	5.5 [2]	5.6 [1]	4.9 [12]	5.7 [1]	5.3 [2]	5.7 [1]
明确的权利和责任	5.5 [2]	5.5 [2]	5.4 [2]	5.4 [2]	5.3 [2]	5.4 [2]
各主体相互信任	5.5 [2]	5.4 [6]	5.4 [2]	5.3 [3]	5.7 [1]	5.4 [2]
能力大小	5.3 [7]	5.5 [2]	5.3 [5]	5.2 [5]	5.2 [6]	5.3 [4]
各主体达成共识	5.4 [6]	5.5 [2]	5.2 [6]	5.1 [7]	5.1 [7]	5.2 [5]
有效的利益协调	5.3 [7]	5.5 [2]	5.2 [7]	5.2 [5]	5.3 [2]	5.2 [5]
有效的沟通	5.8 [1]	5.1 [9]	5.1 [8]	5.1 [7]	5.1 [7]	5.1 [7]
主观意愿	5.2 [10]	5.1 [9]	5.1 [8]	5.0 [9]	5.0 [10]	5.0 [8]
各主体相互依赖	5.2 [10]	5.0 [11]	5.0 [11]	5.0 [9]	5.0 [10]	5.0 [8]
付出的成本	5.2 [10]	5.2 [7]	5.1 [8]	5.0 [9]	5.1 [7]	5.0 [8]
明确的治理目标	5.3 [7]	5.0 [12]	5.6 [1]	4.8 [12]	4.8 [12]	4.9 [11]
监督评估	5.5 [2]	5.2 [7]	5.4 [2]	5.3 [3]	5.3 [2]	4.9 [11]

　　注：①表中的数据为被调查者所评价分数的平均值，可选分值为 1～7 分，小数点
后保留一位；②"[]"中数字为平均值的排序。

　　（7）影响专家学者治理方式选择的影响因素。

　　对专家学者参与的问题调查中（见表4.7），各主体相互依赖排在第一
位，较弱的影响因素为明确的权利和责任、各主体相互信任、监督评估、
能力大小、有效的利益协调、各主体达成共识、有效的沟通、付出的成本、
主观意愿、明确的治理目标、完善的正式或非正式规则（法律制度）。影响
专家学者参与北京市大气污染治理程度的主要因素是各主体相互依赖，大
气污染的治理需要专业知识，专家更具有权威性，相对于其他主体具有不
可替代的作用。

　　（8）影响新闻媒体治理方式选择的影响因素。

　　对新闻媒体参与的问题调查中（见表4.7），各主体达成共识排在第
一位，影响较弱的因素为明确的权利和责任、各主体相互信任、能力大

小、有效的利益协调、完善的正式或非正式规则（法律制度）、有效的沟通、主观意愿、各主体相互依赖、付出的成本、明确的治理目标、监督评估。影响新闻媒体在北京市大气污染治理参与程度的因素主要是各主体达成共识，媒体的主要作用是传递信息、引导舆论，面对具有不同利益的主体，媒体可能更多的是考虑面对的各个主体，谁对其影响力更大或谁的权利更大。所以只有各主体达成共识，媒体才能往有利于环境污染问题解决的方向使用治理手段。

（9）影响国际组织治理方式选择的影响因素。

对国际组织参与的问题调查中（见表4.7），完善的正式或非正式规则（法律制度）排在第一位，影响较弱的因素为明确的权利和责任、各主体相互信任、能力大小、各主体达成共识、有效的利益协调、有效的沟通、主观意愿、各主体相互依赖、付出的成本、监督评估、明确的治理目标。影响国际组织在北京市大气污染治理参与程度的因素主要是完善的正式或非正式规则（法律制度），我国对国际组织参与大气污染治理没有明确的准入规范和法律法规，国际组织在参与的过程中会受到种种政策和法规上的限制。所以，如果我国相关部门能够完善正式或非正式规则（法律制度），明确国际组织在参与治理过程中的权利和义务，将有利于国际组织发挥其资源、经验方面的优势。

（10）影响民间组织治理方式选择的影响因素。

对民间组织参与的问题调查中（见表4.7），完善的正式或非正式规则（法律制度）排在第一位，影响较弱的因素为各主体相互信任、能力大小、有效的利益协调、监督评估、明确的权利和责任、各主体达成共识、有效的沟通、主观意愿、各主体相互依赖、付出的成本、明确的治理目标。影响民间组织在北京市大气污染治理参与程度的因素主要是完善的正式或非正式规则（法律制度）。这既与民间组织自身的性质相关，也与我国目前对待民间组织的态度相关。因为法律和政策上的限制，我国的民间组织没有发展壮大，很少能够参与政府的环境治理活动。虽然其在很多污染治理事件中起到了不可或缺的作用，但是由于参与方式与途径上的限制，民间组织的力量还没有充分体现出来。

（11）影响宗教组织治理方式选择的影响因素。

对宗教组织参与的问题调查中（见表4.7），各主体相互依赖排在第一位，较弱的影响因素为明确的权利和责任、各主体相互信任、能力大小、有效的利益协调、监督评估、各主体达成共识、有效的沟通、完善的正式或非正式规则（法律制度）、主观意愿、付出的成本、明确的治理目标。影响宗教组织参与北京市大气污染治理程度的因素主要是各主体相互依赖，宗教组织参与大气污染治理的方式有其特殊性，其拥有其他主体无法得到的资源，比如信仰。如果各主体间能够相互依赖、相互配合，宗教组织在治理的过程中就能发挥其特殊的效用。

表4.7　各治理主体不同治理方式选择的影响因素（2）　　单位：分

影响因素	专家学者	新闻媒体	国际组织	民间组织	宗教组织
完善的正式或非正式规则（法律制度）	5.2 [10]	5.4 [5]	5.3 [1]	5.7 [1]	5.1 [9]
明确的权利和责任	5.7 [2]	5.6 [2]	5.1 [2]	5.2 [6]	5.6 [2]
各主体相互信任	5.7 [2]	5.6 [2]	5.0 [3]	5.5 [2]	5.5 [3]
能力大小	5.6 [5]	5.5 [4]	4.9 [4]	5.3 [3]	5.3 [4]
各主体达成共识	5.4 [7]	5.7 [1]	4.8 [5]	5.2 [6]	5.2 [7]
有效的利益协调	5.5 [6]	5.4 [5]	4.8 [5]	5.3 [3]	5.3 [4]
有效的沟通	5.3 [8]	5.2 [7]	4.8 [5]	5.2 [6]	5.2 [7]
主观意愿	5.2 [10]	5.2 [7]	4.8 [5]	5.2 [6]	5.1 [9]
各主体相互依赖	5.9 [1]	5.2 [7]	4.8 [5]	5.2 [6]	5.7 [1]
付出的成本	5.3 [8]	5.2 [7]	4.8 [5]	5.1 [11]	5.0 [11]
明确的治理目标	5.2 [10]	5.1 [11]	4.7 [12]	5.0 [12]	5.0 [11]
监督评估	5.7 [2]	5.1 [11]	4.8 [5]	5.3 [3]	5.3 [4]

注：①表中的数据为被调查者所评价分数的平均值，可选分值为1~7分，小数点后保留一位；②"［］"中数字为平均值的排序。

对以上影响各主体治理方式选择的因素进行数据分析，我们通过将各因素在各主体中得到的分数进行累加，最后根据分数从高到低进行排序，得出对各主体参与大气污染治理方式选择影响较大的前9个因素，分别为完善的正式或非正式规则（法律制度）、各主体相互信任、各主体相互依赖、各主体达成共识、有效的沟通、有效的利益协调、明确的治理目标、明确的权利和责任、监督评估。

（12）实地调研访谈记录。

在访谈中，政府官员、当地居民、专家学者等访谈对象对大气污染治理方式选择的影响因素表达了看法。

公平公正可以为参与协同治理的各方提供参与的动力，对违规的行为提供处罚依据；如果处理不公平，就容易造成利益受损一方心中不服、不愿意达成妥协，进而造成治理进程上的障碍，也会给政府的公信力造成巨大的损害。（20160717CCR）

我觉得最重要的是要形成相互依赖的关系，相互依赖意思就是资源的互补，每个人的参与能力是有限的，治理效果也是有限的。只有相互依赖才可以相互帮助、相互协调。（20160813GGJ）

其实政府的信息公开透明，我们老百姓心里也踏实，也愿意相信政府。治理大气污染我们是很愿意参与的，因为这也关系到我们自己的利益。政府在做决策的时候可以通过很多方式传达给我们，我们也可以参与其中，这样做出来的政策措施不是更有效吗？（20160809XJF）

现在大家都说是我们企业的责任，可是我们也要创造利润啊。我们安装环保设备也是要付出成本的，如果政府能够协调好企业与政府之间的利益关系，给予适当的补贴。明确我们的权利和责任，我们也是可以做出贡献的。（20160811GHC）

从访谈的结果可以看出，被访谈者认为影响各主体不同大气污染治理方式选择的因素主要有正式和非正式制度（法律制度）的建立，形成相互信任、相互依赖的关系，利益协调、有效沟通、明确权利和职责，这与问卷调查的内容相符合，更加印证了这些影响因素的重要性。

4.4.1.3　各主体参与大气污染治理不同方式选择

学界对协同治理主体的确定有一定共识，认为包括政府、公众、专家学者、新闻媒体、社会组织等。但是对协同治理主体缺乏科学的解释和系统的划分。杨立华[①]对此进行了详细的研究和阐述，他以不同优势资

---

① 杨立华. 多元协作性治理：以草原为例的博弈模型构建和实证研究[J]. 中国行政管理，2011（4）：119－124.

本和功能为依据，将社会成员划分为5个独立单元，如从社会组织或组织性行动者的角度或从社会成员的角度等进行划分。在后来关于治理的研究中，杨立华又根据实际情况将行动者划分为个体公民、家庭（包括家族）、企业、社区、政府、学者、宗教组织和非政府组织8个，通过实证数据分析明确了该结论的有效性和科学性，并将这一结论运用到实际中。此后的研究又进一步进行细化，加入了有别于个体的公众、国际组织、新闻媒体等新的行动主体，进一步丰富了主体的内容，将社会主体分为11个类型。参与的主体一共有11个：个体、家庭、社区、公众、企业、政府、专家学者、民间组织、宗教组织、新闻媒体、国际组织。根据不同主体能力的大小、拥有资源等情况，又将各主体参与大气污染治理的手段分为行政、经济、法律、教育、技术、生产、参与、消费8个，每个手段划分出不同的子手段。各个参与污染治理的主体通过运用不同的治理手段实现治理的绩效。

从各参与主体的案例分析统计表（见表4.8）中可以看出，25个案例中政府、企业、社区、家庭、个体、公众、专家学者、新闻媒体、国际组织、民间组织、宗教组织参与的案例个数分别为23个、13个、2个、3个、8个、14个、5个、10个、3个、8个、0个。由此可见，现阶段我国参与治理的主体为政府、企业、公众、新闻媒体。这些参与主体中，政府是环境治理的主要决策者和实施者，依靠政府的权威性制定相应的治理政策和法律法规，明确了其他参与主体的权利和义务，其他主体出于强制性或自觉性参与到治理中。政府始终发挥着主导作用。企业是重要的治理主体，同时也是污染主体，但企业是逐利的，所以企业参与治理的积极性并不高。公众是环境污染的受害者，也是环境治理的受益者。公众的基数大，在环境治理的过程中扮演着不可或缺的角色。新闻媒体作为媒介，向大众传递信息，营造环境治理的氛围。个体、专家学者、国际组织、民间组织参与治理的程度较弱，个体具有独立性，也意味着个体参与治理的力量极其有限，如果没有形成环境保护和治理意识，对环境治理也会造成威胁。专家学者的观点具有权威性，他们可以研究环境治理的方法，从而提供有效的治理方案。国际组织具有独特的优势，在参与世界各国的环境治理过程中积累了经验和资源，能够为环境保护提供有效的建议。民间组织来自公众，在公众中发声，能够发动公众参与到治理中。宗教组织因为其特殊性质，发挥作用的程度和范围有限。环境治理的过程需要和各主体相互配合。

表4.8　案例分析数据——参与主体　　　　　　单位：个

案例	政府	企业	社区	家庭	个体	公众	专家学者	新闻媒体	国际组织	民间组织	宗教组织
C4－1 北京六里屯垃圾焚烧厂	1	0	0	0	1	1	1	0	0	0	0
C4－2 北京奥运会	1	1	0	1	1	1	1	0	0	0	0
C4－3 北京市清洁空气行动	1	1	0	1	1	1	0	1	1	1	0
C4－4 APEC会议	1	1	0	0	1	1	1	0	0	0	0
C4－5 绿色社区创建活动	1	1	1	1	1	1	0	0	0	1	0
C4－6 北京地球村	1	0	0	0	0	0	0	0	0	1	0
C4－7 绿色和平	1	0	0	0	0	0	0	0	1	0	0
C4－8 PM$_{2.5}$事件	0	0	0	0	0	1	0	1	0	0	0
C4－9 "好空气保卫侠"	1	0	0	0	0	0	0	0	0	1	0
C4－10 "我为祖国测空气"行动	1	0	0	0	0	1	0	1	0	1	0
C4－11 李贵欣诉讼案	0	0	0	1	0	0	0	0	0	0	0
C4－12 国际中国环境基金会	1	0	0	0	0	0	0	0	0	1	0
C4－13 北京市怀柔区大气治理	1	1	0	0	0	1	0	1	0	0	0
C4－14 北京市丰台区大气治理	1	1	0	0	0	1	0	1	0	1	0
C4－15 北京市顺义区大气治理	1	1	0	0	0	1	0	1	0	1	0
C4－16 北京市"煤改气"	1	1	0	0	0	0	0	0	0	0	0
C4－17 北京市"零点行动"	1	1	0	0	0	1	0	1	0	1	0

案例	政府	企业	社区	家庭	个体	公众	专家学者	新闻媒体	国际组织	民间组织	宗教组织
C4-18 中石化环保行动	1	1	0	0	0	1	0	0	0	0	0
C4-19 2013年北京雾霾报道	1	0	0	0	0	1	0	1	0	0	0
C4-20 "阅兵蓝"	1	1	0	0	0	1	1	0	0	0	0
C4-21 长三角地区大气治理	1	0	0	0	0	0	0	0	0	0	0
C4-22 国网河北公司	1	1	0	0	0	0	0	0	0	0	0
C4-23 天津滨海新区大气治理	1	0	0	0	0	0	0	0	0	0	0
C4-24 焚烧秸秆	1	1	1	0	0	1	0	0	0	0	0
C4-25 珠三角雾霾治理	1	0	0	0	0	1	1	0	0	0	0
总计	23	13	2	3	8	14	5	10	3	8	0

注：表中数据为案例数据统计，数字"1"为表中所列的主体参与到此事件当中；数字"0"为表中所列的主体没有参与到此事件当中。

行政手段的子手段一般可分为制度安排[①]、制度行动、权威、公私合营、政府合作、规划、绩效监督、契约管理[②]、可交易许可证[③]。从案例分析数据中可以得出（见表4.9），行政手段的使用者主要是政府，在25个案例中使用到的行政手段子手段分别为权威、制度安排、制度行动、政府合作、绩效监督、契约管理、可交易许可证、规划。它们的使用次数分别为10次、18次、14次、12次、4次、4次、4次、1次。权威、制度安排、制度行动、政府合作为主要的子手段。

法律手段的子手段一般可分为环境治理问责、法制保障、法律保护、环境立法、抗议、环境质量认证、申诉、检举、罚责、信访、游行示威。

---

① 刘东. 巴泽尔的产权理论评介[J]. 南京大学学报（哲学·人文科学·社会科学），2000（6）：137-142.
② 陈颖健. 全球治理与公私合营机制——以国际非政府组织为中心[J]. 法理学论丛，2012：（6）43-51.
③ Y. 巴泽尔. 产权的经济分析[M]. 费方域，段毅才，译. 上海：上海三联书店，1997：145.

从案例分析数据中可以得出（见表4.9），法律手段的使用者可以是各个主体，在25个案例中使用到的法律手段的子手段分别为申诉、信访、罚责、检举、环境立法、游行示威、环境质量认证，它们的使用次数分别为8次、8次、3次、2次、1次、2次、4次。申诉、信访为主要的子手段。申诉、信访的使用主体主要为社区、家庭、个体、公众、民间组织。

经济手段的子手段一般可分为财政支出、利益补偿[①]、交易费用[②]、产权界定[③]、激励、税收、信贷工具、排污权交易[④]、使用者收费、生态补偿机制、补贴、押金—退款。从案例分析数据中可以得出（见表4.9），经济手段的使用主体是政府与企业，在25个案例中使用到的经济手段的子手段分别为交易、激励、财政支出、信贷工具、使用者收费。它们的使用次数分别为4次、1次、3次、1次、1次。交易、财政支出为主要的子手段。

参与手段的子手段一般可分为政治资本、游说、建议、政策咨询、观察、国际联系、社会关系、政治资源、信息共享、政策执行、监督、民间权威、谈判、承诺、决策咨询、代理介入、组织领导、资源配置、合作扩展、自主治理、权威、组织网络、教育。从案例分析数据中可以得出（见表4.10），参与手段的使用主体是企业、社区、家庭、公众、专家学者、新闻媒体、国际组织、民间组织、宗教组织，在25个案例中使用到的参与手段的子手段分别为监督、教育、建议、观察、承诺、信息共享、政策咨询、资源配置、合作扩展、自主治理、政治资本、国际联系。它们的使用次数分别为10次、1次、2次、1次、2次、2次、8次、3次、7次、5次、2次、1次。监督、政策咨询、合作扩展为主要的子手段。教育、建议、观察、政治资本、国际联系、信息共享、承诺的次数较少。

---

① 肖巍，钱箭星. 环境治理中的政府行为[J]. 复旦学报(社会科学版),2003(3):73-79.
② Y. 巴泽尔. 产权的经济分析[M]. 费方域,段毅才,译. 上海:上海三联书店,1997:156.
③ 罗纳德·H. 科斯. 企业、市场与法律[M]. 盛洪,陈郁,译校. 上海:上海三联书店,1990:79.
④ 朱德米. 地方政府与企业环境治理合作关系的形成:以太湖流域水污染防治为例[J]. 上海行政学院学报,2010(1):56-66.

表 4.9　案例分析数据——参与手段（1）

单位：次

案例	行政手段								法律手段							经济手段				
	权威	制度安排	制度行动	政府合作	绩效监督	契约管理	可交易许可证	规划	申诉	信访	罚责	检举	环境立法	游行示威	环境质量认证	交易	激励	财政支出	信贷工具	使用者收费
C4-1 北京六里屯电垃圾焚烧厂	1	0	0	0	0	0	0	0	2	2	0	0	0	1	0	0	0	0	0	0
C4-2 北京奥运会	1	1	1	0	0	0	0	0	2	2	0	0	0	1	1	1	0	1	0	0
C4-3 北京市清洁空气行动	1	1	1	1	1	1	1	0	0	0	0	0	0	0	0	0	0	0	0	0
C4-4 APEC 会议	1	1	1	1	1	1	1	0	0	0	0	0	0	0	0	0	0	0	0	0
C4-5 绿色社区创建活动	1	1	1	0	0	0	0	0	0	0	0	0	0	0	0	1	0	0	0	0
C4-6 北京地球村	0	1	0	0	0	0	0	0	0	0	0	0	0	0	0	0	0	0	0	0
C4-7 绿色和平	0	1	1	1	0	0	0	0	0	0	0	0	0	0	0	0	0	0	0	0
C4-8 PM2.5 事件	0	0	1	0	0	0	0	0	0	1	1	0	0	0	0	0	1	0	0	0
C4-9 "好空气保卫侠"	1	0	0	1	0	0	0	0	0	1	1	0	0	0	0	0	0	0	0	0
C4-10 "我为祖国测空气"行动	1	0	0	1	0	0	0	0	0	0	1	0	0	0	0	0	0	0	0	0
C4-11 李贵欣诉讼案	0	0	0	0	0	0	0	0	0	0	0	0	0	0	0	0	0	0	0	0
C4-12 国际中国环境基金会	0	0	1	1	0	0	0	0	0	0	0	0	0	0	0	0	0	0	0	0
C4-13 北京市怀柔区大气治理	0	0	0	0	0	0	1	0	0	0	0	1	0	0	0	0	0	0	0	0
C4-14 北京市丰台区大气治理	0	0	0	0	1	0	1	0	0	0	0	0	0	0	0	0	0	0	0	0
C4-15 北京市顺义区大气治理	0	0	0	0	0	0	0	0	0	0	0	1	0	0	1	1	0	0	0	0
C4-16 北京市"煤改气"	0	1	1	0	0	0	0	0	0	0	0	0	0	0	0	0	0	0	1	0

续表

案例	行政手段								法律手段							经济手段				
	权威	制度安排	制度行动	政府合作	绩效监督	契约管理	交易许可证	规划许可证	申诉	信访	罚责	检举	环境立法	游行示威	环境质量认证	交易	激励	财政支出	信贷工具	使用者收费
C4-17 北京市"零点行动"	1	1	1	1	1	0	0	0	0	0	0	0	0	0	0	0	0	0	0	0
C4-18 中石化环保行动	0	1	0	0	0	0	0	0	0	0	0	0	0	0	0	0	0	0	0	0
C4-19 2013年北京雾霾报道	1	0	0	1	0	0	0	0	0	0	0	0	0	0	0	0	0	1	0	0
C4-20 "阅兵蓝"	0	1	1	1	1	1	0	0	0	0	0	0	0	0	1	1	0	0	0	0
C4-21 长三角地区大气治理	0	1	1	1	0	0	0	0	0	0	1	0	0	0	0	0	0	0	0	1
C4-22 国网河北公司	0	1	1	1	0	0	0	0	0	0	0	0	0	0	0	0	0	0	0	0
C4-23 天津滨海新区大气治理	1	1	1	0	0	0	0	1	1	0	0	0	1	0	0	1	1	1	0	0
C4-24 焚烧秸秆	0	0	0	1	0	0	0	0	0	0	0	0	0	0	0	0	0	1	0	0
C4-25 珠三角雾霾治理	0	1	1	0	0	1	0	0	1	0	0	0	0	0	0	0	0	0	1	0
总计	10	18	14	12	4	4	4	1	8	8	3	2	1	2	4	4	1	3	1	1

注：表中各数字表示各治理手段在此案例中的使用次数。

教育手段的子手段一般可分为激励①、文化威望②、宣传③、学术研究、公共表达、社会动力、舆论、伦理、信仰、文化价值④、知识援助⑤、知识培训。从案例分析数据中可以得出（见表4.10），教育手段的使用主体主要是政府、社区、家庭、个体、公众、专家学者、新闻媒体、国际组织、民间组织、宗教组织，在25个案例中使用到的教育手段的子手段分别为舆论、宣传、公共表达、学术研究、文化威望、知识培训、知识援助、文化价值。它们的使用次数分别为15次、1次、3次、1次、1次、1次、1次、1次。舆论为主要的子手段。宣传、公共表达、学术研究、文化威望、知识培训、知识援助、文化价值使用的次数有限，说明这些子手段的使用主体和范围受到限制。

技术手段的子手段一般可分为技术支持、技术标准、技术管制、专业技能、技术研发、传播技术。从案例分析数据中可以得出（见表4.10），技术手段的使用主体是政府、企业、新闻媒体、国际组织，在25个案例中使用到的技术手段的子手段分别为技术研发、传播技术、专业技能。它们的使用次数分别为3次、5次、3次。传播技术为主要的子手段，传播技术的使用主体为新闻媒体，新闻媒体作为大众媒介，可以起到舆论导向的作用。

在25个案例中，因为生产手段、消费手段可分为的子手段较少，所以没有单独制成表格。行政手段、经济手段、法律手段、技术手段、教育手段、参与手段、生产手段、消费手段使用的次数合计分别为67次、10次、28次、11次、24次、44次、17次、11次，所占的比例分别为32%、5%、13%、5%、11%、21%、8%、5%。从数据中我们可以得出

① 王杰,张海滨,张志洲. 全球对治理中的国际非政府组织[M]. 北京：北京大学出版社，2004：65.

② YANG G. Environmental NGOs and institutional dynamics in China [J]. China Quarterly, 2005 (181)：46－66.

③ 李国庆. 推进绿色社区建设 搭建公众参与平台[J]. 环境保护,2013(2)：24－26.

④ AGRAWAL A, GIBSON C C. Enchantment and disenchantment：the role of community in natural resource conservation [J]. World Development, 1999(4)：629－649.

⑤ NA L D. Voluntary agreements with an industry：an equilibrium analysis [D]. Storrs ：University of Connecticut, 2000.

表 4.10　案例分析数据——参与手段（2）

单位：次

案例	参与手段													教育手段							技术手段		
	监督	教育	建议	观察	承诺	信息共享	政策咨询	资源配置	合作扩展	自主治理	政治资本	国际联系	舆论	宣传	公共表达	学术研究	文化威望	知识培训	知识援助	文化价值	技术研发	传播技术	专业技能
C4-1 北京六里屯垃圾焚烧厂	0	0	0	0	0	0	1	0	0	0	0	0	2	0	1	0	0	0	0	0	0	0	0
C4-2 北京奥运会	0	0	0	0	0	1	1	0	0	0	0	0	2	0	1	0	0	0	0	0	0	0	0
C4-3 北京市清洁空气行动	2	0	0	0	0	1	1	1	1	0	0	0	1	0	0	1	1	0	0	0	1	1	1
C4-4 APEC 会议	1	0	0	0	0	1	1	0	0	0	0	0	0	0	0	0	0	0	0	1	0	1	0
C4-5 绿色社区创建活动	2	1	0	0	0	0	0	1	1	0	0	0	0	1	0	0	0	0	0	1	0	0	0
C4-6 北京地球村	0	0	0	0	0	0	0	0	0	0	0	0	0	0	0	0	0	0	0	0	0	0	0
C4-7 绿色和平	0	0	1	1	1	0	1	0	0	1	1	0	0	0	0	0	0	0	0	0	0	0	1
C4-8 PM₂.₅ 事件	0	0	0	0	0	1	0	0	0	0	0	0	1	0	0	0	0	0	0	0	0	0	0
C4-9 "好空气保卫侠"	0	0	0	0	0	0	0	0	1	0	0	0	0	0	0	0	0	0	0	0	0	0	0
C4-10 "我为祖国测空气"行动	0	0	0	0	0	0	1	0	0	1	1	0	0	1	0	1	0	0	0	0	0	0	0
C4-11 李贵欣诉讼案	0	0	1	1	0	1	0	0	0	0	0	0	0	0	0	0	0	0	0	0	0	0	0
C4-12 国际中国环境基金会	0	0	0	0	0	0	0	0	0	1	1	0	1	1	0	0	0	0	0	0	0	1	1
C4-13 北京市怀柔区大气治理	1	1	0	0	0	0	0	0	0	0	0	0	0	0	0	0	0	0	0	0	0	0	0
C4-14 北京市丰台区大气治理	1	1	0	0	0	0	0	1	0	0	0	0	1	0	0	0	0	0	0	0	0	0	0

续表

案例	参与手段													教育手段							技术手段		
	监督	教育	建议	观察	承诺	信息共享	政策咨询	资源配置	合作扩展	自主治理	政治资本	国际联系	舆论	宣传	公共表达	学术研究	文化威望	知识培训	知识援助	文化价值	技术研发	传播技术	专业技能
C4-15 北京市顺义区大气治理	1	0	0	0	0	0	0	0	0	0	0	0	1	0	0	0	0	0	0	0	0	0	0
C4-16 北京市"煤改气"	1	0	0	0	1	0	0	0	0	0	0	0	1	0	0	0	0	0	0	0	0	1	0
C4-17 北京市"零点行动"	0	0	0	0	0	0	0	0	1	0	0	0	0	0	0	0	0	0	0	0	0	0	0
C4-18 中石化环保行动	0	0	0	0	1	0	0	0	0	0	0	0	1	1	0	0	0	0	0	0	1	0	0
C4-19 2013年北京雾霾报道	0	0	0	0	0	0	0	0	0	0	0	0	2	0	0	0	0	0	0	0	0	1	0
C4-20 "阅兵蓝"	0	0	0	0	0	1	0	0	0	0	0	0	0	0	1	0	0	0	0	0	0	0	0
C4-21 长三角地区大气治理	0	0	0	0	0	0	0	0	0	0	0	0	0	0	0	0	0	0	0	0	0	0	0
C4-22 国网河北公司	0	0	0	0	0	0	1	1	0	0	0	0	0	0	0	0	0	0	0	0	1	0	0
C4-23 天津滨海新区大气治理	0	0	0	0	0	0	0	0	0	0	0	0	0	0	0	0	0	0	0	0	0	0	0
C4-24 焚烧秸秆	0	0	0	0	0	0	0	0	0	0	0	0	0	0	0	0	0	0	0	0	0	0	0
C4-25 珠三角雾霾治理	1	0	0	0	0	1	0	0	0	0	0	0	0	0	0	0	0	1	1	0	0	0	0
总计	10	1	2	1	2	2	8	3	7	5	2	1	15	1	3	1	1	1	1	1	3	5	3

注:表中各数字表示各治理手段在此案例中的使用次数。

各主体主要使用的治理方式为行政手段、参与手段、法律手段。行政手段作为基础和核心，在 23 个案例中都有涉及。行政手段是国家职能体现，通过政府权威来实施环境治理。各主体参与环境治理的方式不相同，可以作为一种监督与保障。通过广泛参与，各主体不仅对环境治理工作有了了解，而且能够集中多数人的智慧，对环境管理起到指导作用。法律是人类社会的规范，以国家的强制力为其实施的后盾。在环境污染、破坏行为产生的前后，法律手段对行为人均会起到一种威慑作用。其后依次为教育手段、生产手段、技术手段、消费手段、经济手段。从数据中可以看出，行政手段是环境治理中的主要手段，起着主导的作用。

4.4.2 北京市大气污染多元主体治理协同机制研究

4.4.2.1 多元协同治理主体及其治理方式分析

（1）多元协同治理主体分析。

参与多元协同治理的主体具有多样性，这些主体在各自互动案例中参与大气污染治理的手段不同。因此有必要对所有案例中参与协同的主体进行划分归类，并且归纳概括不同主体参与治理的方式。根据案例分析的结果和对大气污染治理中各主体参与方式的分析，以及杨立华[①]对社会生态系统中社区的主要社会主体的分类，我们将多元协同治理的主体划分为以下 5 类。

第一，政府。工业的发展变化决定了政府在社会管理中扮演的角色。发布行政命令、进行强制管控的政府职能已经不能满足信息时代的需要，在处理复杂、多变的社会问题时，政府决策也会暴露其滞后性。政府在大气污染治理中所扮演的角色几乎在每个案例中都有涉及，我们可以将所有政府参与的案例分为两种模式，一类是各主体协同治理模式，另一类是政府单一治理模式。在案例 C4-2 中第 29 届奥运会在北京成功举办，北京市政府制定了包括机动车限行、倡导市民使用绿色交通工具、重点污染企业

---

① YANG L H. Building a multi – collaborative community governance system to resolve the dilemma of collective action – a framework of "product – institutional" analysis (PIA) [J]. Journal of Public Management，2007(2)：6 – 23.

停产和限产等一系列措施。[①] 在本案例中显示出不同省份政府之间的协同治理。在案例 C4 – 16 北京市"煤改气"中，北京市政府于 2014 年出台了大气防治条例，采取了一系列强有力的措施，全面开展大气污染治理行动，主要措施是北京将建设四大燃气热气热电中心、全面关停燃烧电厂、大幅压减工业用煤等。[②] 此案例显示了政府的单一治理模式。

第二，企业。公司是企业的表现形式，企业在逐利的过程中容易忽视环境保护的需要。但角色转变也会使企业成为推动环境治理的重要力量。在案例 C4 – 18 中石化环保行动中，2012 年，中国石化发布《环境保护白皮书》，在白皮书中对环境保护工作做出了承诺。[③] 2013 年，中国石化启动"碧水蓝天"环保计划，本案例中的企业仅指中国石油化工集团。[④] 案例 C4 – 22 的国网河北公司，为了能够实现电能替代煤和油，在 2013 年建设运行"火电厂污染物实时监测系统"，同时还加强省环保部门与电力公司之间的数据共享、平台共建。[⑤] 此案例所指的公司，仅指国网河北公司。其他案例中所出现的公司，泛指一个或多个行业。

第三，公众。此处将个体、家庭与公众归为一类。不同的人构成了一个社会，公众的存在是社会得以运行的基础，社会的治理也离不开公众的参与。作为多元协同治理互动主体的公众，在不同的案例中体现出参与规模和组织形式等方面的不同。在案例 C4 – 1 的北京六里屯垃圾焚烧厂中，政府批准六里屯垃圾焚烧厂的建设，出于对环境污染和自身身体健康的考虑，公众自发组织起来向国家环保局和北京市政府提请行政复议，并采用制造舆论等方式，给政府施加压力。此案例中出现的公众，包括了个体、

---

① 国家体育总局. 北京市人民政府关于发布 2008 年北京奥运会残奥会期间本市空气质量保障措施的通告[J]. 北京市人民政府公报, 2008(9)：10 – 11.

② 刘虹. "煤改气"工程　且行且慎重：基于北京市"煤改气"工程的调研分析[J]. 宏观经济研究, 2015(4)：9 – 13.

③ 中国企业首个环境保护白皮书, 中石化欢迎社会监督[EB/OL]. (2012 – 11 – 30)[2017 – 12 – 02]. http://news. xinhuanet. com/energy/2012 – 11/30/c_124025836. htm.

④ 中石化启动"碧水蓝天"环保计划　3 年投 230 亿环保治理[EB/OL]. (2013 – 11 – 04) [2017 – 12 – 02]. http://news. xinhuanet. com/energy/2013 – 11/04/c_125645401. htm.

⑤ 河北公司"火电厂环保设施及烟气污染物实时监控系统"[EB/OL]. (2010 – 06 – 21) [2017 – 12 – 02]. http://www. sgcc. com. cn/xwzx/gsxw/2010/06/225531. shtml.

家庭。在案例 C4 – 11 李贵欣诉讼案中，石家庄市民李贵欣担心雾霾给自己身体带来损害，对政府治理雾霾不力产生不满，于是以石家庄市环境保护部门为被告，向石家庄市法院申请立案，要求被告石家庄市环境保护部门依法承担治理大气污染的职责，并赔偿其因大气污染造成的损失 1 万元。①此案例中出现的公众是以个体的形式体现出来的，其他案例中出现的公众包括了个体、家庭、公众。由于利益诉求、权益范围和亲疏关系等不同，公众这类主体在不同案例中有不同的表现方式，我们把以公民个人权益为目标参与到大气污染治理中的主体统称为"公众"。

第四，专家学者。专家学者是指具有相关专业知识并努力将其应用于大气污染治理中的研究人员，可以是政府部门技术工作人员、外来知识专家、当地治理专家、高校研究人员等。在案例 C4 – 2 北京奥运会中，由气象、环保等方面权威专家学者成立专家小组，共同探讨空气质量控制问题、大气污染研究对策。在案例 C4 – 4 APEC 会议中，北京市政府安排专家对不利气象条件进行解读，积极通过各种媒体向社会公开方案和措施，引导公众积极参与保障工作。② 本案例中，北京市政府安排的专家也属于专家学者。

第五，第五部门。这里说的第五部门是指社区、新闻媒体、国际组织、民间组织、宗教组织。第五部门包括许多细分的组织，在本章研究的 25 个案例中，社区、新闻媒体、国际组织、民间组织都有涉及，但是缺少宗教组织的案例。在案例 C4 – 5 绿色社区创建活动中，由北京市东城区东四街道、北京地球村环境教育中心和万通公益基金会联合成立项目组，在东四街道所管辖的 8 个居民社区开展了为期两年的"乐和城市社区行动"。③ 本案例中的乐和城市社区行动是指社区这个主体。在案例 C4 – 10 "我为祖国测空气"行动中，《南方周末》详细报道了 $PM_{2.5}$ 对人

---

① 苏佩芬. 法院凭什么不给"雾霾官司"立案[J]. 中国民商，2014(4)：9.

② 全力保障 APEC 空气质量[EB/OL].（2014 – 11 – 17）[2017 – 12 – 02]. http://news. cenews. com. cn/html/2014 – 11/17/content_20532. htm.

③ 提要选编:《推进绿色社区建设,搭建公众参与平台》[EB/OL].（2015 – 12 –18）[2017 – 12 – 02]. http://iue. cass. cn/xscg/xslw/201507/t20150729_2413584. shtml.

体健康的危害、市民对 $PM_{2.5}$ 的担忧和无奈以及专家的治理建议等内容。[①]
案例C4－12的国际中国环境基金会属于国际组织，自成立以来，利用自
身优势和影响力，致力于中国环境可持续发展，成为环境保护部门的
"同盟军"。案例 C4－6 的北京地球村、案例 C4－7 的绿色和平、案例
C4－9 的"好空气保卫侠"属于民间组织或者是由民间组织发起的活动，
它们利用能够使用的治理方式，致力于环境保护事业，在参与环境治理
的过程中，不断提高自己的影响力，民间组织树立的良好形象也得到了
社会的认可。

对 25 个案例进行编码，除机制要素外编码结果见表 4.11。

表 4.11　案例数据编码——除机制要素外编码结果

案例	类型	参与主体	互动绩效
C4－1 北京六里屯垃圾焚烧厂	冲突	政府、公众、个体、专家学者	失败
C4－2 北京奥运会	合作	政府、企业、家庭、个体、公众、专家学者	成功
C4－3 北京市清洁空气行动	合作	政府、企业、家庭、个体、公众、新闻媒体、国际组织、民间组织	成功
C4－4 APEC 会议	合作	政府、企业、个体、公众、专家学者、新闻媒体	成功
C4－5 绿色社区创建活动	合作	政府、企业、社区、家庭、个体、公众、民间组织	成功
C4－6 北京地球村	合作	政府、民间组织	成功
C4－7 绿色和平	合作	政府、国际组织	成功
C4－8 $PM_{2.5}$ 事件	冲突	公众、新闻媒体	失败
C4－9 "好空气保卫侠"	合作	政府、民间组织	成功
C4－10 "我为祖国测空气"行动	合作	政府、公众、新闻媒体、民间组织	成功
C4－11 李贵欣诉讼案	冲突	个体、新闻媒体	成功
C4－12 国际中国环境基金会	合作	政府、国际组织	成功

① 何平. 浅析媒体在推动"民主环保"中的表现和作用:以媒体与公众推动 $PM_{2.5}$ 纳入《环境空气质量标准》为例[J]. 湖北科技学院学报，2012(10)：192－194.

续表

案例	类型	参与主体	互动绩效
C4－13 北京市怀柔区大气治理	合作	政府、企业、公众、新闻媒体	成功
C4－14 北京市丰台区大气治理	合作	政府、企业、个体、新闻媒体、民间组织	成功
C4－15 北京市顺义区大气治理	合作	政府、企业、个体、新闻媒体、民间组织	成功
C4－16 北京市"煤改气"	冲突	政府、企业	失败
C4－17 北京市"零点行动"	合作	政府、企业、公众、新闻媒体、民间组织	成功
C4－18 中石化环保行动	合作	政府、企业、公众	成功
C4－19 2013 年北京雾霾报道	合作	政府、公众、新闻媒体	成功
C4－20 "阅兵蓝"	合作	政府、企业、公众、专家学者	成功
C4－21 长三角地区大气治理	合作	政府	半成功
C4－22 国网河北公司	合作	政府、企业	成功
C4－23 天津滨海新区大气治理	冲突	政府	半成功
C4－24 焚烧秸秆	合作	政府、企业、公众、社区	成功
C4－25 珠三角雾霾治理	合作	政府、公众、专家学者	成功

（2）多元主体不同治理方式分析。

社会经济发展与环境保护需要相互协调，合理有效的环境治理手段是协调这种关系的重要途径。环境治理手段是为实现环境保护这一目的而服务的，不同主体需要运用不同的治理手段来实现环境的治理。不同环境治理手段的功能不同，实施过程中所需要的条件不同，实施的效果也不同。不同环境治理手段虽然产生的结果不同，但它们之间是相互辅助、相互联系的。随着社会经济的发展，治理的手段也会不断地完善和丰富。本章将环境治理的手段分为 8 种，分别为行政手段、经济手段、法律手段、教育手段、技术手段、生产手段、参与手段、消费手段。

——行政手段。行政手段是指政府利用国家法律赋予的权力，制定和实施环境标准，对企业、公民等主体的行为方式进行规范，颁布环境政策，限制企业的排污活动等，从而达到限制污染排放、改善环境的目的。行政手段的使用具有规范性、强制性的特点。行政手段的子手段包括制度安排①、制度行动、权威、公私合营、政府合作、规划、绩效监督、契约管理②、可交易许可证③。如案例 C4 - 2 北京奥运会中，北京市政府制定了一系列政策措施，包括加强机动车管理、倡导"绿色出行"等，属于行政治理方式中的制度安排、制度行动手段。行政手段的使用也存在着缺陷，在使用过程中容易受到主观因素的影响，表现出一定程度的随意性，达不到环境治理的目的。

——经济手段。经济手段是指利用经济与环境的关系，制定和实施与经济利益相关的政策和措施，如价格、成本、利润、补贴等经济方法，调节各方面利益，促进环境治理。具体的手段有财政支出、利益补偿④、交易费用⑤、产权界定⑥、激励、税收、信贷工具、排污权交易⑦、使用者收费、生态补偿机制、补贴、押金—退款。案例 C4 - 7 绿色和平中，国际组织通过使用交易手段，利用自己的专家团队为各国的环境保护工作提供意见。

——法律手段。法律法规对全体社会成员都具有约束力，政府通过立法、执法形成社会规范，明确其他各参与主体的权利和职责，同时对各主体的环境行为进行监督和管理。法律手段的特点在于它的权威性和强制性，子手段包括：环境治理问责、法制保障、法律保护、环境立法、抗议、环境质量认证、申诉、检举、罚责、信访、游行示威。案例 C4 - 9 "好空气保卫侠"中，民间组织一旦发现污染问题就可以通过申诉、信访等法律手段向环保部门举报。

---

① 刘东. 巴泽尔的产权理论评介[J]. 南京大学学报,2000(6)：137 - 142.

② 陈颖健. 全球治理与公私合营机制：以国际非政府组织为中心[J]. 法理学论丛,2012(6)：43 - 51.

③ Y. 巴泽尔. 产权的经济分析[M]. 费方域,段毅才,译. 上海：上海三联书店,1997：145.

④ 肖巍,钱箭星. 环境治理中的政府行为[J]. 复旦学报(社会科学版),2003(3)：73 - 79.

⑤ Y. 巴泽尔. 产权的经济分述[M]. 费方域,段毅才,译. 上海：上海三联书店,1997：156.

⑥ 罗纳德·H. 科斯. 企业、市场与法律[M]. 盛洪,陈郁,校译. 上海：上海三联书店,1990：79.

⑦ 朱德米. 地方政府与企业环境治理合作关系的形成：以太湖流域水污染防治为例[J]. 上海行政学院学报,2010(1)：56 - 66.

——教育手段。教育手段的主要作用是使社会各主体形成环境保护和治理的意识，通过运用各种形式的宣传教育活动，形成环境保护的氛围，宣传环境保护的内容、重要性以及所要达到的目的，激发主体参与环境治理的积极性及主动性。教育手段的子手段包括激励[①]、文化威望[②]、宣传[③]、学术研究、公共表达、社会动力、舆论、伦理、信仰、文化价值[④]、知识援助[⑤]、知识培训。

——技术手段。为了实现环境保护的目的，不能仅仅依靠现有的人力和物力，还需要提高环境治理的科学技术水平。这些科学技术可以帮助参与治理者实现环境保护与治理的目标，提高科学技术水平可以提高生产的效率，减少对生态的破坏以及对环境的污染。技术手段的子手段包括技术支持、技术标准、技术管制、专业技能、技术研发、传播技术。

——生产手段。生产者在产品生产、销售和使用以及回收过程中的每个环节都要考虑产品对整个环境的影响，通过不断地调整生产方式来减少对环境的破坏。生产手段可以分为清洁生产、循环经济。

——参与手段。环境资源具有公共性的特点，社会各主体参与到整个环境治理和保护的过程中，不仅可以提高各主体环境治理的意识，还可以提高各主体参与的积极性，为环境治理建言献策。进而提高环境治理的科学性、有效性。参与手段的子手段有政治资本[⑥]、游说、建议、政策咨询、观察、国际联系、社会关系、政治资源等。

——消费手段。控制消费是环境治理的重要方式，这需要参与治理

---

① 王杰,张海滨,张志洲. 全球对治理中的国际非政府组织[M]. 北京：北京大学出版社,2004：65.

② YANG G. Environmental NGOs and institutional dynamics in China [J]. China Quarterly, 2005(181)：46 – 66.

③ 李国庆. 推进绿色社区建设　搭建公众参与平台[J]. 环境保护,2013(23)：24 – 26.

④ AGRAWAL A, GIBSON C. Enchantment and disenchantment：the role of community in natural resource conservation[J]. World Development, 1999(4)：629 – 649.

⑤ NA L D. Voluntary agreements with an industry：an equilibrium analysis [D]. Storrs：University of Connecticut, 2000.

⑥ YANG G. Environmental NGOs and institutional dynamics in China [J]. China Quarterly, 2005(181)：46 – 66.

的各个主体首先树立环境保护意识。案例 C4 – 3 北京市清洁空气行动中，家庭、个体、公众这三个主体都使用了绿色消费的手段，全民参与行动，公众自觉减污，社会进行监督。消费手段主要有绿色消费。

虽然每个治理手段的使用条件、范围、作用不一样，但各治理手段之间不是独立存在的，它们相互联系、相互补充、相互作用。行政手段的使用与法律密不可分，行政手段需要依靠法律而存在。行政手段的使用主体是政府，政府利用法律赋予其的权力，保证政策的有效制定和实施。行政手段是环境治理的关键。法律手段的使用需要强制力保证实施，通过制定和执行法律，形成对全社会各主体的行为规范，以此来约束和监督各主体的环境行为。经济手段可以调节环境资源使用中的费用和效益关系，使环境污染和破坏的外部经济性内部化。[①] 技术手段是环境治理的工具，技术手段的有效使用需要建立在技术水平的发展上，治理技术水平的提高可以降低环境污染的程度，减少对环境的破坏，提高环境治理的质量。教育手段的目的主要是对社会各主体进行宣传教育，提高环境保护的意识。从而能够改变社会各主体的环境行为，激发其参与环境治理的积极性，使其自觉地参与到环境治理活动中。参与手段是一种民主监督的方式，通过社会各主体的广泛参与，形成一个广泛的监督体系，促进环境治理政策的有效执行。生产手段、消费手段作为补充手段，可以弥补其他治理手段的不足。

4.4.2.2 多元主体不同治理方式协同过程研究

协同过程包括主体间的协同与各主体不同治理方式间的协同，由于单一主体的治理方式存在各种缺陷，需要建立一种多主体多治理方式的网络型治理结构。通过不断完善环境治理方式，调整主体在环境协同治理中的角色以及手段的使用，形成网络型的治理结构。主体间的协同和各主体治理方式选择上的协同动态地、不间断地影响和改变协同行为中既有的结构关系与资源调配。

---

① 潮洛蒙,李小凌,俞孔坚. 城市湿地的生态功能[J]. 城市问题,2003(3)：9 – 12.

（1）多元主体治理的协同结构。

多元主体治理的协同结构是对多元主体协同治理方式、过程和状态的理论描述。网络型的治理结构是理想的治理结构，能够清晰地反映多元主体治理的过程和状态。理想的多元主体治理协同结构需要符合以下特点和要求。第一，参与治理主体的多样性。参与环境治理的主体除了政府、企业、公众外，还可以是个体、社区、新闻媒体、专家学者、民间组织、宗教组织等其他社会主体。第二，各治理主体间的地位平等。在治理的过程中不存在高低的层级关系，主体间也不是纵向的命令、服从关系，而是以合作的方式共同参与治理，各治理主体之间处于同一层面的协同。第三，平衡各主体间的利益。在制定治理政策、提供产品和服务时，要充分考虑各主体间的利益。第四，协同治理是一个动态的过程。各主体间的互动形成了协同的过程，协同的过程不断循环往复。由于各主体间利益出发点不同，协同的过程会产生博弈的现象，这种博弈是合作的基础，各主体间需要实现良性的博弈与合作。第五，各主体间治理关系的多样性。任意主体之间可以通过正式或非正式制度进行沟通、协作，形成灵活的治理关系。多个治理主体形成的不同子系统可以交集，相互联系、相互作用、相互补充。第六，各主体治理关系的稳定性、持久性。不同主体在治理的过程中存在不同的利益诉求，行使的权力也不同。协同治理目标的制定，需要兼顾各主体的权利和利益，才能形成安定有序的治理制度。协同治理的过程也是高度整合社会资源的过程，只有稳定的结构才能保证治理目标的实现。综上所述，网络结构的复杂性和稳定性符合多元主体协同治理结构的特点与需要，所以是最具代表性的结构类型，如图4.5所示。

（2）不同治理方式的协同结构。

不同治理方式的协同结构主要通过社会各主体的广泛参与，充分利用社会各主体可以使用的治理手段，预防、控制环境污染与破坏行为，达到环境治理的目的。不同治理手段在使用过程中可以发挥的作用以及治理的效果各不相同，根据这些作用和效果进行优势互补和组合优化，形成一个紧密联系的治理系统。环境治理手段协同结构由行政手段、经

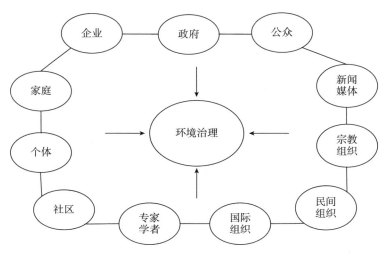

图 4.5　多元主体治理模型

资料来源：杨立华，刘宏福. 绿色治理：建设美丽中国的必由之路［J］. 中国行政管理，2014（11）：8. 略有改动。

济手段、法律手段、教育手段、技术手段、参与手段、生产手段、消费手段组成，每个手段可以分为多个子手段。建立和完善不同治理方式协同结构的目的是促进社会、经济与环境的可持续发展，不仅可以实现环境效益，还可以兼顾社会、经济效益。

不同治理手段的作用和特点不同，想要实现环境治理的目的，需要各手段之间相互配合、相互作用，形成合理有序、紧密联系的整体。在整个结构中要确立行政手段的核心地位，以行政手段为起点可以与任意手段配合使用。根据使用的频率及重要性，以法律手段、参与手段、教育手段为主体手段，以经济手段、消费手段、技术手段、生产手段为基础手段。法律手段、参与手段、教育手段是各主体进行环境治理的主体手段，是进行环境治理的主要方式。法律手段为其他手段的使用提供制度支持；参与手段可以增强参与主体的广泛性，使各主体能够直接参与到环境治理当中，将主体的作用与环境治理紧密联系起来；教育手段主要起到宣传教育的作用，改变和提高各主体环境治理的意识。经济手段、消费手段、技术手段、生产手段是进行环境保护与治理的基础手段，保障和支撑其他手段作用的发挥及环境的有效治理。经济手段和消费手段对加强环境管理、提高各主体环境治理的自主性具有基础性作用。技术手段、生产手段加强了对环境治理的技术支持，如图4.6所示。

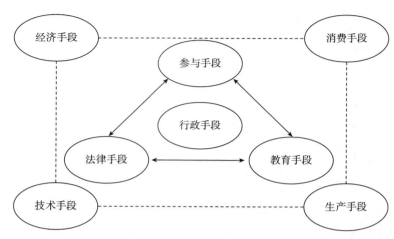

图4.6　不同治理手段的协同结构

（3）多元主体治理协同机制研究。

协同机制包含两个主要内容：一是内部结构的组织要素、各要素发挥的作用及各要素之间的组织关系；二是各要素组合方式、各组合方式产生的影响、发挥的作用及如何发现最优组合。多元协同治理的网络化结构模型即阐释了协同机制的第一类要素，在这个基础上，多元治理主体进行着持续的协同过程。协同的作用原理是过程的抽象化，对协同组合的阐释就是对协同机制的第二类要素的解读。

第一，多元主体治理协同机制。

本节在国内外协同治理理论的基础上，结合中国国情，概括总结出协同过程互动模型，如图4.7所示。这个模型分为3个阶段9个要素。

——正式和非正式制度（法律制度）。这一过程可以理解为法律制度的设计，制度设计中最根本的一环是协同程序的构建，同时各社会主体的权利能够有效使用并得到保障。整个协同过程对各社会主体都应该是开放的、透明的，为了确保程序运行的合规性，建立起相互信任、相互依赖的关系，应当建立标准清晰的行为规范。确保各参与主体权利的同时，也要明确各主体的责任和义务。制定法律制度可以稳定各主体间的

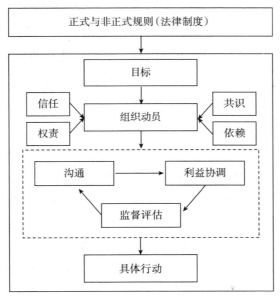

图 4.7　协同过程互动模型

关系，坚定各主体对未来的预期，避免因发生信任危机造成损失。制度的建立确立了各主体协同过程的行为规范，本身带有强制性，保障整个协同机制的顺利运行。

　　——目标。目标的确立是整个协同机制开始运行的重要前提，怎样由目标变成全体协作成员的共识非常重要。在协同开始的初期需要各主体明确集体目标，确定协同行动所要达成的治理效果。各治理主体采取一致行动完成最终的治理目标，目标同时也是对协同治理的评价和考量，考量协同是否满足目标的需要，如果出现偏差，则可以及时做出调整。目标是一种外部激励、约束，要想具备"对内涵取得集体的共识"①，只有由目标转化为集体的共识，才能不断地激发整个协同组织的潜力。各主体间认知上的差异会成为阻碍协同机制运行的因素。

　　——组织动员。组织动员的过程包含了四个主要因素：信任、共识、

---

　　①　HUXHAM C. The challenge of collaborative governance ［J］. Public Management An International Journal of Research & Theory, 2000(3): 337－358.

权责、依赖。组织动员是协同治理的早期准备，这个阶段需要动员各个主体参与到协同过程中，决定了各主体在治理中的参与程度。

——信任。不同学科对于组织内部、组织间协同机制的研究，或多或少会提到建立信任关系这个重要因素。在协同的过程中，各主体间的信任是需要逐步建立的。在建立协同关系的初始阶段，各主体间的关系是陌生的，相互之间缺乏信任。众多研究指出，协同关系的确立不仅需要制定目标、达成共识、实现沟通，还需要各主体间建立相互信任的关系。信任关系会随着协同的进行出现增强或减弱，信任关系的发展是一个动态的过程。信任关系的形成需要各个主体遵守治理规范，约束自己的行为。

——共识。达成共识是各主体在确立目标的前提下，相互间的关系得到进一步的深化。能够达成共识，说明各个主体间已经非常明确环境治理的重要性，并愿意为之付出努力，采取行动。达成共识是一个发展的过程，当各主体的协作达到一定程度后，就会在群体内达成环境治理的共识，也就是各主体参与协同所要达到的效果。

——权责。企业、公众等主体参与治理需要有明确的议事规则，需要被授予社会组织部门在环境管理等事务上所具有的相关权利。在治理中，如果各主体间互动协商相关的规则及制度不明确，就不能确保协同机制的有效运转。所以需要通过规则的建立明确各个主体权利和责任的边界。

——依赖。相互依赖关系的形成是信任关系建立的标志，代表着多元治理主体就如何治理公共问题达成一致，也意味着治理主体就治理活动预期利益的划分达成了协议。相互依赖是资源优势的互补，每个主体所能使用的治理方式是有限的，单个主体实现的治理效果也是有限的。能够相互依赖建立在相互沟通、相互信任的基础上。在相互依赖的过程中，协议起草是非常重要的一步，这个过程有必要实现治理主体的高度参与以确保协议的公平，即使是某些治理主体不完全支持达成的协议，参与起草也有助于共识的达成，极大地降低了各治理主体违约的可能性。

——沟通。沟通的过程是建立信任、达成共识的过程，通过沟通各主体能够明确治理的目标、责任、需要采取的行动。沟通的过程也是一个主体间博弈和协调的过程，多元主体的网络关系结构与沟通之间的影响是相互的，对沟通过程影响最大的是社会资本。谈判过程包括面对面对话和建立信任两个阶段。多元协同治理中的沟通都建立在治理主体面对面的对话基础上，尤其是对于相互不熟悉的治理主体来说，平等的对话、协商是打破陌生印象、消除敌意和建立信任的第一步；信任是进行良好协同的心理基础，信任的建立不是一蹴而就的，沟通是建立信任的开始，但是也贯穿着始终。信任的完全建立需要各治理主体长期的沟通，丰厚的社会资本有助于沟通的进行，减少成本，有效促进协同治理。

——利益协调。在协同机制构建的过程中，参与的主体所处的社会角色互不相同。每个参与治理的成员都有自身利益的需要，同时作为协同治理中的一员，要受到治理机制、规则的限制和约束，为达到治理的目标而行动。如果参与治理会给自己的利益造成不可承受的损害，就会降低主体参与污染治理的积极性，破坏整个协作的关系。维系相互依赖、相互信任、相互沟通的良性关系，不能只依靠强制手段实现，要兼顾各方的利益。各主体能在协同的过程中，享受到治理成果带来的利益，可以提高主体参与的积极性与主动性。在整个协同的过程中，需要各个主体提供资源、承担风险和责任，主体可以在互动协作过程中互惠互利。基于这样的认知，各个主体就可以通过沟通、谈判等有利于关系稳定的方式进行合作，共同解决所面临的问题。

——监督评估。社会中的个体都有理性经济人的一面，参与协同的主体也不例外，他们可能会为了自己的利益，做出损害其他主体利益的行为。除了有正式或非正式制度的约束和规范外，还需要外部监督保证协同机制的有效实施。管理者可以监督被管理者，促使其履行必要的责任，维护整体的利益；被管理者也可以对管理者进行监督，评估其服务社会行为的有效性。相互监督可以使各主体始终以整体的利益为出发点，避免做出损害集体利益的行为。评估就是评估协同治理的绩效，绩效评估的对象是达成协议的实施效果和实际收益以及各治理主体在履行协议时的实际表现。对多元协同治理的绩效评估可以系统评价协同协议的有效程度、协作机制的有序程度和各治理主体的协作表现，有助于各类问题的解决，为促进协同的良性发展提供支持。绩效评估不仅发生在协同网络的层面上，实际上各治理主体自身也在不断地评估绩效，从而为下一轮的协同提供参考。

第二，多元主体治理的协同机制对治理绩效的影响。

高度相关的利益诉求是多元主体能够参与协同的根本原因，在很大程度上决定了多元主体在社会治理中的参与程度。一般情况下，治理主体在多元协同治理网络中的参与程度与它的利益诉求呈正相关关系。而利益诉求和资源状况的不同是造成协同出现不同形态的原因，利益诉求决定了协同主体间的关系，资源状况决定了协同行为的深入程度。根据协同主体间的关系和行为以及深入程度，我们可以将多元主体治理的协同分为两类：冲突和合作。

冲突这种类型的协同中各治理主体的利益诉求出现严重分歧，而资源的稀缺导致他们无法通过协商满足自身利益要求，因此会通过激烈的方式来迫使对方顺从自身意志从而达到自己的目的，如果诉诸过激的行为，问题仍然得不到解决，矛盾就会激化，很可能造成严重的后果。

案例 C4-1 北京六里屯垃圾焚烧厂事件中，北京市环保局在 2005 年底审批通过了建设六里屯垃圾焚烧厂的可行性方案，准备在 2008 年底正式投入运行，但是在这个过程当中附近的居民对此一无所知，环评报告一直没有公开。垃圾焚烧厂给环境和居民身体健康带来的种种忧患，引起了居民的强烈不满。尽管政府和公众有了冲突，但结果是北京市政府并没有改变六里屯垃圾焚烧厂的建设计划。

案例 C4-8 PM$_{2.5}$ 事件中，2010 年雾霾天气频频发生，媒体对 PM$_{2.5}$ 的相关报道激起了公众对 PM$_{2.5}$ 的热议，有人指责政府故意隐瞒真相，也有人认为这是针对我国政府的阴谋论。基于此，北京市民纷纷开展 PM$_{2.5}$ 自测行动，希望可以倒逼政府建立大气环境监测网络并进行完善的信息公开。[①] 虽然最终事件得到了解决，但是已经影响到政府在公众中的公信

---

① 周勃,陈晶晶. PM$_{2.5}$事件网络报道对比分析:以新浪网、人民网为例[J]. 新闻界,2013(18):49-52.

力和权威性。

合作这种协同方式下的各治理主体有着高度相关的利益诉求，团结协作有利于最终目标的实现。而资源状况方面有两种情况：一种是充裕的资源使各治理主体可以通过合作达成目标，没有必要采取其他冲突的方式；另一种是单个主体能够掌握的资源不足以实现目标，各治理主体不得不携手共同应对，只有这样才能充分利用现有资源，达到治理的效果。

案例 C4 – 4 APEC 会议中，北京市政府为了保证在 APEC 会议期间保持良好的空气质量，联合周边各省市，积极行动，鼓励全民参与环境治理。北京市政府从 2014 年 6 月开始行动，在会议之前有 300 多家企业做出响应，淘汰了老旧机动车和锅炉、关停了部分电厂等。在会议期间，为了配合政府的治理政策，工地停工、重点污染企业限产。由于机动车限行，市民通过选择其他交通工具或者减少出行等方式响应政府的行动。① 经过各方的努力，北京市空气质量优良状态达到了 11 天，仅有 1 天出现轻度污染。

案例 C4 – 20 "阅兵蓝" 中，北京市环保局针对阅兵活动制定了空气质量保障方案，同时邀请了各领域的专家学者进行会商研讨，为各项措施提供科学评估。② 同时，周边各省市配合保障方案的实施，加快产业结构和能源结构的调整，完成了一批落后产能退出、燃煤电厂超低排放治理等治污工程。广大民众理解、响应和支持，绿色出行。众多企业积极响应政府政策，主动承担起环境保护的责任，减少生产，甚至停产，大家共同努力，让北京出现了久违的蓝天。

通过以上研究，我们已经把主体间协同的类型划分为冲突与合作。为了研究协同类型与治理绩效间的关系，本章对多元协同治理的绩效进行了测量：如果多元协同治理的主体协作过程极大地促进了大气污染问

---

① 全力保障 APEC 空气质量 [EB/OL]．（2014 – 11 – 17）［2017 – 12 – 02］．http://news. cenews. com. cn/html/2014 –11/17/content_20532. htm.

② 谢玮. 七省份联动北京全力保障"阅兵蓝"仅北京市就有 1927 家工业企业限停产[J]. 中国经济周刊，2015(35)：50 – 51.

题的解决或者有效地促进了空气质量的改善，那么就认为治理绩效是成功的，用字母"S"来表示；如果多元协同治理的协作过程较大地促进了大气污染问题的解决或者基本改善了空气质量状况，那么就认为治理绩效是半成功的，用字母"SS"来表示；如果多元协同治理主体的协作过程对大气污染的状况影响较小甚至不利于空气质量的改善，则认为治理绩效是失败的，用字母"F"来表示。

通过对文献资料和问卷调查数据的整合分析，本章发现有 9 个要素会对多元协同治理结果造成影响。本章根据案例内容对 9 个具体要素进行总结和优化，并利用案例编码的结果对 9 个具体要素的有效性进行分析和检验。9 个要素分别为：完善的正式或非正式规则（法律制度）、各主体相互信任、各主体相互依赖、各主体达成共识、有效的沟通、有效的利益协调、明确的治理目标、明确的权利和责任、监督评估。

为了对本章中提出的多元治理主体的协同机制要素进行验证，本章根据 25 个案例进行要素数据编码（见表 4.12）。案例编码是案例与各因素间匹配对应、量化评级的过程，为避免个人主观因素造成的案例编码偏差，首先由 3 名同学进行分别编码，其次比较和讨论确定编码的最终结果，以此保证案例编码的客观性。本章对 11 个要素的测量指标包括"十分满足""基本满足""不满足""无证据支持"四个指标，分别用"H""M""L""ND"表示。"H"记为 2 分；"M"记为 1 分；"L"记为 0 分；"ND"为无证据支持。

表 4.12 案例数据编码——协同机制要素编码结果

案例	多元治理主体的协同机制要素									协同绩效
	F_1	F_2	F_3	F_4	F_5	F_6	F_7	F_8	F_9	
C4-1 北京六里屯垃圾焚烧厂	L	L	L	L	L	L	L	L	L	F
C4-2 北京奥运会	H	H	H	M	H	H	H	M	H	S
C4-3 北京市清洁空气行动	H	M	M	M	H	H	H	H	H	S
C4-4 APEC 会议	H	H	H	H	H	M	M	H	H	S
C4-5 绿色社区创建活动	M	H	H	H	H	H	H	H	M	S
C4-6 北京地球村	H	H	H	H	H	H	H	M	M	S

续表

案例	多元治理主体的协同机制要素									协同绩效
	F_1	F_2	F_3	F_4	F_5	F_6	F_7	F_8	F_9	
C4-7 绿色和平	H	H	H	H	H	H	H	H	M	S
C4-8 PM$_{2.5}$事件	L	L	L	L	L	L	M	L	L	F
C4-9 "好空气保卫侠"	M	H	H	H	H	H	H	H	H	SS
C4-10 "我为祖国测空气"行动	M	H	H	H	H	ND	H	ND	H	S
C4-11 李贵欣诉讼案	L	L	L	L	L	L	ND	L	L	SS
C4-12 国际中国环境基金会	H	H	H	H	H	ND	H	M	M	S
C4-13 北京市怀柔区大气治理	H	M	M	H	M	H	H	H	H	S
C4-14 北京市丰台区大气治理	H	M	M	H	M	H	H	H	H	S
C4-15 北京市顺义区大气治理	H	M	M	H	M	H	H	H	H	S
C4-16 北京市"煤改气"	L	L	L	L	L	L	M	M	ND	F
C4-17 北京市"零点行动"	H	H	H	M	M	ND	H	H	H	S
C4-18 中石化环保行动	H	H	M	H	H	H	H	H	H	S
C4-19 2013年北京雾霾报道	H	H	H	H	H	M	H	ND	H	S
C4-20 "阅兵蓝"	H	H	H	H	H	H	H	H	H	S
C4-21 长三角地区大气治理	H	L	L	L	L	ND	L	M	ND	SS
C4-22 国网河北公司	H	H	ND	H	H	H	H	M	M	S
C4-23 天津滨海新区大气治理	M	L	L	L	L	L	L	L	L	SS
C4-24 焚烧秸秆	H	H	H	H	H	H	ND	H	H	S
C4-25 珠三角雾霾治理	H	H	H	H	H	H	H	H	H	S

注：①协同机制要素的测量指标分别为：H表示十分满足，M表示基本满足，L表示不满足，ND表示无证据支持；②协同绩效的测量指标分别为：S表示成功，SS表示半成功，F表示失败。

得到25个典型案例的编码结果后，为了检验各影响因素的有效性，研究通过SPSS软件对各影响因素进行了相关性分析（见表4.13），其中F_1、F_2、F_3、F_4、F_5、F_7、F_9的相关系数均大于0.7，显著性小于0.001，影响因素对解决成效的影响非常明显。其余各影响因素结果也都表明要素与解决成效之间呈现出较强的相关性。其中，F_1、F_2、F_5与解决成效相关性高于0.8，呈较强的相关性。F_6、F_8的相关系数虽小于0.7，但是在

0.5～0.7，也说明这些要素对冲突解决结果的影响比较明显。

表 4.13　大气污染治理解决机制要素的解决成效的相关性分析

要素	相关系数	Sig.
F₁ 完善的正式或非正式规则（法律制度）	0.857	0.000 ***
F₂ 各主体相互信任	0.816	0.000 ***
F₃ 各主体相互依赖	0.791	0.000 ***
F₄ 各主体达成共识	0.795	0.000 ***
F₅ 有效的沟通	0.840	0.000 ***
F₆ 有效的利益协调	0.695	0.001 ***
F₇ 明确的治理目标	0.780	0.000 ***
F₈ 明确的权利和责任	0.683	0.000 ***
F₉ 监督评估	0.730	0.000 ***

注：*** 表示在 0.01 水平（双侧）上显著相关。

4.5　讨论

4.5.1　协同治理失败的原因

4.5.1.1　制度缺失导致职责不明

　　制度缺失包括正式制度的缺失和非正式制度的缺失。一方面，沟通交流渠道、仲裁制度和法律法规等正式制度的缺失会给多元治理主体的协同带来严重的负面影响。正式制度提供了一个权威平台，使参与到多元主体治理中的主体在协同的过程中，可以依靠制度的引导和裁决，解决冲突矛盾，建立合作关系。如果缺乏正式制度的支持，冲突就可能由于缺乏约束和协调而趋于热化，合作也可能会由于缺乏交流渠道而造成资源的重复使用。另一方面，历史习俗和文化传统等非正式制度是多元主体协同治理的重要依据。如果在协同治理过程中没能做到尊重公序良俗，则很可能侵犯到某些参与协同治理的主体的利益而导致协同的失败。因此协同治理不仅要注重建立正式制度，而且要充分考虑非正式制度的影响，从而做到理论联系实际，方向不至偏颇。在案例 C4－1 中，北京市政府要建立六里屯垃圾焚烧厂，但是与垃圾焚烧厂利益相关的周边居民事前并没有得到任何通知，而政府也一直没有公开垃圾焚烧厂建设的相关消息，表现出公民表达合理诉求制度的不完善。而如案例 C4 – 5 绿色社区创建活动中，原国家环境保护总局发文鼓励，给各主体参与环境保护工作提供了指导方向，明确各主体在活动中的责任与义务。该活动中政府制定规则和要求，各主体根据自身实际情况参与环境保护工作，尤其是其中的"乐和城市社区"的建设培养了居民的日常行为习惯，使其主动进行垃圾分类、废旧物品回收等①，实现了这一协同治理案例的成功，体现的就是非正式制度对多元主体协同治理的意义。

4.5.1.2　沟通失败导致缺乏互信

沟通失败是多元主体协同治理失败的直接原因。本章所选取的 25 个案例中，共有 4 个案例不满足 F_5（沟通了解的程度），分别是案例 C4 – 1、案例 C4 – 8、案例 C4 – 10 和案例 C4 – 11。其中有两个案例的协同绩效为"失败"，另外两个案例的协同绩效为"成功"。通过这种直观的观察可以看到沟通失败的案例其绩效普遍偏差，通过对上述 4 个案例进行归纳，本章发现沟通失败会直接导致无法达成广泛的共识和公正的协议（案例 C4 – 1、案例 C4 – 8），而即使达成协议（案例 C4 – 10、案例 C4 – 11），也只是书面性质的，并没有实质性的效果。这是因为以沟通和协商的方式充分交换意见，可以为下一步的协同营造良好的氛围，可以使各方了解对方的利益诉求，从而为达成广泛共识和制定公正协议打下坚实的基础。意见的妥协和利益的调和，是达成共识和协议的根本出路，而这种妥协与调和必须通过充分的沟通交流来实现。没有及时沟通交流不但不能解决问题，而且会激化各方的矛盾，造成局面的失控。由此可以看出，不够充分和深入的沟通交流不但对多元协同治理没有促进作用，还会对各主体造成一定的伤害。

4.5.1.3　协议不公导致利益纠纷

协议不公是多元协同治理好坏状况反复出现的原因。多元主体治理

---

① 提要选编：《推进绿色社区建设，搭建公众参与平台》［EB/OL］．（2015 – 12 – 18）［2017 – 12 – 02］．http://iue. cass. cn/xscg/xslw/201507/t20150729_2413584. shtml.

的目的就是通过各种方法达成意见的妥协和利益的调和，以期实现和谐共处与共同发展，达成公正的协议是意见妥协和利益调和的标志性事件。协议公平公正可以为参与协同治理的各方提供参与的动力，对违规的行为提供处罚依据；协议不公，容易造成利益受损一方心中不服、不愿意达成妥协，进而成为治理进程上的障碍，也会给协议的公信力造成巨大的损害。因此，在协同治理开始之前达成一个充分考虑各方诉求，同时利益各方均能接受的公正的协议也是协同治理奏效的重要因素。

4.5.1.4　监督、奖惩缺乏导致执行动力不足

协同治理的关键在于治理协议的执行，而监督、奖惩则是协同治理的必要保证。达成协议与行动生效是从纸面落实到实际，通过各主体的执行力来实现。如果缺乏相应的监督、奖惩手段，那么很可能会由各主体的惰性或是各主体之间的信息不对称导致协同治理失效。

4.5.1.5　研究力量不足导致技术落后

大气污染治理的研究文献和相关论著越来越多，但这些文献和论著很少涉及把科研力量作为大气污染治理的重要组成部分。政府和其他各主体应该认识到，除了行政手段、法律手段、经济手段、教育手段等主要治理方式外，技术手段也是成功治理大气污染的重要因素。在25个案例的数据统计中，技术手段的使用次数为11次，在所有治理手段中排名第6。随着大气污染程度的加剧，各高校、各科研机构、各社会团体也加入大气污染治理的研究中，取得了如防尘、水雾等技术成果，可是在实际运用中往往没有达到预期的效果。北京市在治理大气污染时有其独特的优势，北京市集中了大量的高校和科研院所，而资源集中可以更高效地处理大气污染问题。但是北京市尚未充分利用研究力量提高大气污染治理的技术水平，同时也缺少相应的配套机制。

4.5.1.6　非政府组织参与不足

环境治理参与的主体应该是一个环形的整体，其主体应该有政府、企业、社区、公众、国际组织、民间组织等，但是在大气污染实际治理过程中，主要是由政府起主导作用，其他主体的作用并没有得到有效发挥。

非政府组织参与大气污染治理的方式和作用也受到国家法律法规的限制，即使能够参与到污染治理当中也只能扮演辅助的角色，其活动的对象主要是公众。在我国，政府与非政府组织没有建立有效的合作机制。在 25 个案例数据分析中，国际组织、民间组织、宗教组织参与的次数分别为 3 次、8 次、0 次，参与治理所占的比例较低，并没有有效发挥其作用。

事实上，分析所有多元协同失败的案例，就会发现，很多时候是由环环相扣的环节中某一环的缺陷导致下一环的缺失。例如，在案例 C4 – 1 中，政府公示制度以及公民表达诉求的制度不完善导致了政府与公民之间缺乏有效的沟通，双方因此没有达成一个兼顾自身和对方利益的协议，政府部门利用自身权威强行推进项目的建设，因而招致公民激烈反对，最终协同失败。协同的成功是基于各个方面都达到相应的要求，而协同的失败往往是在诸多方面没有达到最低的要求。

4.5.2　进行有效的多元主体协同治理的政策建议

多元协同治理的参与主体多样、涉及范围广泛、利益关系复杂，因此要想取得良好的治理绩效就必须满足制度、管理和经济方面的一些条件。本章通过问卷调查和案例分析总结了上文所述 6 个协同失败的原因：制度缺失，沟通失败，协议不公，监督、奖惩缺乏，研究力量不足，非政府组织参与不足。针对这 6 个主要的失败原因，本章提出 5 个政策建议。

4.5.2.1　完善各相关治理制度

完善制度特别是法律制度。法律制度是保证协同运行的外部约束，具有强制性的特点。协同治理不是单个主体的个别行为，协同机制的运行需要各个主体的配合，有了制度的约束，才能保证各个主体能够朝最终的治理目标共同行动。随着 2013 年环境污染程度的加剧，政府出台的环境保护相关法律法规越来越细化，但是仍然存在滞后、配套不全等缺陷，现有的法律法规不能满足环境治理的实际需要。协同主体是独立的个体，由于社会角色的不同，在协同的过程中在资源的使用上也会有差异。相关法律制度的建立可以明确各治理主体的责任、义务、权利，能够使其在协同的过程中享受到平等的待遇，保证整个协同过程的良性发展。有了法律制度做基础，还需要组织内部、组织间相互监督做支撑，在协同治理中，管理者与被管理者主要指政府与其他协同主体。管理者需要利用其行政、经济等手段对参与的主体实施监督，以保证其能在法律法规的框架下使用治理方式；被管理者也要培养监督意识，对管理者能否合理合规使用公共资源和权力进行监督，意识的培养需要法律等相关规定和制度的支持，被管理者在社会事务的管理中缺少独立性，需要管理者与被管理者建立良好的协同关系。

4.5.2.2　建立有效的沟通机制

各协同主体需要有平等的话语权。政府需要从掌控者转变成引导者，引导、激励企业、环保组织以及公众积极参与到治理网络中以实现协同治理。各方处于平等的位置，互相交流沟通，建立互信，打破信息不对称，进行知识共享，充分发挥各主体的力量，在各主体间建立有效的沟通。在协同的过程中，互动的次数越频繁，所达到的治理效果越明显。影响互动次数的因素有目标的确立、沟通的形成、资源的分配等。不断优化主体间的信息沟通方式，有利于资源在主体间流动和分配，减少主体因信息占有量的不同而导致的权力不均，有助于建立平等、稳定的合作关系。建立有效的沟通机制可以减少在协同初期因互不了解造成的隔阂。在协同过程中，通过沟通可以不断调整协同的方式，适应不同情况的需要。

4.5.2.3　实现有效的技术供给

技术是整合功能发挥作用的重要方式，运用网络、媒体等技术，可以降低沟通的成本，提高协同的效率，不断优化协同的方式。政府可以从高校、科研院所聘用相关领域的专家作为顾问，为其提供技术支持和政策建议。可以与高校、科研院所建立长期的合作关系，获取相关的技术支持。同时，政府还可以依靠网络、媒体等，建立面向普通民众的科普、听证、决策公示等加强沟通的渠道，同时注重通过网络获取民意这一通道，及时了解普通民众的诉求，并将其纳入决策过程。

4.5.2.4　组建监督队伍

监督、奖惩是协同治理的必要保证。政府在协同中处于主导地位，因此需要政府完成协同工作的主持，政府可以组建相应的监督队伍，如邀请媒体参与到对企业排污、民众焚烧秸秆等生产活动的监督中，及时报道协同治理中各主体对协议的执行情况。而政府也可以通过聘请普通民众来建立监督队伍，一方面，真正落实听证制度，让普通民众参与到决策进程中；另一方面，能够依靠公民的力量对相关的主体如企业、媒体等进行监督，协助政府完成相应的管理工作。

4.5.2.5 鼓励各主体共同参与治理

参与大气污染治理工作的主体越广泛，治理的效率越高，治理的效果越持久。工业产品和服务的最终消费者是社会各主体，他们的意识和认知决定着自身的治理行为，从而影响治理效果的实现。单一的主体治理方式无法获取满意的治理成果，主体治理结构越完善，大气污染治理的成果越稳定。比如，民间组织可以利用民间权威，鼓励公众、个体等其他主体树立绿色的消费观念，弘扬环保意识。综合运用行政、法律、经济等手段，创造各主体参与治理的环境和条件。引导和鼓励越来越多的主体参与其中，逐步改变以政府为主导的单一治理模式。

4.6 结论

本章通过对北京市各区及其周边省市的实地调查和 25 个案例的分析，对多元主体不同治理方式选择及协同机制进行了研究。研究主要从北京市大气污染多元主体不同治理方式选择、协同方式及其对治理绩效的影响、多元主体的协同机制研究等方面展开，并得出以下结论。

首先，各种社会主体广泛地参与到多元协同治理中，多元协同治理主体可以划分为 11 个，政府、企业、社区、个体、家庭、公众、新闻媒体、专家学者、国际组织、民间组织、宗教组织。这 11 个主体在多元协同治理中的作用有很大的不同。

其次，多元主体治理的协同类型可以划分为合作、冲突两类，从冲突到合作，符合逻辑关系，这种关系建立在共同利益、作用互补的基础上。多元主体治理方式不同，协同机制产生的治理绩效不同。

再次，多元主体治理的协同机制包含了协同结构和协同过程两大类要素。多元协同治理的网络化结构模型阐释了协同机制的第一类要素，在这个基础上，多元治理主体进行着持续的协同过程。

最后，通过对多元主体治理协同机制要素进行案例分析，总结出成功的协同治理所满足的9个要素：①完善的正式或非正式规则（法律制度）；②各主体相互信任；③各主体相互依赖；④各主体达成共识；⑤有效的沟通；⑥有效的利益协调；⑦明确的治理目标；⑧明确的权利和责任；⑨监督评估。这9个要素分别属于结构要素和过程要素两大类，满足程度越高，多元主体不同治理方式的协同绩效就越高。

当然，本章的研究还存在一些不足和局限。首先，尽管考虑到案例的有效性，本研究先取其他地区案例作为支撑，但北京市内的典型案例数量不足。其次，案例涵盖的层级范围比较广泛，分布于省、市、县、镇。最后，本章所选的25个案例中，有1个来自访谈内容，有4个是结合文献资料进行汇总和分析得出的，其他20个主要由二手资料直接得出。今后的研究工作将进一步增加各层级的案例数量，并通过实地调研获得一手资料进行案例的补充和扩展。本章的研究对于推动北京市大气污染多元主体协同治理的进行具有积极的意义，随着后续调查的深入，本书将进一步解决遗留的一些问题。

| 第 5 章 |

北京市大气污染治理的利益协调机制

5.1 导言

"天下熙熙，皆为利来；天下攘攘，皆为利往。"利益是人们社会生活中的重大现实问题，而利益协调是多元主体在合作过程中不得不面对的难题。如果协调得好，则能够加深各主体之间的合作程度，扩展各主体之间的合作范围；如果协调得不好，则会阻碍各主体之间的合作，甚至会导致部分主体退出合作领域。目前，我国大气污染多元合作机制还未健全，即使是中央政府、地方政府和企业三方之间的互动博弈，也未达到利益均衡的理想状态。但是，目前学界研究较多的是政府各部门之间的利益协调问题，对大气污染治理中其他各主体的利益问题则研究较少。北京市大气污染现状复杂严峻，要想实现对北京市大气污染的有效治理，必须妥善处理好各主体之间的利益协调问题。因此，本章将对北京市大气污染治理过程中各主体之间的利益协调机制问题进行针对性研究。

5.2 文献综述

5.2.1 大气污染及其治理

随着我国大气污染形势的日益严峻，相关研究也逐步增多，了解大气污染及其治理的相关理论，是研究其中利益协调问题的基础，以下便是本章做的文献综述。

多数学者赞同空气污染物的来源主要有三个：工业燃煤、供暖燃煤和交通排放。王英、金军按照污染源将污染分为燃煤型污染和机动车排放型污染，并经研究得出我国主要城市特别在北方城市大气污染还主要表现为燃煤型污染，发展较快的城市逐渐向机动车排放型污染过渡。[1] 空气污染的自然影响因素主要有地形、气象、周边地区的空气状况，地形会影响大气的对流和互换，从而影响污染空气的移动，如北京二面环山的簸箕形地理特点，不利于大气移动，容易形成空气污染。[2] 甄新蓉和许建明、周亚军和熊亚丽研究发现，与空气污染有关的地面天气形势主要有高压前、弱高压、均压场、低压带、高压后和冷空气，风速和风向也是重要的影响因素。[3][4] 由于大气的传输性，周边地区空气状况也是污染的影响因素，许多研究者将几个邻近地区组合考虑，徐祥德等认为北京城市重污染过程加剧的重要因素之一是南部周边城市污染物外源的输入[5]，吴莹也研究了北京周边地区大气污染变化特征及其与北京大气环境的相互关系。[6]

随着测定技术的发展和污染数据的公布，定量研究也逐渐增加，这些研究一般研究空气污染与某个因素的关系，本章将其分为时间型、空间型、原因型和结果型。少数研究者自己测定污染物数据，而更多研究者则是借用相关部门的二手数据，如 AQI 等。我国的《环境空气质量标准》将空气污染物分为基本项目和其他项目，在定量研究中，研究者一般选取基本项目作为对象。时间型分析空气污染随时间的变化，包括日变化、季度变化以及年际变化；空间型主要是比较多个地区之间的空气

① 王英,金军. 北京大气污染区域分布及变化趋势研究[J]. 中央民族大学学报,2008(1)：60－64.

② 张琪敏,赵景波. 2004 年中国典型城市大气污染现状及污染差异分析[J]. 贵州师范大学学报(自然科学版),2007(2)：33－36.

③ 甄新蓉,许建明. 2009 年上海地区空气质量综述[J]. 大气科学研究与应用,2010(1)：112－118.

④ 周亚军,熊亚丽. 广州空气污染指数特征及其与地面气压型的关系[J]. 热带气象学报,2005(1)：93－99.

⑤ 徐祥德,周丽,周秀骥,等. 城市环境大气中污染过程周边源影响域[J]. 中国科学,2004(4)：58－66.

⑥ 吴莹. 北京及太行山麓河北三城市大气污染联合观测与比对分析研究[D]. 南京：南京信息工程大学,2011.

污染状况，杨书申、邵龙义分析了北京、上海两地大气污染特征和两地主要大气污染物的变化规律，[①] 张琪敏、赵景波分析了2004年中国10个典型城市的污染状况和污染差异，发现南方城市总体的污染程度轻于北方城市[②]；原因型分析空气污染和气象、经济发展等因素的关系，如库兹涅茨曲线表明人均GDP与某些大气污染物呈倒"U"形关系[③]；结果型分析空气污染及死亡率、入院率或儿童呼吸系统患病率等后果的关系，张金艳等得出大气中二氧化硫、二氧化氮、PM_{10}浓度每增加$10\mu g/m^3$，分别导致朝阳区居民疾病（呼吸系统疾病，循环系统疾病，内分泌、营养和代谢性疾病）每日死亡增加0.47%、0.55%和0.25%的结论。[④]

　　大气污染治理研究逐步从单一主体研究向多元主体研究发展。从参与主体的角度，大气治理研究首先以单一主体为对象，其中以政府和公民参与研究为主。对于政府，有些研究者分析了政府在污染防治中的问题，提出改进建议，[⑤] 也有研究者研究认为地方政府在大气环境治理中扮演关键角色。[⑥] 研究者认为政府应该承担的责任主要有，加快能源结构调整，合理制定污染物排放标准，实施排污许可证制度，强化环境监督管理和老污染源治理，引导和鼓励企业和民众的行为，限制大排量机动车的使用。对于公众参与，有学者分析了大气污染中公民参与面临的困境，并提出建议[⑦]；也有学者从法律视角，提出应该保障公民环境权，完善公民环境治理参与的法律保障，且不少学者倡导大众采取多种绿色生活方式[⑧]。

————————

　　① 杨书申，邵龙义. 北京、上海两地2004和2005年大气污染特征对比分析[J]. 长江流域资源与环境,2008(2)：323-327.

　　② 张琪敏，赵景波. 2004年中国典型城市大气污染现状及污染差异分析[J]. 贵州师范大学学报(自然科学版),2007(2)：33-36.

　　③ 陆虹. 中国环境问题与经济发展的关系分析[J]. 财经研究,2000(10)：54-59.

　　④ 张金艳,郭玉明,孟海英,等. 北京市朝阳区大气污染与居民每日死亡关系的时间序列研究[J]. 环境与健康杂志,2010(9)：79.

　　⑤ 谭韵璇. 天津滨海新区大气污染防治中的政府履责研究[D]. 大连：大连海事大学,2012.

　　⑥ 邓金沙. 空气污染治理的地方政府角色研究[J]. 理论界,2014(5)：58-61.

　　⑦ 代伟,李克国. 多中心治理下公众参与大气污染防治路径探析[J]. 中国环境管理干部学院学报,2014(6)：1-3.

　　⑧ 黄莉敏. 我国大气污染防治中的公众参与[J]. 天水行政学院学报,2005(3)：21-24.

进入 21 世纪之后，大气污染治理研究向多中心治理方向发展。一些学者提出了新的治理模式，如"跨域治理"①、"合作治理"②③ 和"网格化治理"④。一些学者分析了采用多元合作模式的必要性：空气污染具有复合性、流动性的特点，有研究显示北京的外来污染分担率为 24.5%，北京大气 $PM_{2.5}$ 污染还受山西、河南、山东和内蒙古影响，属地主义存在诸多弊端⑤；一些学者阐述了发达国家，尤其是美国建成"联邦—州—地方共享模式"的历程，总结了发达国家跨域环境治理的体制机制建设经验⑥。而从主体间互动的角度，目前的大气污染治理研究多针对"府际合作"，另外，在 2014 年习近平总书记提出加快京津冀一体化进程之后，针对京津冀和"首都经济圈"的大气联防研究明显增多。

5.2.2 利益、利益协调和利益协调机制

对于"利益"的概念和内涵，不同学者有不同的界定。王浦劬在其《政治学基础》中提到，"利益是基于一定生产基础上获得了社会内容和特性的需要"，利益的构成因素包括"人的需要是利益的心理基础"，"利益反映人们的生产水平和生产能力"，"反映着一定历史阶段上人们之间的社会关系"，"利益关系是不同主体的利益间的社会关系"，包括纵向的和横向的，共同利益和利益矛盾。⑦ 爱尔维修认为"利益是我们唯一的动力"，罗尔斯则认为"正义是利益的根本"，王伟光认为"利益为一定的客观的需要对象在达成主体的需要时，在主体之间分配时所形成的特定性质的社会关系形式"，陈道锋将利益总结为"需要主体在一定的社会生产基础上通过特定的社会关系对需要客体的满足"⑧。公共利益和共同

---

① 汪伟全. 空气污染的跨域合作治理研究[J]. 公共管理学报,2014(1)：55-64.

② 王喆,唐婧婧. 首都经济圈大气污染治理：府际协作与多元参与[J]. 改革,2014(4)：5-16.

③ 陶品竹. 从属地主义到合作治理：京津冀大气污染治理模式的转型[J]. 河北法学,2014(10)：120-129.

④ 陈思玉. 区域空气污染网格化治理研究[J]. 科技视界,2014(27)：263-264.

⑤ 谢宝剑,陈瑞莲. 国家治理视野下的大气污染区域联动防治体系研究：以京津冀为例[J]. 中国行政管理,2014(9)：6-10.

⑥ 王喆,唐婧婧. 首都经济圈大气污染治理：府际协作与多元参与[J]. 改革,2014(4)：5-16.

⑦ 王浦劬. 政治学基础[M]. 北京：北京大学出版社,2005：30-35.

⑧ 陈道锋. 公共政策制定中的政府利益分析[D]. 郑州：河南大学,2008.

利益也是利益研究中的重要方面，如杨立华分析了公共利益和共同利益的区别，认为"共同利益是一定范围内所有个体利益域的重合部分"，而公共利益是在个体利益之上的独立利益，为代表共同体的超越性利益。①

利益关系是最基本的社会关系，② 追求自己的利益是人类生活一个常见而重要的现象，利益问题也成为许多学科的研究对象和重要组成部分，如经济学中的"理性人"假设。对利益分类的研究也分为不同方面。按构成内容可分为精神利益和物质利益；按领域可分为政治利益、经济利益、文化利益；按实现时间的远近，可分为长远利益和眼前利益；按范围分为整体利益和局部利益；按重要程度分为一般利益和根本利益。王浦劬认为，利益关系包括两个方面的利益联系：不同层次上的和同一层次上的利益主体间的利益联系，利益矛盾和共同利益是利益关系中两个关键方面。利益矛盾分为纵向矛盾和横向矛盾，纵向矛盾实际是共同利益和特殊利益的矛盾，横向矛盾包括利益竞取和利益剥夺。③

关于利益的基本理论主要有亚当·斯密利益观、马克思主义利益观和利益相关者理论。亚当·斯密在"自利人"的基础上，提出了他的社会分工和交换利益说，认为人们都是在"利己心"的指引下从事生产劳动，逐渐形成了社会分工与交换，又由此出现了利益的差别和矛盾。马克思主义利益观解决了利益与生产活动等的关系，阐述了少数人与多数人利益的关系等。利益相关者理论是在 20 世纪 80 年代从企业理论中发展而来的，最初的含义是企业要综合平衡多个利益相关者间（可能是股东、管理人员、供应商、工人以及分销商）的冲突和权益，90 年代由安索夫最早将该词引入经济学界和管理学界④，马国勇、陈红以该理论为基础分析了生态补偿机制，剖析了利益主体及其诉求，生态补偿的原则、标准、方式，并建立了以政府主导和市场主导为基础的湿地生态补偿机制⑤。

① 杨立华. 公共利益、公共交易和公共政策：由"定海古城被毁事件"谈开去[J]. 行政论坛，2014(1)：18−20.

② 焦娅敏. 利益范畴与社会矛盾[M]. 上海：复旦大学出版社，2013：3.

③ 王浦劬. 政治学基础[M]. 北京：北京大学出版社，2014：57−61.

④ 付俊文，赵红. 利益相关者理论综述[J]. 首都经贸大学学报，2006(2)：16−21.

⑤ 马国勇，陈红. 基于利益相关者理论的生态补偿机制研究[J]. 生态经济，2014(4)：33−36.

一些学者以某个主体为对象分析其利益问题，其中以政府利益研究最多。政府利益问题由来已久，早先的政治学认为，政府是代表公共利益的；现在的学者大多赞同政府也会追求自身利益的最大化。公共选择理论否定公共利益的存在，认为政府一经形成，其内部官僚集团便开始"追求自身利益的最大化"。陈道锋将政府的利益分为三个层次：官员的利益，包括个人价值的实现、职位的升迁、个人经济利益的增进、对舒适生活的追求等；地方或者部门利益，包括横向的和纵向的；政府组织整体利益，如追求预算的最大化①。王静将政府利益总结为，"政府为满足自身客观需要而借助某种途径占有稀缺资源，它是政府部门中存在的非全社会的、非全国整体的特殊利益，有时会与公共利益冲突"②。刘畅认为，"政府间的关系首要的是利益关系，其次才是财政关系、权力关系和公共行政关系，前者决定后三者，后三者是前者的表现"③。

利益协调方面的研究多属于哲学或政治学的范畴，但有些研究成果对大气治理的利益协调有借鉴作用。何影认为，达成利益共享的机制包括利益整合机制、利益表达机制、利益补偿机制和利益分配机制④。谭培文认为，"利益机制指社会利益主体有目的地实现利益的手段"，其构成要素有利益主体、利益客体和利益实现手段，并认为"利益实现手段是主体与客体联系的中介和桥梁，是利益主体有目的地利用利益客体的实现利益的方式，是构成要素中最关键的部分"，利益机制按属性可分为制度性、体制性、政策性三种⑤。蒋俊明认为，"利益协调是社会不同利益主体之间恰当的利益关系格局以及利益关系调整的过程"，当前我国利益协调机制主要有两个，市场经济机制和社会主义民主政治机制，"市场机制是通过利益主体的经济行为，借助市场经济的价值规律进行的，社会

---

① 陈道锋．公共政策制定中的政府利益分析[D]．郑州：河南大学，2008.
② 王静．公共政策视角下的政府利益分析[D]．长沙：湖南大学，2008.
③ 刘畅．地方政府间竞合的利益机制研究及对策[D]．成都：电子科技大学，2008.
④ 何影．利益共享的理念与机制研究：和谐社会的视角[M]．哈尔滨：黑龙江大学出版社，2013：97–118.
⑤ 谭培文．利益认同机制研究：基于社会主义核心价值体系认同视角[M]．北京：中国社会科学出版社，2014.

主义民主政治机制是通过利益主体的政治参与行为，借助政治制度、政治决策和基层社会民主发展而进行的。"蒋俊明还提出了利益链的运行为"利益关系变动—利益诉求表达—利益整合—政策出台—影响利益关系"①。梁铁中认为利益协调机制包括利益约束、利益引导协调、利益补偿、利益调节、利益表达和社会组织②。郭峰则提出四种利益协调策略：层次（上、下级）、市场、平等协商和代理。③

利益表达是利益协调的一个重要方面，对于利益表达的研究也较多。关于利益表达的内涵，阿尔蒙德等认为"某个集团或个人提出要求的过程称为利益表达"。④ 李景鹏认为利益表达是人们对待利益问题的一系列态度和行为的总和。⑤ 吴群芳提出利益表达机制是"在公共政策制定和实施过程中，利益主体为实现其合法权益，运用一定的方式或方法向政府表达自身的利益要求并得到其关注的一整套制度安排和运作方式"。⑥

5.2.3　大气污染治理中的利益协调研究

目前，关于大气治理中的利益协调机制的研究较少，在中国知网中按照摘要查询，分别输入检索词"大气污染""大气治理""空气污染""空气治理""利益""协调""利益协调"，得到 905 篇文献，与大气污染有关的有 171 篇，而其中只有小部分与利益协调密切相关（见表 5.1）。

表 5.1　检索文献内容及数量信息　　　　　　　单位：篇

研究内容	具体研究内容	文献数
跨域治理	京津冀、长三角等的区域协作与政府间合作	30
	关于跨域治理的法律机制	6

---

① 蒋俊明. 利益协调与社会主义民主政治机制完善[M]. 镇江：江苏大学出版社,2014.

② 梁铁中. 利益整合：城市改造拆迁中城区政府的转型[M]. 武汉：中国地质大学出版社有限责任公司,2013.

③ 郭峰. 协调管理与制度设计[M]. 北京：科学出版社,2013：23.

④ 加布里埃尔·A. 阿尔蒙德,小 G. 宾厄姆·鲍威尔. 比较政治学：体系、过程和政策[M]. 曹沛霖,等译. 上海：上海译文出版社,1987：199.

⑤ 李景鹏. 政府职能与人民利益表达[M]. 天津：天津人民出版社,2002：69.

⑥ 吴群芳. 利益表达与分配：转型期中国的收入差距与政府控制[M]. 北京：中国社会出版社,2011：23.

研究内容	具体研究内容	文献数
中央政府与地方政府间协调	中央政府与地方政府间协调	2
国外经验	跨域治理、环境监测网建立等经验	10
法律	环境权	6
	环境污染罪，环境立法等	11
经济手段	排污权	5
	生态补偿	1
	环境税	12
其他	政府公报和新闻	10
	汽车尾气治理研究	12
	经济发展、城市化与大气污染关系	9
	秸秆焚烧、某地污染现状及政策建议等	57

可知近几年兴起的关于大气污染跨域治理或区域协作的研究较多，尤为关注政府间的利益协调问题，更多以京津冀地区为关注点，也涉及长三角、关中等地区，随着我国京津冀一体化的推进，相关研究可能会继续增加；另外，法律和经济方面的研究与利益协调联系较为密切，对于利益协调方式的构建具有启示作用。

在参与大气治理利益协调的主体方面，相关研究的研究对象不拘泥于政府和公众等单一主体，而是更加多元。政府具有公权力，代表公共利益，在大气污染治理中有着不可推卸的责任；而人民是国家的主人，空气质量与每个人的生活息息相关；企业往往是大气污染物的排放者，许多学者主张对企业进行规制，孙晓伟认为我国企业环境责任缺失，应该由政府介入对环境问题进行干预[①]；专家学者是知识和技术的载体与承担者，对大气污染治理的政策和技术发展具有重要作用，杨立华和杨爱华提出了"学者型治理"模型，并在对西北七县荒漠化治理研究中，验证了科技治理以及专家学者的重要性[②]；NGO是大气治理中的重要力量，

---

① 孙晓伟. 企业环境责任缺失：成因及治理[D]. 成都：西南财经大学，2010.

② 杨立华，杨爱华. 科技治理：西北七县荒漠化防治的调查研究[J]. 中国软科学，2011(4)：130－136.

推动了我国大气治理进程，如环保 NGO"达尔问自然求知社"在全国范围内发起的"我为祖国测空气"活动发挥了较大的影响力，最终推动了政府对于 $PM_{2.5}$ 数据的监测和发布①。杨立华更加细致深入地将参与沙漠化治理的主体分为 11 类：农民牧民、家庭、社区村庄、公众、企业、政府、专家学者、新闻媒体、NGO、国际组织和宗教组织。②

有些学者将多元的主体进行了分类和归纳。王晓亮认为，生态环境利益相关者可以分为影响者和被影响者，并且分析了影响者与被影响者相互转化的利益协调过程；冯贵霞认为"众多利益主体间的互动，呈现了复杂的关系，构成了不同种类的政策网络"，并从政策网络理论出发，将大气污染涉及的多个利益主体分为生产者网络（多指排污企业）、府际网络（多指地方政府）、政策社群网络（以中央政府为主）、议题网络（民间环保组织、媒体、国际组织等）和专业网络（环保专家、学者及技术联盟）；郑海霞、陆彪划分利益相关者为"核心利益相关者、次核心利益相关者和边缘利益相关者"③。

许多学者对区域治理中地方政府间的协作进行了分析。刘新圣认为，"京津冀区域大气质量的全面改善迫切需要'市场导向、平等互利、运转协调、权责明确'的协作治理机制"，需要成立权威性的"大气污染治理委员会"，建立政府间平等对话机制，完善日常运行机制，建立突发事件应对机制④；赵新峰、袁宗威认为，目前京津冀三地利益不平衡，"共容性利益"偏弱，治理区域大气污染会减少三地税收财政，又缺少利益补偿机制，使三地政府积极性不高⑤；姜丙毅、庞雨晴认为，治理雾霾的政

① 邹东升,包倩宇. 环保 NGO 的政策倡议行为模式分析:以"我为祖国测空气"活动为例[J]. 东北大学学报(社会科学版),2015(1)：69 - 76.

② YANG L H. Types and institutional design principles of collaborative governance in a strong - government society:the case study of desertification control in Northern China [J]. International Public Management Journal, 2016(4)：586 - 623.

③ 郑海霞,陆彪. 金华江流域生态服务补偿的利益相关者分析[J]. 安徽农业科学,2009(25)：11 - 12.

④ 刘新圣. 京津冀防治大气污染的政府协作机制建设[J]. 改革纵横,2014(8)：11 - 14.

⑤ 赵新峰,袁宗威. 京津冀区域政府间大气污染治理政策协调问题研究[J]. 中国行政管理, 2014(11)：18 - 23.

府合作关系既包括纵向，也包括横向，政府应建立完善的空气质量标准和法律法规，完善对地方的考核体系，推动建立区域合作机制，地方政府要建立雾霾天气预警报告机制，构建合作平台。[①]

对利益协调方式和模式的研究也趋于多样化，以政府模式、私有化模式和自治模式为基础，进行了融合和创新。杨文培、李静在政府主导型治理的基础上，提出应"构建政府主导－利益相关者共同参与的合作式治理模式，并从运行机制、保障机制和制约机制等方面对该模型的实现机制进行了探讨"[②]。有些研究者则分析了具体的经济手段，丛乔分析了我国环保税的现状、缺陷，并借鉴发达国家经验对完善我国环境税收政策提出建议[③]。李飞、李沛霖用实证方法对大气治理中的生态补偿进行了分析，认为应将受罚主体归结到排污企业和个人等微观经济体[④]。贾康认为，必须"依靠配套改革形成以经济手段为主的长效机制"来化解以雾霾为代表的环境威胁[⑤]。郝力耕认为，"我国仍处于排污权交易的起步阶段，应该在大气污染防治法、水污染防治法修订时原则性地规定排污权交易制度"，国务院、省政府和市政府应尽快建立排污权的法规和规章[⑥]。

5.3　研究方法与理论框架

5.3.1　数据和研究方法

本节是关于大气污染中利益协调机制的研究，主要运用案例分析方法和文献荟萃方法进行分析，并在案例分析中注重实证和定性的结合，此外，本节也利用访谈来充实资料和数据。在搜集各案例资料时，保证多样的资料来源（搜索引擎、数据库、图书馆、他人建议等）和多样的

① 姜丙毅,庞雨晴. 雾霾治理的政府间合作机制研究[J]. 学术探索,2014(7)：15－21.
② 杨文培,李静. 大气治理模式创新初探[J]. 改革与战略,2014(12)：41－45.
③ 丛乔. 中国环保税收政策研究[D]. 长春:吉林大学,2012.
④ 李飞,李沛霖. 大气环境领域生态补偿研究[J]. 中国物价,2015(1)：78－81.
⑤ 贾康. 以经济手段为主化解环境威胁[J]. 中国电力企业管理,2014(11)：62－63.
⑥ 郝力耕. 我国排污权交易制度建设的探索[D]. 兰州:兰州大学,2011.

资料形式（网页、新闻、博客、期刊文章、学位论文等），通过资料间对比考察资料的真实性，尽量在现有条件下，全面获取案例信息。

为了保证案例的有效性，案例选取原则包括：①以北京案例为主，同时包括国内其他地区案例与国外案例；②尽量保证案例的发生时间跨度较大且分布均匀；③案例的利益冲突程度不一；④案例的规模不一；⑤各案例的利益协调类型不一；⑥尽量选取典型、信息丰富、资料易得的案例。案例收集主要有以下几个阶段：首先，根据王伟光[①]对利益协调手段的论述，想到两类利益协调案例，即以奥运会为代表的著名赛会类和群体性事件类，确定了四个著名赛会案例；其次，在对达尔问环境研究所人员的访谈中发现，典型的群体性事件主要包括垃圾焚烧和 PX 事件，因此以这两类为主、其他类群体性事件为辅进行案例收集；再次，受环境污染受害者法律帮助中心的启发，认识到司法诉讼是特别重要的一类利益协调，以帮助中心整理的典型诉讼案件为主、其他案件为辅，进行诉讼类案例的收集；最后，增加北京案例数量，同时依据了第一条案例收集原则。基于以上原则和过程，本章共选取了 26 个大气污染治理中利益协调的案例（见表 5.2）。

表 5.2　案例信息统计

案例名称	起止时间	发生地域	冲突程度	规模	案例类型
北京市案例（13 个）					
C5 – 1 北京奥运会	2007 年 2 月—2008 年 9 月	北京及其周边省份	缓和	大	著名赛会
C5 – 2 北京 APEC 会议	2014 年 11 月	北京、天津、河北、山东	缓和	大	著名赛会
C5 – 3 北京房山煤尘污染案	2000 年 1 月—2001 年 12 月	北京房山坨里村	中等	中	司法诉讼
C5 – 4 北京阿苏卫垃圾焚烧	2009 年 8 月—2010 年 3 月	北京小汤山阿苏卫村	激烈	中	群体性事件

---

① 王伟光. 利益论［M］. 北京：中国社会科学出版社,2010：243 – 258.

案例名称	起止时间	发生地域	冲突程度	规模	案例类型
C5-5 北京六里屯垃圾焚烧	2007年1—6月	北京六里屯	激烈	中	群体性事件
C5-6 北京高安屯垃圾焚烧	2008年8月—2009年2月	北京高安屯	中等	中	群体性事件
C5-7 北京西二旗垃圾场	2011年10月—2012年4月	北京西二旗	激烈	中	群体性事件
C5-8 北京通州三黄庄村围堵化工厂	2009年4月—2010年11月	北京通州三黄庄	激烈	小	群体性事件
C5-9 北京通州金隅7090空气污染	2011年6月	北京通州金隅	中等	中	群体性事件
C5-10 北京通州新河村空气污染	2008年6月	北京通州新河村	激烈	小	群体性事件
C5-11 $PM_{2.5}$ 提前纳入监测	2011年10—12月	北京等城市	缓和	大	群体性事件
C5-12 六人诉海淀区环境保护局案	2001年12月—2002年8月	北京海淀	中等	小	司法诉讼
C5-13 刘某诉北京市环保局案	1998年8月—2002年2月	北京	中等	小	司法诉讼
中国其他地区案例（10个）					
C5-14 上海世博会	2009年12月—2010年10月	江苏、浙江、上海	缓和	大	著名赛会
C5-15 广州亚运会	2008年10月—2010年10月	广州及其周边	缓和	大	著名赛会
C5-16 内蒙古赤峰铜冶炼厂污染案	1998年6月—2001年8月	内蒙古赤峰市喇沁旗	中等	小	司法诉讼
C5-17 广西玉林市水泥厂大气污染案	1994年6月—1999年12月	广西玉林石南镇	中等	小	司法诉讼
C5-18 广州番禺公益诉讼	2012年10—11月	广东番禺	缓和	小	公益诉讼

续表

案例名称	起止时间	发生地域	冲突程度	规模	案例类型
C5-19 广州番禺垃圾焚烧	2009年9—12月	广东番禺	激烈	中	群体性事件
C5-20 广东深圳居民反LCD工厂项目	2012年12月—2013年1月	广东深圳	激烈	小	群体性事件
C5-21 厦门PX事件	2007年3—12月	福建厦门	激烈	中	群体性事件
C5-22 宁波PX事件	2012年1月	浙江宁波	激烈	中	群体性事件
C5-23 茂名PX事件	2014年3月	广州茂名	激烈	中	群体性事件
国外案例（3个）					
C5-24 美国电力公司诉讼案	1999年10月—2007年11月	美国俄亥俄州	中等	大	司法诉讼
C5-25 英国伦敦烟雾事件	1952—1955年	英国伦敦	缓和	大	公害事件
C5-26 美国洛杉矶光化学烟雾事件	1943—1970年	美国洛杉矶	缓和	大	公害事件

（1）案例发生地域。以北京市案例为主，本章共选取北京案例13个、中国其他地区案例（广东、广西、内蒙古、福建、浙江、上海等）10个和国外案例3个。地域范围包含了国家或跨域级别（7个）、市县（12个）、乡镇（1个）和村（6个）各个层次。

（2）案例发生时间。从案例发生时间上看，除英国伦敦烟雾事件和美国洛杉矶光化学烟雾事件两个国外典型案例的时间较早外，案例时间分布在1990—2014年，时间跨度较大且案例分布较均匀。

（3）利益冲突程度。利益冲突程度分为缓和、中等和激烈三个等级。缓和程度指在利益冲突表露之前采取相应措施，使潜在的利益冲突得到协调；中等程度指利益冲突表露，但没有发生严重的行为对抗；激烈程度指主体间因利益冲突发生了严重的行为对抗，且这种对抗行为一般为体制外的。由表5.2可知，案例中，利益冲突程度缓和的有8个、中等的有8个、激烈的有10个。

（4）案例规模。本章根据案例涉及的群体大小，将规模分为大、中、小三个等级，大规模指案例涉及多个省份或城市的群体，中规模指案例涉及同一地区的一个或多个村、社区的百人以上的群体，小规模指案例涉及同一村、社区内的百人以内的群体。可知大规模的案例有 8 个，中规模的案例有 10 个，小规模的案例有 8 个。

（5）案例类型。按照利益协调的主要特点可将案例分为著名赛会、公害事件、司法诉讼案例和群体性事件案例。司法诉讼案例中有一种特殊情况是公益诉讼，群体性事件案例一般是反对建立垃圾焚烧厂、PX 工厂等以及居民对污染企业表达不满。因群体性事件案例较受关注，信息丰富，也较为典型，最终群体性事件案例较多，共 13 个，另外著名赛会 4 个、公害事件 2 个、司法诉讼 7 个（其中公益诉讼 1 个）。

5.3.2 案例编码及变量测量

5.3.2.1 主体和利益的编码

为了对主体进行细致深入的划分，本章参考学者杨立华对参与沙漠化治理的主体的划分方法，将主体划分为政府、公民、企业、NGO、新闻媒体、专家学者、法院检察院和人大代表、政协委员（见表5.3）。其中，政府包括中央政府和地方政府（主要指行政机关），公民包含了个人、家庭、社区和公众，新闻媒体包括国内媒体和国外媒体，专家学者指"在知识和信息方面有比较优势的人"，法院检察院是我国司法机关，在司法诉讼类利益协调中起着重要作用，通过对案例的初步分析，可知身为人大代表、政协委员的个体在利益协调过程中有一定的独立性，并发挥了一定的作用，因此本章增加了人大代表、政协委员的分类。

了解各学者对利益的界定发现，利益有三个方面的特点，首先利益反映了人的主观需要，其次具有与社会生产力相符的客观性，最后利益表现着社会关系。基于此，本章结合现有研究和对案例的初步分析，描述各主体在大气污染治理中可能追求的利益（见表5.3）。

表5.3 各主体及其利益

主体类别	层次	具体主体	利益
政府	中央政府	国务院、生态环境部、国家林业和草原局等	良好的国际形象、公信力、社会稳定
	地方政府	省（自治区、直辖市）级、市县级、乡镇级政府等	完成上级任务、地方经济的发展及政绩、社会稳定、地方的良好形象
公民	个人、家庭	受损害个体或群体、关注事态的社区居民、社会公众等	经济利益（损害赔偿、拆迁补助等）、生存健康权、知情权
	社区/村		
	公众		
企业		主要是私人、可能污染大气的企业	经济利益、自身形象
NGO		不同社会组织间的协调	社会责任感、社会公信力
新闻媒体	国内媒体	报社、网络新闻等	求真求实的职业责任、对环保和正义的社会责任
	国外媒体		
专家学者		环评专家、植物病害专家、律师等	对专业领域的认知、声望和尊重
法院检察院		各级法院和检察院	自身职责
人大代表、政协委员		——	自身职责、社会责任感

5.3.2.2 对四个维度各要素的编码和测量

案例编码是案例与各因子间匹配对应、量化评级的过程，通过编码，可以系统、定量地将案例特征表现出来，从而便于对案例进行分析。本章从四个维度进行编码：案例维度、主体及利益维度、利益协调过程维度和利益协调结果维度，各个维度的编码要素以及测量指标见表5.4。

案例维度的编码要素共 5 个：发生年份、历时、利益冲突程度、案例规模和案例类型。发生年份以年计，历时以月计，利益冲突程度分为缓和、中等、激烈三个层次，规模分为大、中、小三个层次，案例类型分为著名赛会、公害事件、司法诉讼和群体性事件。

主体及利益维度要素共 6 个：发起主体、参与主体数量、主体利益、共同利益阵营（主动）、共同利益阵营（被动）和独立利益主体。发起主体是案例中最先行动的主体，参与主体数量是案例中实际参与过的所有主体数量（依据表5.3）。主体利益中主要分析各主体的主要利益。从利益关系上看，在一个案例中主要有两大共同利益"阵营"和独立利益主体，两大阵营利益是对立的，每个阵营都从主体、主体数量和主被动三个方面进行编码，独立利益主体按照主体、作用进一步编码。

利益协调过程维度的编码要素共6个：信息与知情、利益表达充分性、利益表达有效性、利益回应、利益兼顾与整合程度、利益约束。信息与知情是指各主体尤其是公民等弱势群体对利益关系变动是否知情，表现为是否知道相关项目的建立、是否对相关项目的环境安全报告有所了解，其知情过程是否是被动的。利益表达充分性是指利益诉求表达程度的深浅，利益诉求在社会上传播范围的大小。利益表达充分与否主要受以下三个方面影响：利益表达愿望的强弱、利益表达能力的大小和利益表达的渠道是否通畅。利益表达有效性是指表达的内容能否传递到相应主体为其接纳，并形成压力使其改变态度或行为。利益表达有效性主要受以下四个方面影响：利益表达传递环节的多寡、表达内容的合法明确性、表达内容的整合程度和表达主体的组织化程度。利益回应从回应是否主动、是否及时和回应方式是否合适多样三个方面进行测量。利益兼顾与整合程度从三个方面进行测量：利益协调是否注重保护弱势群体的利益，既得利益群体对利益协调的不公正干扰程度，是否存在利益补偿及利益补偿的多寡。利益约束包括法律约束、制度约束、道德约束、权威约束和舆论约束，法律是重要且特殊的制度，故对其单独分析。

利益协调结果维度只有结果一个编码要素，分为成功（S）、较成功（HS）和失败（F）。对结果的考量从两个角度测定：受损主体或发起主体的利益诉求是否得到满足、是否暂时得到满足或是否有再次发生类似利益矛盾的隐患。成功指利益受损方或者发起主体的利益诉求得到满足且基本没有再次发生的隐患；较成功指利益协调结果暂时能够满足诉求，但存在再次发生利益矛盾的可能性；失败指受损主体或发起主体的利益诉求没有得到满足，不公平的利益分配没有得到调整。

表 5.4　案例编码维度、编码要素及测量指标

编码维度	编码要素		测量指标
案例维度	发生年份		发生时间/年
	历时		开始到结束的时间/月
	利益冲突程度		缓和、中等、激烈
	案例规模		大、中、小
	案例类型		著名赛会、公害事件、司法诉讼、群体性事件
主体及利益维度	发起主体		政府、受损害公民……
	参与主体数量		按照主体的一级分类的实际参与的主体数量
	主体利益		各主体的主要利益
	共同利益阵营（主动）	主体	政府、企业……
		主体数量	按照主体的一级分类的实际参与的主体数量
		主被动	主动/被动
	共同利益阵营（被动）	主体	政府、企业……
		主体数量	按照主体的一级分类的实际参与的主体数量
		主被动	主动/被动
	独立利益主体	主体	政府、企业……
		作用	各主体的作用或角色
利益协调过程维度	信息与知情		各主体尤其是公民等弱势群体对利益关系变动是否知情
	利益表达充分性		利益表达的愿望与能力、利益表达渠道的畅通性
	利益表达有效性		传递环节的多寡、表达内容的合法明确性、表达的整合程度、表达主体的组织化程度
	利益回应		回应的主动性、及时性，回应方式的合适和多样
	利益兼顾与整合程度		利益协调是否注重保护弱势群体的利益，既得利益群体对利益协调的不公正干扰程度，是否存在利益补偿及利益补偿的多寡
	利益约束		法律约束、制度约束、道德约束、权威约束、舆论约束
利益协调结果维度			成功（S）、较成功（HS）、失败（F）

5.3.2.3　案例编码过程

　　案例编码是本章的一个核心问题，在编码的多案例比较分析中，编码的充分性和准确性直接影响论文结论的可信性。本章案例编码在参考

已有的理论和研究成果基础上，充分征求了课题组成员的意见，并利用试编码的方式使编码与案例相契合，使本章的案例编码具有较好的理论基础，更加充分和准确。案例编码过程见图5.1。

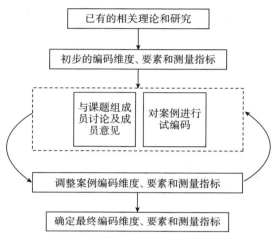

图5.1 案例编码过程

5.3.3 研究问题及理论框架

本章将在现有研究基础上，运用文献荟萃、案例分析和访谈的方法，研究以下四个问题：①大气污染治理中参与利益协调的类型及其特征；②大气污染治理中利益协调各主体的关系模式及角色；③大气污染治理利益协调参与主体的利益及需要协调的利益；④大气污染治理中的利益协调原则和机制。主要研究方法是对典型案例进行分析，从案例维度、主体及利益维度、利益协调过程维度及利益协调结果维度进行编码和测量，分析各编码要素与结果间的关系，发现大气污染治理利益协调的关键要素，并得出成功进行利益协调的机制。

由此制定本章的理论框架（见图5.2），案例维度、主体及利益维度和利益协调过程维度是自变量，利益协调结果维度是因变量。案例维度描述事件特征，利益协调是一个复杂的过程，协调成功与否与案例特征也有关系。比如，就案例规模来说，当冲突双方的愿望既强烈又坚决，而且可供选择的方案对双方而言都没有什么利益时，冲突的规模就会变得很大。而这时，冲突双方所感知的冲突规模越大，他们越趋向于采用更强硬的战术，由此进一步扩大冲突的规模，导致冲突螺旋的形成。① 本章以利益为核心进行分析，而利益分析法包括"确定利益的主体及其性质、分清利益的层次和地位、处理好各种各样的利益关系"② 的内容，政治学中利益分析的要素包括"利益主体分析、利益目标分析、利益观念分析和利益机制分析"③。因此，本章设置了主体及利益维度，分析利益协调的主体，按照王浦劬的观点，利益的主体性决定了任何一对利益主体结成的最简单的利益关系中首先包含着具有独立意义的两个利益内容；其次由于利益具有社会性，因而利益主体各自的利益能够共存于一个利益关系中，使利益关系中产生了不同于独立利益的新的利益内容，同时，主体性决定了任何结成利益关系的利益之间必然存在差异性，在一定条件下，这种差异性会转化成利益关系中的矛盾性。基于此，本章按照利益关系将利益分为独立利益、共同利益和对立利益④，该分类主要针对不同主体间的利益关系。独立利益指某主体的利益与其他主体利益没有明确关系，共同利益主体追求的目标相同或者在追求各自利益时使事态向同一个方向发展，对立利益主体在追求各自利益时使事态向相反的方向发展。

另外，同一主体会追求多种利益，因为逐一进行分析会很复杂，甚至难以实现，所以本章按照重要性将同一主体的多种利益分为主要利益和次要利益，后续主要分析各主体重要利益间的关系。当主体间利益存在联系，尤其是对立时，越有可能需要利益协调；对各主体来说，其受到影响的利益越重要，该主体越有动力采取措施维护自身利益，因此主要利益之间越有可能需要利益协调。除利益主体、利益客体外，利益机制的构成要素还包括利益实现手段⑤，利益分析法也要求正确处理各种利

---

① RUBIN J Z, PRUITT D G, KIM S H. Social conflict: escalation, stalemate, and settlement [M]. New York: McGraw – Hill Book Company, 1994.

② 佟明忠. 利益分析: 历史唯物主义的重要方法[J]. 广西社会科学, 1986(3): 45 – 47.

③ 祝灵君. 试论政治学研究中的利益分析方法[J]. 北京行政学院学报, 2003(3): 14 – 15.

④ 王浦劬. 政治学基础[M]. 北京: 北京大学出版社, 2005: 30 – 35.

⑤ 谭培文. 利益认同机制研究: 基于社会主义核心价值体系认同视角[M]. 北京: 中国社会科学出版社, 2014.

益关系①，因此本章设置利益协调过程维度（见表5.5）。

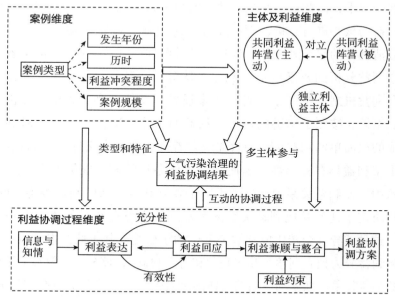

图5.2　理论框架

表5.5　利益分类

利益种类	主要利益	次要利益
独立利益	主要独立利益	次要独立利益
共同利益	主要共同利益	次要共同利益
对立利益	主要对立利益	次要对立利益

在确定利益协调过程要素时，整合其他学者的研究成果，并结合大气污染利益协调的特点。何影认为，实现利益共享的主要机制有利益表达机制、利益整合机制、利益分配机制、利益补偿机制②；梁铁中认为，利益协调机制包括利益引导、利益约束、利益调节、利益补偿、利益表

①　孙浩声.利益分析法在历时唯物主义中的地位[J].福建师范大学学报,1988(4):35.
②　何影.利益共享的理念与机制研究:和谐社会的视角[M].哈尔滨:黑龙江大学出版社,2013:97-118.

达和社会组织①；贾玉娇将利益协调分为表达与反应、协调与兼顾、共享和保障、共识和责任②；李静指出，利益协调的创新机制包括利益引导机制、利益诉求机制、利益整合机制、利益约束机制、利益补偿机制。可知利益协调过程包括表达（诉求）、回应、整合（兼顾）、补偿、分配、引导、约束、调节等，共享和保障涉及社会多元主体的合作参与，共识和责任涉及参与主体达成共识程度和社会责任感，这两点在主体及利益维度进行分析。利益表达是广受认可的利益协调的一个环节，吴群芳对利益表达进行了系统研究，根据其观点，本章用多种指标从利益表达充分性和利益表达有效性两个角度进行衡量③。利益回应是利益表达之后的环节，指政府通过建立各项指标，对社会成员利益需求动向进行反应与预测的过程，其中包含"利益矛盾预警"。兼顾、整合、补偿、分配都强调对弱势群体的关注和利益的均衡性，基于此，本章设置利益兼顾与整合要素，从三个方面测量：利益协调是否注重保护弱势群体的利益，既得利益群体对利益协调的不公正干扰程度，是否存在利益补偿及利益补偿的多寡。利益约束是指通过加强法制和道德建设，建立对各利益主体获取利益的行为进行约束和规范的管理机制和制度体系，利益引导是指对多元的价值观念进行引导，使主流的价值观为引导对象所接受，进而内化为思想和外化为行为的措施。④ 在利益协调过程和环节的研究上，蒋俊明提出利益链的运行为"利益关系变动—利益诉求表达—利益整合—政策出台—影响利益关系"⑤，另外，要研究利益协调机制就要研究利益协调的模式、方式和具体手段，因此本章设置了利益协调手段要素，同时分析各主体在不同环节的具体行为。

① 梁铁中. 利益整合：城市改造拆迁中城区政府的转型[M]. 武汉：中国地质大学出版社有限责任公司，2013.
② 贾玉娇. 利益协调与有序社会：社会管理视角下转型期中国社会利益协调理论建构[D]. 长春：吉林大学，2010：206 – 210.
③ 吴群芳. 利益表达与分配：转型期中国的收入差距与政府控制[M]. 北京：中国社会出版社，2011：24 – 28.
④ 李静. 我国社会利益协调机制创新研究[D]. 大连：大连理工大学，2008：7.
⑤ 蒋俊明. 利益协调与社会主义民主政治机制完善[M]. 镇江：江苏大学出版社，2014.

5.4 结果

5.4.1 案例维度

5.4.1.1 发生年份和历时

按照马克思主义基本原理，事物是发展变化的，大气污染利益协调机制也可能随时间发生变化。将案例发生的年份分为 3 组：2000 年及以前、2001—2010 年、2010 年至今，分析各组与结果的关系（见表 5.6）。2000 年及以前案例较少，只有 4 个，其比例可能缺乏代表性，但比较2001—2010 年组和 2010 年至今组，发现后者成功比例约为前者 2 倍，失败比例不足前者 1/2，后者较成功比例小于前者。

利益协调历时以月计，按照案例历时特点分为三组：3 个月及以内、4—24 个月、24 个月及以上，分析各组与结果的关系（见表 5.6）。可知 3 个月及以内案例成功占一半，较成功和失败各占 25%；4—24 个月案例成功比例接近一半，较成功比例与失败比例也相同；24 个月及以上的成功比例占一半以上（57.1%），失败比例（28.6%）高于较成功比例（14.3%）。

表 5.6 时间要素——结果分析

时间		结果					
		S		HS		F	
		数量/个	比例/%	数量/个	比例/%	数量/个	比例/%
年份	2000 年及以前	3	75.0	0	0	1	25.0
	2001—2010 年	4	30.8	4	30.8	5	38.5
	2010 年至今	6	66.7	2	22.2	1	11.1
历时	3 个月及以内	4	50.0	2	25.0	2	25.0
	4—24 个月	5	45.5	3	27.3	3	27.3
	24 个月及以上	4	57.1	1	14.3	2	28.6

注：S 表示成功，HS 表示较成功，F 表示失败，下同。

5.4.1.2 利益冲突程度、案例规模与案例类型

将利益冲突程度分为 3 组：缓和、中等、激烈，分析其与结果的关系（见表 5.7）。利益冲突缓和案例中，成功与较成功各占一半，失败比

例为零，利益冲突程度中等案例失败比例最高（50%），成功比例次之（37.5%）；利益冲突程度激烈案例成功比例最高（60%），失败比例次之（30%），较成功比例最小（10%）。

将案例规模分为大、中、小3组，分析其与结果的关系（见表5.7）。大规模案例成功与较成功各占一半（50%）；中规模案例成功比例最高（70%），较成功比例次之（20%），失败比例最小（10%）；小规模案例失败比例最高（75%），成功比例次之（25%）。

案例类型分为著名赛会、公害事件、司法诉讼和群体性事件4类，分析其与结果的关系（见表5.7）。著名赛会均为较成功；公害事件均为成功；司法诉讼成功（42.9%）与失败（57.1%）比例接近；群体性事件成功比例最高（61.5%），失败比例次之（23.1%），较成功比例最低（15.4%）。

表 5.7　利益冲突程度、案例规模、案例类型——结果分析

要素		结果					
		S		HS		F	
		数量/个	比例/%	数量/个	比例/%	数量/个	比例/%
利益冲突程度	缓和	4	50.0	4	50.0	0	0
	中等	3	37.5	1	12.5	4	50.0
	激烈	6	60.0	1	10.0	3	30.0
案例规模	大	4	50.0	4	50.0	0	0
	中	7	70.0	2	20.0	1	10.0
	小	2	25.0	0	0	6	75.0
案例类型	著名赛会	0	0	4	100.0	0	0
	公害事件	2	100.0	0	0	0	0
	司法诉讼	3	42.9	0	0	4	57.1
	群体性事件	8	61.5	2	15.4	3	23.1

5.4.1.3　案例维度各要素间及各要素与结果的相关系数

通过以上分析可知，案例维度各要素与结果间的相关关系不明显，为了进一步分析其相关性，本章用SPSS软件求得各要素与结果的相关系数，同时也对各要素间的相关性进行分析（见表5.8）。案例维度各要素

间相关性明显的有年份—历时、利益冲突程度—规模、年份—案例类型、历时—案例类型、利益冲突程度—案例类型、规模—案例类型 6 对，案例类型与其他 4 个案例维度要素都相关。具体关系为：年份越早，历时越长；利益冲突程度越激烈，规模越小。这种结果的得出与政策命令案例的特征有很大关系，如果只分析司法诉讼与群体性事件案例或者只分析群体性事件型案例的利益冲突程度和规模，两者的相关系数均为0.095，利益冲突程度与规模则是不相关的。年份越早，政策命令型案例越多，越接近现代，群体性事件案例越多。根据"政策命令—司法诉讼—群体性事件"方向，变化趋势为：历时越来越短，利益冲突程度越来越激烈，规模越来越小。案例维度各要素与结果的相关性中，只有规模与结果有比较显著的相关关系。

表 5.8　案例维度各要素间及其与结果的相关系数

要素	年份	历时	利益冲突程度	规模	案例类型	结果
年份						
历时	− 0.795 **					
利益冲突程度	0.181	− 0.292				
规模	0.000	− 0.125	0.521 **			
案例类型	0.432 *	− 0.537 **	0.823 **	0.420 *		
结果	− 0.080	0.029	0.035	0.413 *	− 0.136	

注：该表为 Spearman 相关系数，双尾检验，** 表示在 0.01 水平下显著相关，* 表示在 0.05 水平下显著相关。

5.4.2　主体及利益维度

5.4.2.1　利益协调参与主体的分析

（1）发起主体与参与主体数量。

本章将主体分为 8 类：政府，公民，企业，NGO，新闻媒体，专家学者，法院、检察院，人大代表、政协委员，分析发起主体与结果的关系。公民发起的案例最多（15 个），这些公民一般是受到大气污染的影响，进而维护自身的利益，这些案例有接近一半（46.7%）获得成功；

其次政府发起的案例也较多（8 个），均为较成功（62.5%）或成功（37.5%）；由检察院、政协委员和 NGO 发起的案例各 1 个，均为成功。分析参与主体数量与结果的关系（见表5.9）可知，由 3 个主体参与的案例有一半以上失败；数量为 4 个的案例成功与较成功各占 50%；5 个主体参与的案例均为成功；6 个主体参与的案例有 3 个，2 个成功，1 个失败。可知参与主体数量越多，案例结果越趋向于成功。

表 5.9　发起主体、参与主体数量——结果分析

要素		结果					
		S		HS		F	
		数量/个	比例/%	数量/个	比例/%	数量/个	比例/%
发起主体	政府	3	37.5	5	62.5	0	0
	公民	7	46.7	1	6.7	7	46.7
	检察院	1	100.0	0	0	0	0
	政协委员	1	100.0	0	0	0	0
	NGO	1	100.0	0	0	0	0
参与主体数量	3	2	22.2	1	11.1	6	66.7
	4	5	50.0	5	50.0	0	0
	5	4	100.0	0	0	0	0
	6	2	66.7	0	0	1	33.3

（2）三个阵营的参与主体数量及数量差分析。

在对利益进行界定时，一些学者提出利益反映着社会关系，利益主体需要基于一定的社会关系满足对利益客体的需要，可见利益的一个重要含义是社会关系或者社会格局，在利益协调过程中，各主体间的合作与对立格局是利益协调研究的重要内容。先分析两大对立利益阵营的主体数量及数量差与结果的关系（见表5.10）。

表 5.10 两大对立的共同利益阵营的主体数量及数量差——结果分析

要素		结果					
		S		HS		F	
		数量/个	比例/%	数量/个	比例/%	数量/个	比例/%
共同利益阵营（主动）	1	4	36.4	1	9.1	6	54.4
	2	4	40.0	5	50.0	1	10.0
	3	5	100.0	0	0	0	0
共同利益阵营（被动）	1	9	45.0	5	25.0	6	30.0
	2	3	60.0	1	20.0	1	20.0
	3	1	100.0	0	0	0	0
独立利益主体	1	7	36.8	6	31.6	6	31.6
	2	4	80.0	0	0	1	20.0
	3	1	100.0	0	0	0	0
两阵营主体数量差	0	3	30.0	0	0	7	70.0
	1	7	53.8	6	46.2	0	0
	2	3	100.0	0	0	0	0

可知，共同利益阵营（主动）的参与主体数量多数为 1 个主体和 2 个主体，少数的参与主体数量为 3 个。主体数量为 1 个的案例一半以上失败（54.4%）；主体数量为 2 个的案例一半为较成功（50%），40% 为成功，10% 为失败；主体数量为 3 个的案例全部成功。

共同利益阵营（被动）的参与主体数量多数为 1 个，少数为 2 个和 3 个。主体数量为 1 个的案例成功最多（45%），失败次之（30%），较成功最少（25%）；主体数量为 2 个的案例多数成功（60%），较成功和失败各为 20%；主体数量为 3 个的案例有 1 个，结果为成功。

独立利益主体数量主要为 1 个，少数为 2 个和 3 个。主体数量为 1 个的案例成功（36.8%）、较成功（31.6%）、失败（31.6%）的比例接近；数量为 2 个的案例多数（80%）成功，其余失败；数量为 3 个的 1 个案例成功。

两阵营参与主体的数量差多数为 0 个和 1 个，少数为 2 个。主体数量差为 0 个的案例多数失败（70%），其余成功（30%）；数量差为 1 个的案例成功（53.8%）与较成功（46.2%）比例接近；数量差为 2 个的案例全部成功。

（3）政府、公民与企业的关系模式分析。

通过以上分析，可以初步得出利益协调结果与两大阵营参与主体的数量及数量差有关，为了更加清晰地展现合作与对立关系，来分析各主体间的具体关系，而政府、公民、企业三者的关系是主要的。

通过分析案例中政府、公民和企业的关系，可得出四种关系模式（见图 5.3）。模式一是公民与政府二者利益对立，在建立 PX 项目、垃圾焚烧厂等事件中，公民会出于邻避情绪或者担心自身健康等原因进行抵制。模式二是公民与企业二者利益对立，企业主要指排污企业，周边居民因无法忍受污染直接与企业谈判或对抗，而政府不参与其中，此时利益协调成功率很低，三个案例均以失败告终。模式三是公民与政府共同与企业利益对立，政策命令型案例多为这种模式，公民在其中受益，此时利益协调的成功率较高。模式四是公民与政府和企业利益对立，公民力量薄弱难以维护自身利益，此时其他主体的参与会起到很大的作用。

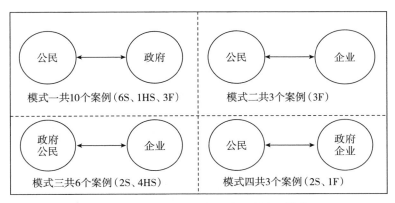

图 5.3 政府、公民和企业的四种关系模式

5.4.2.2 参与主体的利益分析

按照利益关系，将主体划分为三大阵营：共同利益阵营 1、共同利益阵营 2 和独立利益阵营。两个共同利益阵营是利益对立的，一方处于主动地位，另一方处于被动地位，一般两个共同利益阵营是利益协调的核心，各案例中各主体的利益以及利益阵营的划分见表5.11。

表 5.11　各案例中各主体的利益以及利益阵营的划分

主体案例	政府		公民	企业	NGO	新闻媒体	专家学者	法院、检察院	人大代表、政协委员
	中央	地方							
C5 – 1 北京奥运会	a	e	m	c		d			
C5 – 2 北京 APEC 会议	a	e	m	c		d			
C5 – 3 北京房山煤尘污染案			b	c				d	
C5 – 4 北京阿苏卫垃圾焚烧		h	b			d	d		d
C5 – 5 北京六里屯垃圾焚烧	f	h	b			d	g		d
C5 – 6 北京高安屯垃圾焚烧		h	b			d			d
C5 – 7 北京西二旗垃圾场		h	b			g	d		d
C5 – 8 北京通州三黄庄村围堵化工厂		j	b	c					
C5 – 9 北京通州金隅 7090 空气污染		j	b	c	g	d			
C5 – 10 北京通州新河村空气污染		j	i/d						
C5 – 11 PM$_{2.5}$ 提前纳入监测	f		k		g	g	d		
C5 – 12 六人诉海淀区环境保护局案		l	b					d（?）	
C5 – 13 刘某诉北京市环保局案		l	i					d	
C5 – 14 上海世博会	a	e	m	c		d			
C5 – 15 广州亚运会	a		m	c		d			
C5 – 16 内蒙古赤峰铜冶炼厂污染案		h	i	c		d		h（?）	d
C5 – 17 广西玉林市水泥厂大气污染案		h	i	c	g		p	d	d（?）
C5 – 18 广州番禺公益诉讼				c	d			g	
C5 – 19 广州番禺垃圾焚烧		h	b			g	p	d	d
C5 – 20 广东深圳居民反 LCD 工厂项目		h	b			d			
C5 – 21 厦门 PX 事件	n	h	b	c		d	d	d	g
C5 – 22 宁波 PX 事件		h	b	i		p	d		d
C5 – 23 茂名 PX 事件		h	b						
C5 – 24 美国电力公司诉讼案	d	i		c	NGO				

续表

主体案例	政府		公民	企业	NGO	新闻媒体	专家学者	法院、检察院	人大代表、政协委员
	中央	地方							
C5-25 英国伦敦烟雾事件	o	e	b	c					
C5-26 美国洛杉矶光化学烟雾事件	o	h	o	c			d		

注：表中字母表示相应案例中相应主体的主要利益，a 表示成功举办盛会、树立良好形象，b 表示健康，c 表示经济利润，d 表示自身职责，e 表示完成上级任务，f 表示公信力，g 表示社会责任感，h 表示地方整体利益，i 表示经济赔偿或补偿，j 表示维持稳定，k 表示知情权，l 表示维护自身权威，m 表示清新的空气和好心情，n 表示社会发展，o 表示改善空气质量，p 表示为自身的发展受政府操控。▇表示占主动地位的共同利益阵营，▇表示处于被动地位的共同利益阵营，▢表示独立利益阵营，（?）表示对法院的中立性存在质疑。

（1）从利益主体角度分析。

首先，在 8 类主体中，政府、公民、企业参与程度最高，且处于利益协调的核心地位，政府中地方政府比中央政府参与程度高。另外，新闻媒体也是重要的参与主体，有其参与的案例有 16 个，11 个案例作为独立利益主体，1 个案例处于主动共同利益阵营，4 个案例中新闻媒体内部出现利益分化。其次，NGO 参与的案例有 7 个，其中 3 个案例中作为独立利益主体，3 个为主动阵营，1 个为被动阵营。专家学者参与的案例有 7 个，3 个作为独立利益主体，2 个处于主动阵营，2 个案例出现利益分化。法院、检察院参与的案例有 7 个，6 个案例主体为法院，作为独立利益主体，其中 3 个案例中法院的中立性存在疑问，另有 1 个案例中是检察院处于主动利益阵营。有人大代表、政协委员参与的案例有 5 个，政协委员有 3 个，人大代表有 2 个，其中 4 个案例中是处于主动利益阵营，1个为独立利益主体。

（2）从利益关系角度分析。

本章基于王浦劬等[①]的研究，将利益按照利益关系分为独立利益、共同利益和对立利益。

———————

① 王浦劬. 政治学基础[M]. 北京:北京大学出版社,2014:57－61.

独立利益一般包括新闻媒体，专家学者，法院、检察院，人大代表、政协委员对自身职责的履行，在这背后可能是追求升职加薪、自身地位的提高、好的声誉、职业发展和自我实现等。

共同利益主要包括：①我国中央政府与地方政府一般具有共同利益，地方政府会将完成上级任务作为自己的一大使命；②NGO、新闻媒体、专家学者因其社会责任感，会与公民站在同一阵营，帮助处于弱势地位的公民与政府或者企业进行抗争；③人大代表、政协委员与公民有时具有共同利益，人大代表、政协委员在两会前需要提交议案、提案，会与有利益诉求的公民各取所需，或者一些人大代表与政协委员拥有强烈的社会责任感，主动充分地发挥自己的代议参政职责。共同利益使主体向同一个方向努力，每个主体都有意愿做出努力，一般不需要进行协调。

对立利益包括：①地方政府为了追求地方的整体利益，加快地方经济发展和增加自身政绩往往与公民维护健康权和追求清新空气利益对立；②企业追求经济利润与公民追求健康和清新空气利益对立；③拥有社会责任感的 NGO，新闻媒体，专家学者，法院、检察院，人大代表、政协委员与处于公民利益对立面的政府或者企业拥有对立利益。多个主体的对立利益是不能同时实现的，各主体为了维护自身利益会进行对抗，如果不进行协调，就会出现社会矛盾甚至社会动荡，因此对立利益是需要进行协调的，在各案例中，主要的协调对象也是主体间的对立利益。

（3）从利益所在领域分析。

按照领域，可将利益分为政治利益、经济利益和文化（精神）利益。根据表5.11可知，政治利益包括：政府成功举办赛会，树立良好形象；地方政府完成上级任务；政府追求公信力；政府维持社会稳定；政府维护自身权威；公民的知情权。经济利益包括：企业追求经济利润；地方政府追求地方整体发展；公民追求经济赔偿或补偿。文化（精神）利益包括：公民追求健康；NGO 等追求履行自身职责和自我实现，追求社会责任感；公民希望得到清新空气和好心情。其中，地方政府的经济利益与公民文化（精神）利益、企业的经济利益和公民文化（精神）利益是两对主要的对立利益，从根本上说，是社会经济发展与公民精神需求之间的冲突。

（4）从实现时间远近分析。

按照实现时间远近可将利益分为当前利益和长远利益。当前利益主要包括企业经济利润、地方经济发展、经济赔偿和补偿等，长远利益包括公民健康、政府形象和公信力、社会稳定、空气质量改善等。其中，地方政府经济发展、政绩以及企业利润的当前利益，与公民健康、空气质量改善的长远利益是对立的，总结起来，即社会经济发展的当前利益与保护空气之间的冲突。

5.4.2.3　主体及利益维度各要素间及各要素与结果的相关系数

以上分析了发起主体、主体数量、三大阵营主体数量、两共同利益阵营主体数量差以及各主体利益和各主体的关系模式，初步得出主体数量与结果是相关的，为了更清晰准确地分析各要素间及其与结果的相关性，用 SPSS 软件计算了相关系数，且为了考察案例类型的特征，将案例类型要素也加进去（见表5.12）。

在主体利益各要素间关系上，主体数量—阵营（主动）主体数量、主体数量—独立利益主体数量、主体数量——两对立阵营主体数量差、发起主体—独立利益主体数量、阵营（主动）主体数量—两对立阵营主体数量差5对显著相关。总主体数量越多，阵营（主动）主体数量和独立利益主体数量越多，两对立利益阵营主体数量差也越大；发起主体为公民的案例的独立利益主体数量，相较于发起主体为政府的案例多；阵营（主动）主体数量越多，两对立阵营主体数量差就越大。

在各要素与案例类型的相关关系上，只有发起主体与案例类型显著相关，政策命令型案例的发起主体一般为政府。在各要素与结果的相关关系上，总的主体数量、共同利益阵营（主动）的主体数量、两对立阵营主体数量差与结果具有相关性，主体数量越多，数量差越大，利益协调越趋向于成功。

表 5.12　主体及利益维度各要素间及其与结果的相关系数

要素	发起主体	主体数量	阵营（主动）主体数量	阵营（被动）主体数量	独立利益主体数量	两对立阵营主体数量差	案例类型	结果
发起主体								
主体数量	0.260							
阵营（主动）主体数量	0.013	0.658**						
阵营（被动）主体数量	0.173	0.230	0.050					
独立利益主体数量	0.419*	0.579**	-0.090	0.338				
两对立阵营主体数量差	-0.205	0.488*	0.641**	-0.050	-0.152			
案例类型	0.633**	0.049	0.014	0.261	0.068	-0.014		
结果	-0.104	-0.522**	-0.482*	-0.191	-0.337	-0.573**	-0.136	

注：该表为 Spearman 相关系数，双尾检验，** 表示在 0.01 水平上显著相关，* 表示在 0.05 水平上显著相关。

5.4.3　利益协调过程维度

在利益协调过程维度，共有 6 个要素，信息与知情、利益表达充分性、利益表达有效性、利益回应、利益兼顾与整合、利益约束（见表 5.13），下面分析各要素情况及其与结果的关系。信息与知情要素分为是或者否，也分析具体的行为。中间 4 个要素根据一定的测量标准得出评价级别，分为高（H）、中（M）、低（L）三个等级。利益约束指案例中体现的约束主体进行利益协调的机制，主要包括法律约束、制度约束、道德约束、权威约束、舆论约束。

表 5.13　各案例中利益协调过程各要素的测量表

案例	信息与知情	利益表达充分性	利益表达有效性	利益回应	利益兼顾与整合	利益约束	利益协调结果
C5-1 北京奥运会	是	H	H	H	L	制度、权威	HS
C5-2 北京 APEC 会议	是	H	H	H	L	制度、权威	HS

续表

案例	信息与知情	利益表达充分性	利益表达有效性	利益回应	利益兼顾与整合	利益约束	利益协调结果
C5-3 北京房山煤尘污染案	是	H	M	H	M	法律	F
C5-4 北京阿苏卫垃圾焚烧	否	H	H	M	H	制度、舆论	S
C5-5 北京六里屯垃圾焚烧	否	M	H	L	H	制度、舆论	S
C5-6 北京高安屯垃圾焚烧	NM	M	M	H	L	制度、舆论	HS
C5-7 北京西二旗垃圾场	否	M	H	H	H	制度、舆论	S
C5-8 北京通州三黄庄村围堵化工厂	NM	M	M	L	L	制度	F
C5-9 北京通州金隅7090空气污染	NM	M	M	H	H	舆论、道德	S
C5-10 北京通州新河村空气污染	NM	L	L	L	L	制度	F
C5-11 PM$_{2.5}$提前纳入监测	否	H	H	H	H	道德	S
C5-12 六人诉海淀区环境保护局案	否	M	M	M	L	法律	F
C5-13 刘某诉北京市环保局案	NM	M	M	L	L	法律	F
C5-14 上海世博会	是	H	H	H	L	制度、权威	HS
C5-15 广州亚运会	是	H	H	H	L	制度、权威	HS
C5-16 内蒙古赤峰铜冶炼厂污染案	NM	H	H	M	M	法律、道德	S
C5-17 广西玉林市水泥厂大气污染案	NM	M	M	M	L	法律	F
C5-18 广州番禺公益诉讼	NM	H	H	H	H	法律、道德	S
C5-19 广州番禺垃圾焚烧	否	H	H	L	M	制度、舆论	S
C5-20 广东深圳居民反LCD工厂项目	否	M	M	L	M	制度	F
C5-21 厦门PX事件	否	H	H	H	M	制度、舆论	S
C5-22 宁波PX事件	否	H	H	H	M	制度、舆论	S
C5-23 茂名PX事件	否	H	M	H	H	制度、舆论	HS

167

案例	信息与知情	利益表达充分性	利益表达有效性	利益回应	利益兼顾与整合	利益约束	利益协调结果
C5-24 美国电力公司诉讼案	NM	H	H	H	H	法律、道德	S
C5-25 英国伦敦烟雾事件	NM	H	H	H	L	制度、法律	S
C5-26 美国洛杉矶光化学烟雾事件	NM	H	H	H	H	制度、法律	S

注：H 表示高，M 表示中，L 表示低；S 表示成功，HS 表示较成功，F 表示失败；NM 表示未提及。下同。

5.4.3.1 信息与知情

由表 5.13 可知，对相关信息知情的案例有 5 个，不知情的有 10 个，其余的 11 个案例中未提及此信息。5 个知情案例的结果为 4 个较成功，1 个失败；10 个不知情案例的结果为 7 个成功、2 个失败、1 个较成功。在不知情案例中，公民会因信息知情权遭到损害而使对抗情绪更加高涨，他们在追求健康或赔偿等利益时，也会表达对政府隐瞒相关信息的不满，会追求对相关信息的知情权。

5.4.3.2 利益表达与回应、利益兼顾与整合、利益约束

（1）利益表达与回应的评级分析。

利益表达是利益协调的第一个环节，充分有效的利益表达是传达利益诉求，得到其他主体的注意并形成协调方案的前提，利益回应反映了利益表达之后，其他相关主体的回应态度和行为，利益表达与回应一般需要重复进行。通过案例中的要素评级对利益表达充分性、利益表达有效性及利益回应进行分析（见表 5.14）。

利益表达充分性评级为高的占一半以上（17 个），评级为中的 8 个，评级为低的只有 1 个。评级高的案例中多数（64.7%）成功，少数为较成功（29.4%）和失败（5.9%）；评级为中的案例中多数失败（62.5%），少数为成功（25%）和较成功（12.5%）；评级低的 1 个案例结果为失败。

利益表达有效性评级为高的也占一半以上（16 个），评级为中的 9 个，评级为低的也只有 1 个。评级高的案例多数为成功（75%），少数为较成功（25%）；评级中的案例多数为失败（66.7%），少数为较成功（22.2%）和成功（11.1%）；评级为低的 1 个案例失败。

利益回应评级为高的仍占一半以上（15 个），评级为中的 5 个，评级为低的 6 个。评级高的案例多数为成功（53.3%）和较成功（40%），只有 1 个失败；评级中的案例多数为成功（60%），少数为失败（40%）；评级低的案例多数为失败（66.7%），少数为成功（33.3%）。

表 5.14 利益表达与回应——结果分析

评级		结果					
		S		HS		F	
		数量/个	比例/%	数量/个	比例/%	数量/个	比例/%
利益表达充分性	H	11	64.7	5	29.4	1	5.9
	M	2	25.0	1	12.5	5	62.5
	L	0	0	0	0	1	100.0
利益表达有效性	H	12	75.0	4	25.0	0	0
	M	1	11.1	2	22.2	6	66.7
	L	0	0	0	0	1	100.0
利益回应	H	8	53.3	6	40.0	1	6.7
	M	3	60.0	0	0	2	40.0
	L	2	33.3	0	0	4	66.7

（2）利益表达与回应的具体方式。

为了更清晰深入地了解利益表达主体和回应主体的具体行为，对相关主体的行为进行分析。

在进行利益表达时，政策命令型案例一般通过体制内的表达方式，公民进行利益表达时，会选择体制内的投诉、复议、上访、起诉、联系人大代表和政协委员等方式。当这些方式成效不显著时，则会转向体制外的利益表达方式，体制外方式有两种：一种是和平方式，包括给名人和政府官员微博留言、给著名媒体写信等；另一种是对抗方式，包括聚众签名、集会等，甚至出现暴力冲突。

（3）利益兼顾与整合、利益约束。

按照一定的测量标准将利益兼顾与整合程度分为高（H）、中（M）、低（L）三个等级，分析各等级与结果的关系（见表 5.15）。利益兼顾与整合评级为低的接近一半（11 个），评级为高的 9 个，评级为中的 6 个。评级高的案例多数为成功（88.9%），少数为较成功（11.1%）；评级中的案例多数为成功（66.7%），少数为失败（33.3%）；评级低的案例较成功和失败相同，各占 45.5%，成功仅占 9.1%。

表 5.15　利益兼顾与整合——结果分析

评级		结果					
		S		HS		F	
		数量/个	比例/%	数量/个	比例/%	数量/个	比例/%
利益兼顾与整合	H	8	88.9	1	11.1	0	0
	M	4	66.7	0	0	2	33.3
	L	1	9.1	5	45.5	5	45.5

对利益约束情况进行分析（见表 5.16），只受到制度约束或只受到法律约束的案例都是失败的，只受道德约束的 1 个案例成功，而所有的同时受两种约束的案例均没有失败，除受制度、权威约束的 4 个案例和制度、舆论约束的其中 2 个案例为较成功外，其余全部成功。

表 5.16　利益约束——结果分析

方式		结果					
		S		HS		F	
		数量/个	比例/%	数量/个	比例/%	数量/个	比例/%
利益约束	制度	0	0	0	0	3	100.0
	法律	0	0	0	0	4	100.0
	道德	1	100.0	0	0	0	0
	制度、权威	0	0	4	100.0	0	0
	制度、舆论	6	75.0	2	25.0	0	0
	制度、法律	2	100	0	0	0	0
	道德、法律	3	100	0	0	0	0
	道德、舆论	1	100	0	0	0	0

5.4.3.3　利益协调过程各要素间及各要素与结果的相关系数

为了更准确地描述相关关系，用 SPSS 软件计算相关系数（见表 5.17），为了能够将利益约束和利益引导与结果联系起来，进一步简化对这两个要素的分析，将利益约束分为一种约束和两种约束，将利益引导分为有引导和无引导；同时，为了关注案例类型特征，将案例类型要素加入其中。

表 5.17　利益协调过程各要素间及其与结果的相关系数

要素	信息与知情	利益表达充分性	利益表达有效性	利益回应	利益兼顾与整合	利益约束	利益引导	案例类型	结果
信息与知情									
利益表达充分性	− 0.294								
利益表达有效性	− 0.018	0.627 **							
利益回应	− 0.383	0.596 **	0.350						
利益兼顾与整合	0.434	0.327	0.311	0.190					
利益约束	0.018	− 0.581 **	− 0.684 **	− 0.475 *	− 0.321				
利益引导									
案例类型	− 0.580 *	0.345	0.301	0.397 *	− 0.409 *	− 0.145	0.092		
结果	0.548 *	0.564 **	0.762 **	0.320	0.672 **	− 0.725 **	0.011	− 0.136	

注：该表为 Spearman 相关系数，双尾检验，** 表示在 0.01 水平上显著相关，* 表示在 0.05 水平上显著相关。

在利益协调过程各要素间的关系上，利益表达充分性—利益表达有效性、利益表达充分性—利益回应、利益约束—利益表达充分性、利益约束—利益表达有效性、利益约束—利益回应 5 对相关，且前四者显著相关。具体相关关系为：利益表达越充分，利益表达有效性越高；利益表达越充分，利益回应评级越高。两种约束机制与一种约束机制对比，利益表达充分性、有效性和利益回应的评级均较高，著名赛会和公害事件中，信息知情情况较好，而群体性事件中，知情情况较差。

在各要素与案例类型的关系上，信息与知情、利益回应、利益兼顾与整合与案例类型相关，按照"政策命令型—司法诉讼型—群体性事件型"的方向，利益回应评级逐步降低，利益兼顾与整合程度逐步降低。在各要素与结果的相关性上，信息与知情、利益表达充分性、利益表达有效性、利益兼顾与整合、利益约束的类型均与结果显著相关。不知情相对于知情，成功率更高；中间三者评级越高，利益协调越可能成功；两种利益约束机制比一种利益约束机制，协调更可能成功。

5.5 讨论

5.5.1 利益协调类型和特征

5.5.1.1 利益协调类型包括政策命令型、司法诉讼型和群体性事件型

通过以上对案例的分析，按照利益协调的主要手段，可将利益协调分为政策命令型、司法诉讼型和群体性事件型。按照王伟光的观点[①]，利益协调的主要手段包括政治手段、法律手段、经济手段和道德手段。政治手段、法律手段在案例中有很好的体现，而经济手段较少，多包含在司法诉讼的赔偿中，道德手段在案例中也体现较少，作为广泛性的社会规范，可能在各个环节都有所作用，但也往往依存于其他类型的利益协调。政策命令型利益协调体现在著名赛会和公害事件案例中，国家利用国家职能和政治制度等政治手段主导利益协调过程。司法诉讼型利益协调指利用起诉、判决等法律手段进行的利益协调。除此之外，还有一种利益协调，不是政府"自上而下"地利用政治手段进行，也不是采用法律手段进行，而是公民群体主要通过非正式制度和规则表达自己的利益诉求，使政府等主体做出回应，进行利益协调，本章称为群体性事件型利益协调。

5.5.1.2 政策命令型利益协调一般规模较大，历时较长，发起者为政府

政策命令型利益协调主要分为两种，著名赛会和公害事件，该类型一般规模较大，历时较长，发起者为政府，案例类型与规模、历时、发

---

① 王伟光. 利益论[M]. 北京:中国社会科学出版社,2010:213 - 220.

起主体的相关系数为 0.420、 - 0.537 和 0.633。为了完成赛会和治理公害事件，需要调动一个市甚至一个区域的力量，涉及的群体较多，规模较大，如为了北京奥运会期间的良好空气质量，2007 年初，经国务院批准，环境保护部与北京、河北、天津、山西、山东和内蒙古等 6 个省份政府及解放军相关部门合作成立了奥运会空气质量保障工作协调小组，且在科学研究的基础上，联合制定并实施了《奥运会残奥会北京空气质量保障措施》。[①] 在协调规模较大的情况下，需要经历较长的时间，并且政策命令型利益协调的目的是最终实现空气质量的改善，"冰冻三尺，非一日之寒"，在有限的限产限行策略下，空气质量是逐步改善的，需要一定的时间才能实现。我国著名赛会一般由政府操办，面对空气污染公害事件，政府也有维护社会稳定和人民生存权利的责任，因此政策命令型利益协调由政府发起也不足为奇。

另外，我国因著名赛会进行的大气污染治理在赛会期间成效是显著的，而在赛会过后，空气质量则会出现"反弹"，空气质量又下降至以前的水平，甚至更严重。"APEC 蓝"一度成为人民谈资的对象，但会议过后却销声匿迹，只成为美好的回忆。政府以改善赛会期间空气质量为目的的大气污染治理政策都是暂时性的，只能实现空气质量的短期改善，但是这些经验也为政府提供了信心，现在许多专家正着手研究跨域治理模式，为持续改善空气质量奠定基础。

5.5.2 利益协调的参与主体

5.5.2.1 大气污染治理中利益协调的核心主体是政府、公民和企业

政府、公民和企业是大气污染治理中利益协调的核心主体，参与程度较高，一般不会作为独立利益主体。在 26 个案例中，24 个案例有政府的参与，22 个案例中政府处于某个共同利益阵营；26 个案例中，24 个案例有公民参与，23 个案例中公民处于主动共同利益阵营；26 个案例中，15 个案例有企业参与，14 个案例中企业处于被动共同利益阵营。

---

① 柴发合,云雅如,王淑兰. 关于我国落实区域大气联防联控机制的深度思考[J]. 环境与可持续发展,2013(4)：5 - 9.

（1）政府担当的角色可能有发起者、被起诉人和调停者。

在政策命令型案例中，政府作为利益协调的发起者，制定一系列政策动员社会各部分力量筹备赛会或者治理公害；在司法诉讼型案例中，政府可能作为被起诉人，如在六人诉海淀区环境保护局案中，志新小区31号、33号楼居民以海淀区环保局为被告，要求法院撤销其对康庄酒楼环境影响的审批文件。① 最后，政府也会作为公民和企业的中立调停者，如在北京市通州三黄庄维度化工厂案例中。

（2）公民的角色一般为维权者，主动性高，且利益协调的能力逐步增强。

在大气污染治理中，公民的权益最易受到伤害，会面临污染企业对自身健康的损害，也会对政府政策决定表示不满或不服。但同时，我国公民的维权意识逐步增强，主动性日益提高，在一半以上案例中都作为发起者，表现出了持续表达利益诉求的强烈愿望。另外，公民参与利益协调的能力在提高，公民所拥有的资源也在增加，在阿苏卫垃圾焚烧案例中，教育水平较高的居民在对抗方式不见成效后，进行自我反思，转变与政府的沟通策略，撰写调查报告，并主动寻找自己与政府间的"中间人"；在金隅7090大气污染案例中，居民在微博中给北京市环保局副局长留言，给央视记者写信，希望通过和平方式解决问题，最终也获得成功。

（3）企业的主要角色是污染者，目的是追求经济利润。

在案例中，企业一般为污染企业，与受污染居民的利益是对立的，会受到居民的起诉，也会受到居民群体性的冲击。企业会最大限度地追求自身经济利润，为此，在受到居民反抗时，可能会采取非常强硬的态度，如北京通州新河村胶带厂案例。

5.5.2.2 NGO、新闻媒体、专家学者、法院检察院和人大代表政协委员是重要的参与主体，但参与程度需要加强

（1）NGO参与程度低，发挥的作用有限。

所有案例中，NGO参与的只有7个，在北京西二旗垃圾场案例中，

---

① 王灿发．环境与资源保护法案例［M］．北京：中国人民大学出版社,2005：1－2.

达尔问环境研究所举办了关于垃圾焚烧的知识讲座；在北京金隅7090空气污染案例中，自然之友调查了居民区周围的企业数量和种类等情况；在$PM_{2.5}$立法案例中，达尔问环境研究所作为发起者掀起了"测空气"的行动，但其中有偶然因素，受访者赫晓霞说道，研究所当时争取到了关于室内吸烟污染的基金项目，资助方提供了测定仪器，因听说$PM_{2.5}$与吸烟导致的烟雾颗粒大小相近，于是"好奇"就测了空气质量，发现高于公布的数据，而研究所人员与《南方周末》记者有来往，才有了后来全国各大城市的测空气浪潮；在玉林水泥厂诉讼案中，NGO在法院判决后帮受损果农索赔；在赤峰市铜冶炼厂案中，环境污染受害者法律帮助中心帮助受害果农进行诉讼，因专家得出的损害鉴定书表明"植株死亡不是污染造成"而最终败诉；在番禺公益诉讼案中，NGO只是作为学习和调查者旁听了审理。身为NGO的一员，赫晓霞也承认"中国的NGO在环境保护中发挥的作用是有限的"。

（2）新闻媒体参与程度较高，担任告知者、传播者、监督者的角色。

在26个案例中，新闻媒体参与的有16个，其中14个作为独立利益主体。新闻媒体有时扮演告知者的角色，利用报道保障相关公众的知情权，如在$PM_{2.5}$正式被纳入立法的进程中，NGO利用测定污染物的工具得知实际测量比政府公布数据高时，《南方周末》对此事进行报道，掀起"我为祖国测空气"的浪潮。多数情况下，新闻媒体发挥着传播信息的作用，将政府、公众等主体的态度传达给更多的人，传达到更大的范围，这有助于各主体间信息的共享，使利益协调更公正，也有助于各主体间的交流，防止因信息不对称造成的低效率。新闻媒体告知者和传播者的角色也决定着其发挥着社会监督的功能，媒体将政府信息和行为告知社会是对政府的有效监督，同时促进了其他主体对政府的监督，媒体对其他主体不道德行为的报道也是一种监督。因此，新闻媒体在大气污染治理利益协调中发挥着重要作用。许多学者强调要重视新闻媒体的作用，汪伟全认为："继环保部门、社会企业、非政府组织之后，新闻媒体成为保护生态环境的'第四种力量'，作为一个独立的社会公共机构，它承担着信息传递、舆论引导、监督社会其他组织部门的责任。"①

（3）专家学者参与程度不高，扮演多种角色。

所有案例中，专家学者参与的案例有 8 个，在北京阿苏卫垃圾焚烧案例中，居民中的专家撰写了垃圾焚烧的研究报告，帮助利益协调顺利进行；在六里屯垃圾焚烧厂案例中，部分专家在政协会议上提交了调查报告和建议，向民众传达了垃圾焚烧存在危害的信息，并支持居民完成了投诉信，厦门 PX 事件与此相似；在 $PM_{2.5}$ 立法进程和美国洛杉矶光化学烟雾事件案例中，专家学者分析大气污染来源；在玉林和赤峰诉讼案中，专家学者主要作为污染损害的鉴定者，且通过两个案例的对比发现，玉林案成功的关键是专家鉴定植株死亡是由企业排污造成的，而赤峰案失败的主要原因是法院认可了损害与污染无关的监督结果，可见专家的监督结果在诉讼案件中发挥着核心作用；在番禺垃圾焚烧案中，首先是专家对该问题进行了讨论，使民众知情，同时政府也利用学者公开发表项目无害化的言论。综合以上分析，专家学者扮演着信息提供者、民众带领者、政府代理人的角色。

（4）法院的独立性和专业性、检察院的主动性有待提高。

法院依照法律规定代表国家独立行使审判权，不受任何行政机关、社会团体和个人的干涉，法院应该保持中立，不受其他机关影响。法院作为人民维权的重要依靠，应该努力保证自己的独立性和专业性。番禺公益诉讼案例中检察院对企业提起了诉讼并取得了成功结果，我国这类案件较少，检察院如果能够更加主动地发挥自身职权，大气污染治理就能更进一步。

（5）人大代表、政协委员能够发挥重要作用，但同样需要提高参与度。

人大代表和政协委员参与案例有 5 个，这些案例均为成功或较成功。在阿苏卫垃圾焚烧案例中，专家学者作为市人大代表，主动与奥北社区居民交流沟通，在居民和政府之间架起沟通的桥梁；在六里屯垃圾焚烧

---

① 汪伟全. 空气污染的跨域合作治理研究：以北京地区为例[J]. 公共管理学报,2014(1)：55–64.

厂案例中，海淀区政协会议上，政协委员提交了关于六里屯的调查报告和提案，支持民众撰写投诉书；在高安屯垃圾焚烧案例中，市人大代表连续7年反映高安屯垃圾处理问题，关注居民动态，代表居民提建议，最终议案引起市长重视；在西二旗垃圾场案例中，政协委员提交关于垃圾场的提案，并及时将相关信息告知公众；在厦门PX事件中，也是首先由政协委员提交了对项目安全性表示担忧的提案，将相关信息传达给民众。可见，人大代表、政协委员作为信息提供者、政府与居民沟通的中间人，在大气污染治理利益协调中发挥着重要作用，如果提高其参与度，增强人大代表代表性和政协委员参政议政能力，则会更有利于大气污染利益协调的顺利进行。

5.5.2.3　主体间的关系模式

在结果部分，本章已经分析了政府、公民和企业的四种关系模式，下面进一步分析其他主体的关系模式。随着城市化、工业化进程加快，社会多元主体的兴起，多元合作和治理的理念愈加得到管理学界的认可，多元主体在公共管理中的作用也越来越受到重视，在大气污染治理的利益协调中也是如此。NGO有时会与公民一个阵营，有时是作为独立利益主体。新闻媒体多数情况下是独立利益主体，有时会与公民一个阵营，而有时一些地方媒体也会受地方政府的操控和指挥。专家学者多数是作为独立利益主体，有时会因社会责任感与公民一个阵营，而在内蒙古赤峰铜冶炼大气污染案中，政府设立的污染事故调查组内专家对植物死亡原因的鉴定中立性存在疑问。法院一般是作为独立利益主体，进行中立的调停，有一个案例中的检察院与公民同为主动的共同利益阵营。人大代表、政协委员多与公民同处主动的共同利益阵营，有时也作为独立利益阵营。

这些主体之间也存在一定的关系，特别是新闻媒体与NGO，专家学者和人大代表、政协委员之间。NGO和新闻媒体联系较为紧密，达尔问环境研究所的赫晓霞在接受笔者采访时表示，很多NGO与媒体记者"挺熟"，一些记者也具有很强的社会责任感，从事着与NGO一样的推动环保的工作，而很多NGO成员也是记者出身。在$PM_{2.5}$被纳入监测项目的案

例中，达尔问环境研究所偶然测出的空气质量能够被南方网报道，也是
因为研究所的工作人员与记者之间有着长久的联系。邹东升、包倩宇在
分析"我为祖国测空气"行动后提出，NGO 与媒体形成了"依赖型"的
紧密联盟，彼此可以充分利用资源，两者也都有保护环境和环境监督的
共同信念，"我国环保组织普遍规模较小、能力弱、社会公信力不足，要
想扩大影响力，须借助外力，而媒体是最关键的不可或缺的社会公器"。①
专家学者与人大代表、政协委员也联系紧密，主要因为二者很多时候是
重合的，某领域的专家学者很有可能被选为人大代表或政协委员。如在
阿苏卫垃圾焚烧案例中，起到关键沟通作用的专家学者是垃圾焚烧领域
的专家，同时也是北京市人大代表；在高安屯垃圾焚烧案例中，"与垃圾
焚烧抗争 7 年"的专家学者是北京市人大代表，同时也是北京物资学院
法政系教授。可知专家学者与人大代表、政协委员两类主体有很大的可
能依靠两者的共有成员达成共通，根据以上分析，可以得到各主体关系
模式（见图5.4）。

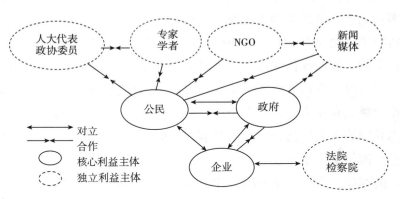

图5.4　各主体关系模式

　　核心利益主体为政府、公民和企业，参与程度较高，且一般不是独立
利益主体，三者间关系为公民与污染企业对立，政府与公民或者企业既可
能处于同一阵营，也可能利益对立。其余 5 个主体不是核心主体，参与程

① 邹东升，包倩宇. 环保 NGO 的政策倡议行为模式分析：以"我为祖国测空气"活动为例[J].
东北大学学报（社会科学版），2015（1）：69－76.

度较低，且一般为独立利益主体，但少数情况下，这些主体会加入某个共同利益阵营，如人大代表、政协委员，专家学者，NGO 和新闻媒体可能加入公民所在阵营，新闻媒体也可能处于政府所在阵营，法院一般中立，而检察院可能作为起诉者与企业对立。在独立利益主体中，NGO 与新闻媒体以及专家学者与人大代表、政协委员有渠道和条件进行合作。

5.5.2.4 主要需要协调地方政府、企业与公民间的利益，协调当前利益和长远利益，协调经济增长和保护空气之间的关系

首先，从利益主体的角度来看，政府、公民和企业之间的利益需要协调，三者在大气污染治理的利益协调中是核心的利益主体。其次，从利益关系的角度来看，主要需要协调对立利益，在大气污染治理中有两对主要的对立利益：地方政府追求地方经济发展及政绩与公民追求健康和良好环境；企业追求经济利润与公民追求健康和良好环境。再次，从利益所在领域的角度来看，主要需要协调地方政府、企业的经济利益和公民的文化（精神）利益。最后，从实现时间远近的角度来看，需要协调当前利益和长远利益，地方政府和企业对经济利益的追求属于当前利益，而公民追求健康和好的空气质量属于长远利益。综上所述，在大气污染治理中，需要协调地方政府、企业和公民之间的经济利益与文化（精神）利益、当前利益和长远利益。从根本上来说，是协调经济发展与保护空气之间的关系。

5.5.3 利益协调过程

5.5.3.1 公民的知情权得不到有效保障

利益关系的变动是利益协调的起始环节，对于利益变动的知情是各主体进行利益表达的前提，我国政府在保障民众知情权方面做得不够。在进行项目公示和环评公示时，较少考虑居民对于张贴信息的可获得性，致使居民错过了表达建议的机会，引发更严重的冲突。如阿苏卫垃圾焚烧案例中，一位业主偶然去政府办事时发现的项目公告；六里屯案例中，业主在政府举办的规划展上得知要在自己周围建垃圾焚烧厂；西二旗案例中，政府已完成第一次公示，但居民毫不知情，业主接受《新世纪》

采访时说，比起技术上的担心，他更加不满的是"自己一直被蒙在鼓里"。① 另外，番禺垃圾焚烧案例中，居民是通过媒体报道知情的；甚至在广东深圳居民反对 LCD 工厂案例中，项目开工半年后，居民才知情。政府公示的正规程序反而不是业主居民得知信息的主要渠道，这容易引发居民对政府的不信任，也会增加居民在群体性事件中的敌对情绪，不利于政府与居民的后续沟通。

5.5.3.2 政府在利益回应时容易态度强硬，采取不当方式

在政策命令型案例中，利益冲突程度缓和，而且公民与政府具有共同的利益即空气质量的改善，政府通过强制政策来推行是有效的。而在群体性事件中，如果政府以强硬手段来回应，则往往收到更坏的结果。政府作为利益回应的重要主体，要充分接纳其他各个主体利益表达的信息，对公众的需求和所提出的问题，做出积极敏感的回应，并在政府力所能及的范围内进行回应，不能解决的也应当给予答复。②

5.5.4 大气污染治理中利益协调的原则

5.5.4.1 多元主体的参与

利益协调结果与参与主体数量是显著相关的，总主体数量、阵营（主动）主体数量与结果的相关系数分别为 -0.522 和 -0.482，分别在 0.01 和 0.05 水平上显著相关，显然多元主体的参与对于利益协调的成功有很大的促进作用。主张由多个主体共同参与来治理社会和管理问题的理论在国内外得到了越来越多的认同，多元协同治理的第一层含义是多种"元模型"共同作用，呈现多样化的治理模式。③ 而多元的参与主体是多种元模型的基础。

---

① 中国"邻避运动"的北京西二旗垃圾场样本[EB/OL]. (2015 - 06 - 09)[2017 - 12 - 02]. http://bj. house. 163. com/11/1125/18/7JNPBOCK00073SD3. html.

② 吴群芳. 利益表达与分配:转型期中国的收入差距与政府控制[M]. 北京:中国社会出版社,2011:27.

③ 杨立华. 构建多元协作性社区治理机制解决集体行动困境:一个产品 - 制度分析(PIA)框架[J]. 公共管理学报,2007(2):6 - 23.

5.5.4.2 多元主体间系统性的协作

在多元主体参与的基础上，各主体间遵循多种条件的要求，形成一个系统性的合作或协作机制，是多元协同治理的第二层含义。① 两个对立阵营的数量差与结果的相关系数为 - 0.573，在 0.01 水平上显著相关，说明多元主体的阵营划分会影响利益协调结果。通过对案例的分析可知，公民在与企业或者政府的对抗中是处于弱势一方的，利益容易受损，且利益表达有时得不到重视，如果没有新闻媒体、NGO、专家学者、法院或者人大代表、政协委员的帮助，就很难维护自身利益，如通州三黄庄和通州胶带厂案例；如果得到这些主体的帮助，则成功概率会大大提升，这些主体在利益协调中结合自身优势担当着相应的角色，持续有序的参与和协作在很大程度上影响了利益协调结果。如果进行多元协同治理，则会发挥不同参与主体的优势，协作解决单一主体不能解决的问题。②

5.5.4.3 良好的信息知情

良好的信息知情情况是进行利益表达的前提，也是理性沟通的前提。利益协调结果与案例中的知情情况是显著相关的，相关系数为 0.548，在 0.05 的水平上显著相关。值得注意的是，其相关关系为信息与知情情况越差，成功的可能性越高，其原因可能是公民在得知自己被"蒙在鼓里"之后，对抗情绪更加高涨，利益表达意愿更强烈，使政府等主体为维稳只能采取妥协战略，从而公民利益诉求得以实现，利益协调得以成功。高安屯垃圾焚烧案例印证了信息知情能够缓解利益矛盾的观点，在接到相关举报后，政府部门详细地解释了垃圾站散发气味的原因，给每位居民发道歉信，并公开目前的工作状态，在高安屯垃圾焚烧站建成后，每日实时用电子显示屏向居民公示排放的各类污染气体的浓度，从结果上看，这些措施也避免了激烈冲突，使利益协调过程平稳进行。

---

① 郭道久. 协作治理是适合中国现实需求的治理模式[J]. 政治学研究,2016(1)：61 - 70.
② 杨立华. 多元协作治理：以草原为例的博弈模型构建和实证研究[J]. 中国行政管理,2011(4)：119 - 124.

5.5.4.4 利益表达充分性

利益表达的充分性会影响利益协调结果，两者的相关系数为 0.564，在 0.01 的水平上显著相关。利益表达充分要求表达主体有强烈的表达愿望和较强的表达能力，且利益表达渠道畅通。为了提高利益表达充分性，首先要提高各主体，尤其是弱势群体的表达意识，提高其利益表达能力；其次要完善和规范体制内、体制外的利益表达机制，健全人民代表大会制度，改革信访制度，充分发挥新闻媒体等的作用。① 另外，随着网络技术的发展，自媒体在信息传播和利益表达上也发挥着日益重要的作用，在 PX 事件中民众是通过短信结成了统一阵线的，而近来很多案例中，传播速度更快、更方便的微博、微信等自媒体起到了更大的作用。如 $PM_{2.5}$ 被纳入立法监测的案例中，$PM_{2.5}$ 监测数据通过自媒体得以广泛传播，从而引起关注，微博名人的发言和评论也纷纷被转发，人们即便远隔万里，也能进行交流，使共同的话题可以广泛传播。

5.5.4.5 利益表达有效性

利益表达有效性与结果的相关系数为 0.762，在 0.01 的水平上显著相关，利益表达有效性会对利益协调结果产生很大影响。利益表达有效要求利益诉求能顺利传递给利益受体，中间不会遭到扭曲或者被过滤，并且能够对受体形成压力以影响其行为策略。要加强利益表达的有效性，应该培育成熟的表达主体，加强表达制度的有效性，强化党政官员责任心和能力建设，也要进行信息公开和责任追究。②

5.5.4.6 利益兼顾与整合

利益兼顾与整合程度高，利益协调就容易实现，二者的相关系数为 0.672，在 0.01 的水平上显著相关。利益兼顾与整合要求充分保障弱势群体利益，减少既得利益主体在利益受损主体追求维护自身利益过程中的

---

① 杨炼. 和谐社会背景下社会弱势群体利益表达机制现状分析及路径选择[J]. 兰州学刊，2008(10)：90－93.

② 吴群芳,曾奕婧. 当前我国群体性事件频发背景下弱势群体利益表达有效性问题研究[J]. 北京电子科技学院学报,2014(3)：5－12.

阻碍，建立利益补偿机制，使利益分配更加公平和更加公正。案例中基本没有利益补偿机制，即使有补偿也明显较低，北京通州三黄庄村围堵化工厂案例中补偿标准是"每人每年300元"。因此，监督既得利益群体，防止其利用力量的优势阻碍利益受损方维护自身利益，建立健全大气污染的利益补偿机制，可以促进大气污染治理利益协调的成功，进而加快大气污染治理的进程。

5.5.4.7 多种利益约束

利益协调中，有效多样的利益约束机制可以规范各主体的行为，促进利益协调成功进行，二者的相关系数为 -0.725，说明两种约束机制下的利益协调比一种约束机制更可能成功。加强利益约束就要建立健全各种利益约束机制：立法中，要形成一整套关于利益主体和利益协调的制度化规定，包括责任、权利、行为、义务等多个方面，以防范利益冲突；充分发挥媒体的作用，包括传统媒体和自媒体，利用舆论压力对主体行为进行监督和约束；加强对社会各主体的道德教育，既要遵守职业道德，也要遵守身为一个公民、一个人的基本道德。

5.6 结论

大气污染是中国尤其北京等大城市面临的重要问题，大气污染的治理也是一项研究挑战，研究大气污染中利益协调对于协调各方多元参与、有效改善大气质量有着重要意义。学术界对于大气污染及其治理的研究很多，对于社会利益协调的相关研究也不少，但将两者结合考虑的却不多。本章设定了案例筛选标准，选取了大气污染治理利益协调的26个典型案例，利用案例编码进行定量研究，同时结合对案例的定性分析，探究大气污染治理中的利益协调机制。

首先，本章分析了大气污染治理中利益协调的类型及其特征。根据利益协调的主要手段，分为政策命令型、司法诉讼型和群体性事件型，其中政策命令型一般规模较大，历时较长，由政府发起和主导；群体性事件型一般冲突程度激烈，历时较短，是2007年之后频频发生的。

其次，本章分析了参与主体的角色和关系模式。政府、公民和企业是大气污染治理中利益协调的核心主体，三者之间有 4 种关系模式，政府可能扮演着发起者、被起诉人和调停者的角色。其他主体都是重要参与主体，但参与程度需要提高：NGO 参与程度不高，发挥的作用有限；新闻媒体参与程度较高，扮演告知者、传播者、监督者的角色；专家学者、人大代表、政协委员也发挥多种功能，同样参与程度不高；法院的专业性和独立性、检察院主动性需要提高。并且本章从主体、关系、领域和实现时间远近角度，对需要协调的利益进行了总结。

最后，在对案例编码及其与结果的相关关系进行分析后，本章得出了大气污染治理中利益协调的 7 个原则：多元主体的参与、多元主体间系统性的协作、良好的信息知情、利益表达的充分性、利益表达的有效性、利益兼顾与整合、多种利益约束。

本章还存在着一些不足。首先，本章虽然选取了 26 个大气污染利益协调的典型案例作为样本，但仍不足以全面概括大气污染治理中利益协调的情况，还需要更多的不同地区、不同类型、不同时间的利益协调案例对本章结论进行检验；其次，本章主要研究了案例，结合少量访谈，而没有结合问卷调查数据和充足的访谈内容等证据，没有形成稳固的证据三角形；最后，案例编码还可以进一步拓展，对编码结果的分析也可以进一步深入挖掘，有待后续研究的完善。

| 第 6 章 |

北京市大气污染多元协同治理中的冲突解决机制

6.1 导言

上一章着重考察了北京市大气污染治理过程中各主体间的利益协调机制问题。然而,由于不同主体所处立场不同、身份不同、看问题的角度不同、利益不同等,大气污染协同治理中经常存在这样或那样的冲突问题。例如,政府和公众立场的差异会导致空气污染治理政策制定中的冲突[1];机动车单双号限行会引起各种非议[2];城管执法部门与露天烧烤、露天焚烧者之间经常存在矛盾[3];新兴工业园区附近农民与高污染企业之间也存在冲突[4];等等。这些矛盾和冲突起因复杂,表现多样,互联网的发展又使得冲突的产生和升级突破了区域限制,最终导致这类矛盾和冲突具有较严重的潜在破坏作用,不仅影响了居民生活,也影响了社会的安定团结。因此,本章将重点考察北京市大气污染治理过程中的冲突解决机制问题,以期更加清晰地认识大气污染多元协同治理中的冲突解决机制,并为更有效地解决冲突问题提供对策建议。

---

[1] 聂佳彤. PM$_{2.5}$政策制定中政府与公众利益冲突及其对策探微[J]. 改革与开放,2013(8):106-107.

[2] 王强. 机动车限行的法律依据探析[J]. 法制与经济(下旬),2014(2):79-80.

[3] 连日雾霾,严查露天烧烤[EB/OL].(2014-10-11)[2017-12-02]. http://bjcb. morningpost. com. cn/html/2014-10/11/content_314132. htm.

[4] 任丙强,王俊景. 新兴工业园区环境冲突与政府治理对策[J]. 北京行政学院学报,2014(6):72-76.

6.2 文献综述

6.2.1 国外冲突理论研究现状

作为普遍存在的客观现象，冲突存在于社会的各个领域，不同的学者从不同的角度出发，对冲突进行了一系列的研究，形成了繁荣壮观的冲突理论。综合来看，冲突理论主要有以下几个研究视角。

（1）社会冲突理论。早期的社会冲突理论的代表成果主要包括马克思的阶级冲突理论、韦伯的多元分层冲突理论以及齐美尔的有机功能理论[①]。随着社会经济的发展以及新的社会矛盾的产生，早期的冲突理论受到了现实的严峻考验，当代西方社会冲突理论应运而生，主要包括刘易斯·科塞的"冲突功能理论"、拉尔夫·达伦多夫的"辩证冲突理论"、李普塞特的"冲突一致理论"、柯林斯的"冲突根源理论"等[②]。科塞强调冲突是对资源、权力、利益等的争夺，在这种争斗中，冲突双方意在破坏乃至伤害对方[③]。科塞强调社会冲突的正功能，并提出建立"社会安全阀制度"以降低由压抑导致的社会冲突出现的可能。在他的社会安全阀理论下，安全阀指可控的、合法的和制度化的疏导机制，是表达不满的渠道，是宣泄敌对情绪的工具；安全阀形式多样，可以是某一组织机构，也可以是政治笑话或者讽刺[④]。拉尔夫·达伦多夫强调冲突中的对抗性[⑤]，为了解决社会中存在的冲突，达伦多夫提出了"冲突的制度化调节"，并对一系列社会政策进行了说明。第一，冲突方针对冲突的必然产生形成共识，即明确地承认冲突的客观存在。第二，建立谈判、仲裁和调停等机构。第三，约定规则。冲突各方必须为矛盾的处理约定一系列

---

① 潘新宇. 从早期冲突理论看构建和谐社会的必要性[J]. 辽宁大学学报(哲学社会科学版),2008(1)：29－32.

② 张卫. 当代西方社会冲突理论的形成及发展[J]. 世界经济与政治论坛,2007(5)：117－121.

③ 刘易斯·科塞. 社会冲突的功能[M]. 孙立平,译. 北京：华夏出版社,1989.

④ 王彬彬. 浅析科塞的社会冲突理论[J]. 辽宁行政学院学报,2006(8)：46－47.

⑤ DAHRENDORF R. Class and class conflict in industrial [M]. Stanford：Stanford University Press，1959：135.

规则，这些规则提供了有效解决冲突的依据，并经过一段时间的运行后能够转化为稳定的制度①。

（2）抗争政治理论。国外学者对抗争政治理论的研究主要集中在三个不同的领域，即集体行动、社会运动以及革命②。对集体行动的研究主要包括3个部分，即聚众形成过程、组织规模和影响以及理性选择等；关于社会运动的研究主要包括运动的起因、发展、在社会变迁中的作用，也有学者研究运动中的情感、舆论、博弈等；关于革命的研究主要包括动机、意识形态运动、政府内部的冲突以及集团之间为获取权力而展开的竞争等③。

（3）冲突管理理论。冲突管理理论基于管理学，认为冲突是不可避免的，但也是可以加以管理的，因此它侧重于对冲突的管理与化解。学者围绕冲突的概念、起因、作用与功能、过程与类型、升级、化解冲突的技术手段（如情绪管理、谈判、强制行动等）、冲突相关方博弈、第三方干预、制度构建等一系列问题展开了研究。④⑤ 还有学者对一些具体的、典型的、难以解决的冲突进行了细化分析，如劳资冲突、宗教冲突、民族冲突、文化冲突等。

6.2.2 国外冲突解决研究现状

学术界对冲突解决的研究多集中于冲突化解的主要方法，即应采用什么方法才能有效地解决各种冲突，并主要从理论指导层面和具体操作层面展开研究。从理论指导层面来说，克瑞斯伯尔格认为冲突化解是一种社会的情境，在这种情境下，冲突当事方基于自愿签署协议并承诺和

---

① 叶克林,蒋影明. 现代社会冲突论:从米尔斯到达伦多夫和科瑟尔:三论美国发展社会学的主要理论流派[J]. 江苏社会科学,1998(2):174-180.

② 赵鼎新. 社会与政治运动讲义[M]. 北京:社会科学文献出版社,2006:2-3.

③ 许尧. 中国公共冲突的起因、升级与治理:当代群体性事件发展过程研究[M]. 天津:南开大学出版社,2013:31.

④ 常健,杜宁宁. 中外公共冲突化解机构的比较与启示[J]. 上海行政学院学报,2016(3):19-26.

⑤ 李亚. 中国的公共冲突及其解决:现状、问题与方向[J]. 中国行政管理,2012(2):16-21.

平相处①。科多拉·莱曼提出冲突处置、冲突化解以及冲突转化这三种冲突解决的路径②。普鲁伊特和金姆提出让第三方参与冲突解决，以试图帮助冲突主体化解冲突，参与冲突解决的第三方，既可以是个人也可以是组织③。费舍尔根据冲突第三方的合法性程度以及权力水平，认为第三方干预包括调停、咨询、纯粹的调解、权力调解、仲裁和维护和平这6种方式④。蓝志勇对冲突解决路径进行了归纳与总结，认为冲突的解决方法包括传统冲突解决方法与替代性冲突解决方法两种。其中，传统冲突解决方法包括法律诉讼及行政命令、对冲突行为进行惩罚性处分以及避免冲突的扩大与升级；替代性冲突解决方法包括确立共同目标、达成共识、联合解决问题、谈判协商、非正式仲裁、调解、非强制性审判、冲突扩大、冲突遏制、合作联盟、情感发泄等⑤。

从具体环境冲突解决的实际操作层面，为了解决日益严重的环境问题，美国学者卡彭特等提出了环境冲突管理理论，以冲突分析方法作为解决环境问题的手段，以预测由过量利用自然资源而导致的环境冲突，并估计其严重性和复杂性⑥。澳大利亚学者戴维斯提出了强有力的环境政策和广泛的公众参与是解决环境冲突的新途径⑦。加拿大学者为调查、分析和协调加拿大南部森林与土地利用之间的冲突因素，建立了人类社会

①　KRIESBERG L. The development of the conflict resolution field[J]. Peacemaking in International Conflict: Methods and Techniques, 1997: 51 – 77.

②　REIMANN C. Assessing the state – of – the – art in conflict transformation [M]. Wiesbaden: VS Verlag für Sozialwissenschaften, 2004: 41 – 66.

③　RUBIN J Z, PRUITT D G, KIM S H. Social conflict: escalation, stalemate, and settlement [M]. New York: McGraw – Hill Book Company, 1994.

④　FISHER R J. Third party consultation as a method of intergroup conflict resolution: a review of studies [J]. Journal of Conflict Resolution, 1983(2): 301 – 334.

⑤　LAN Z Y. A conflict resolution approach to public administration [J]. Public Administration Review, 1997(1): 27 – 35.

⑥　穆从如,杨勤业,刘雪华. 环境冲突分析研究及其地理学内涵[J]. 地理学报,1998(12): 186 – 192.

⑦　DAVIS B W. Federalism and environmental politics: an Australian overview [J]. The Environmentalist, 1985(5): 269 – 278.

系统和生物物理系统间的动力平衡模型①。印度尼西亚学者通过实证分析，认为妇女作为环境保护人士参与环境冲突管理对有效沟通和解决环境冲突问题具有非常重要的作用②。美国学者以国家森林资源的冲突解决为例分析了公共资源冲突的解决机制③。还有学者对瑞士和罗马尼亚土地应用中的冲突解决机制进行了研究④。

6.2.3　我国公共冲突研究现状

大气污染的公共产品属性和负外部性特征决定了大气污染冲突属于公共冲突，因此，本部分聚焦于我国学者对公共冲突的研究。公共冲突是指事关公共利益的冲突，是社会冲突的一种具体形式。换言之，并非所有的社会冲突都表现为公共冲突，许多社会冲突可以表现为家庭冲突、民事冲突等非公共冲突⑤。通过对相关文献的整理、分类与总结，发现我国学者对公共冲突的研究主要集中在对西方社会冲突理论的借鉴与本土化、冲突的产生、冲突的分类和功能、冲突的化解机制及治理困境、具体领域内的冲突及解决等方面。

（1）借鉴西方社会冲突理论来解释并解决我国冲突和矛盾。焦娅敏提出，要借鉴西方社会冲突理论，来正确处理我国在构建社会主义和谐社会过程中所遇到的各种冲突⑥。石方军提出，在借鉴西方社会冲突理论的过程中，要注意使冲突理论本土化，理论的本土化需要经过两个基本阶段：一是引进、吸收和消化，即利用西方社会冲突理论来解释、规范

①　GRZYBOWSKI A, et al. Defining the context of E. I. A. and development planning: the case of south Moresby (Canada) [J]. Operational Geographyer, 1987(13): 24 - 28.

②　ASTERIA D. Model of environmental communication with gender perspective in resolving environmental conflict in urban area (study on the role of women's activist in sustainable environmental conflict management) [J]. Procedia Environmental Sciences, 2014(20): 553 - 562.

③　WONDOLLECK J M. Public lands conflict and resolution: managing national forest disputes [J]. Environmental Policy and Planning (USA), 1988 (9): 1 - 17.

④　TUDOR C A, et al. How successful is the resolution of land - use conflicts? A comparison of cases from Switzerland and Romania[J]. Applied Geography, 2014(1): 125 - 136.

⑤　常健. 公共冲突管理[M]. 北京：中国人民大学出版社,2012: 4.

⑥　焦娅敏. 社会冲突理论对正确处理我国社会矛盾的启示[J]. 湖南大学学报(社会科学版),2012(1): 133 - 136.

我国冲突现象；二是综合、转换和创新，即在借鉴西方理论的过程中，发展具有本土化特征的冲突理论①。

（2）对公共冲突产生及升级的原因进行探索。于建嵘认为，农村冲突的根源来自农村权威结构的失衡，而这种失衡源于利益的分化以及基层政府行为的失范②。张春颜通过对国内外公共冲突发生机理的研究，总结出公共冲突发生原因包括客观一般原因、客观特殊原因、主观一般原因和主观特殊原因③。许尧等指出公共冲突升级的原因包括冲突主体因素、具体情景因素、主观心理因素、宏观环境因素、冲突化解体系因素等，并进行了具体的分析与论证④⑤⑥。常健、殷浩哲对当前我国社会二阶冲突进行了探讨，认为二阶冲突的产生源于公众对政府无选择依赖又缺乏信任的现实困境，并从冲突方角度对二阶冲突的具体原因进行分析，最后提出了相关对策⑦。

（3）对冲突的类型和功能进行详细探索。付少平根据社会冲突的强度和烈度的不同，将社会冲突分为对抗性社会冲突和非对抗性社会冲突⑧。张康之从学理化角度出发，把社会冲突分为结构性的社会冲突和行为性的社会冲突⑨。于建嵘以冲突性质为划分标准，把不同维度的标准整合起来进行整体研究，将我国群体性事件划分为维权行动、泄愤、骚乱、

---

① 石方军．理论取向、核心议题与路径选择：社会冲突理论本土化探讨[J]．浙江社会科学，2012(12)：81–86．

② 于建嵘．利益、权威和秩序：对村民对抗基层政府的群体性事件的分析[J]．中国农村观察，2000(4)：72–78．

③ 张春颜．公共冲突发生机理问题研究综述[J]．行政论坛，2013(5)：72–76．

④ 许尧，高艳辉．公共冲突升级相关致因研究述评[J]．广东行政学院学报，2013(2)：37–41．

⑤ 许尧．群体性事件中主观因素对冲突升级的影响分析[J]．中国行政管理，2013(11)：26–29．

⑥ 高艳辉，许尧．论非直接利益群体性事件冲突升级的四个阶段[J]．法制与社会，2013(1)：179–181．

⑦ 常健，殷浩哲．论和平内涵的四个层次[J]．学术界，2017(10)：50–60．

⑧ 付少平．对当前农村社会冲突与农村社会稳定的调查与思考[J]．理论导刊，2002(1)：37–39．

⑨ 张康之．在政府的道德化中防止社会冲突[J]．中国人民大学学报，2002(1)：80–86．

纠纷以及有组织犯罪①。在对冲突类型划分的同时，我国学者也讨论了社会冲突的功能与影响作用②，认为冲突既具有破坏性的消极作用，如引起社会对立、危害政府合法性③，也具有建设性的积极作用，如增进公共福利、维护社群利益④。

（4）对公共冲突治理及困境解决的研究。学术界对公共冲突管理的研究较为广泛，张军果等在西方理论的基础上对第三方干预进行了研究，认为第三方干预在冲突化解中起到重要作用⑤⑥⑦。针对冲突治理的困境及其解决，廖克勤认为可以将冲突处置、冲突化解和冲突转化三种路径理解成三种不同的冲突解决机制，根据冲突性质与情景的不同采用不同的应对方式，并根据实践的发展对其进行综合运用⑧。赵伯艳提出要将社会组织引入公共冲突的治理⑨，让其充分发挥协调者、弱方辩护者、辅助者以及监督者的作用，以此来解决公共冲突治理结构中的困境⑩⑪。李秀峰提出，应主动借鉴国外冲突管理经验⑫，以缓解本国公共冲突。

（5）具体领域公共冲突及解决的研究。我国学术界主要围绕政策制定或公众参与中的冲突、土地纠纷与拆迁冲突、劳资冲突、社区冲突、

---

① 于建嵘．当前我国群体性事件的主要类型及其基本特征[J]．中国政法大学学报，2009
(6)：114－120.

② 胡联合，胡鞍钢．冲突的社会功能与群体性冲突事件的制度化治理[J]．探索，2011(4)：
140－143.

③ 章再彬，王炜．当前中国"无直接利益冲突现象"探析[J]．江西师范大学学报(哲学社会科学版)，2007(5)：31－34.

④ 孟薇，孔繁斌．邻避冲突的成因分析及其治理工具选择：基于政策利益结构分布的视角
[J]．江苏行政学院学报，2014(2)：119－124.

⑤ 张军果，任浩．组织冲突第三方干预机制研究[J]．山西财经大学学报，2006(1)：97－100.

⑥ 徐祖迎．公共冲突管理中的第三方干预[J]．理论探索，2011(2)：103－106.

⑦ 徐祖迎．第三方权威在冲突化解中的作用、条件及其限度[J]．长白学刊，2011(2)：61－65.

⑧ 廖克勤．中国公共冲突治理的困境与破解[J]．经济研究导刊，2012(36)：229－231.

⑨ 赵伯艳．我国公共冲突治理结构的困境、问题和对策：引入社会组织的视角[J]．中国社会组织，2012(11)：11－14.

⑩ 赵伯艳．社会组织在公共冲突治理中的角色定位[J]．理论探索，2013(1)：97－101.

⑪ 赵伯艳．公共冲突治理的三类干预角色分析：兼论政府和社会组织角色担任的适宜性[J]．
天津商业大学学报，2014(3)：54－59.

⑫ 李秀峰．韩国公共冲突管理制度化经验分析[J]．国家行政学院学报，2013(5)：106－111.

环境冲突这几个方面展开研究①②。在公众参与政策制定冲突的研究中，李亚、李习彬认为矛盾激发的原因在于多元主体在表达和参与政策制定后，各方的主张很难实现协调和统一，而这又源于有效的利益协调与共赢机制的缺乏③。征地冲突的研究一般是从制度、利益博弈、征地补偿、村级治理等视角探讨征地冲突发生的根源和防治对策④⑤。有关拆迁冲突的研究主要围绕冲突议题的治理、拆迁矛盾化解、制度和法制完善、补偿政策、利益博弈和平衡、第三方介入等方面展开⑥⑦⑧。有关劳资冲突的研究一般是从劳资谈判、力量均衡、利益博弈、网络化治理等方面展开⑨⑩⑪。关于社区冲突的研究一般是围绕社区冲突产生的根源及化解等方面展开⑫⑬。环境冲突研究主要围绕邻避设施选址冲突展开，并提出通过加强利益协商、建立补偿机制、扩大公民参与、完善公共政策、压缩

① 李亚. 中国的公共冲突及其解决:现状、问题与方向[J]. 中国行政管理,2012(2):16 – 21.
② 鲍海君,叶群英,徐诗梦. 集体土地上征收拆迁冲突及其治理:一个跨学科文献述评[J]. 中国土地科学,2014(9):82 – 88.
③ 李亚,李习彬. 多元利益共赢方法论:和谐社会中利益协调的解决之道[J]. 中国行政管理,2009(8):115 – 120.
④ 谭术魁,齐睿. 快速城市扩张中的征地冲突[J]. 中国土地科学,2011(3):26 – 30.
⑤ 孟宏斌. 资源动员中的问题化建构:农村征地冲突的内在形成机理[J]. 当代经济科学,2010(5):119 – 123.
⑥ 彭小兵. 城市拆迁冲突公共治理的文化价值视域[J]. 重庆大学学报(社会科学版),2011(3):30 – 38.
⑦ 白丽云. 关于强制拆迁问题的思考:以执法为民理念为核心视角[J]. 中国行政管理,2011(4):41 – 44.
⑧ 郭玉亮. 城市拆迁现象透析:利益冲突下的多方博弈[J]. 现代经济探讨,2011(2):24 – 28.
⑨ 刘泰洪. 劳资冲突化解:由集体谈判向网络化治理的转向[J]. 社会主义研究,2012(1):114 – 117.
⑩ 周建国. 非均衡契约、劳资冲突及其治理[J]. 上海交通大学学报(哲学社会科学版),2011(1):5 – 12.
⑪ 李春立,陈彦彦. 基于利益与力量考量的劳资冲突化解方案抉择[J]. 前沿,2011(15):107 – 109.
⑫ 杨淑琴. 从业主委员会的自治冲突看社区冲突的成因与化解:对上海市某社区冲突事件的案例分析[J]. 学术交流,2010(8):124 – 127.
⑬ 闵学勤. 社区冲突:公民性建构的路径依赖:以五大城市为例[J]. 社会科学,2010(11):61 – 67.

冲突范围、建立政治吸纳机制来化解冲突①②③④。

6.2.4　我国冲突解决研究现状

我国对于冲突解决的研究起步较晚，研究主要从冲突解决理论的引进与发展、冲突解决的内涵及现状、冲突解决机制建设及制度研究等方面展开了分析。

第一，国外冲突解决理论的引进与发展。一些学者为促进冲突解决理论的发展、推动本国冲突解决的研究做出了贡献。蓝志勇等指出我国学者在掌握和理解冲突解决的原理和技巧方面仍显不足，并从冲突的作用、本质、类型、解决方案及冲突参与者的角色这5类研究范畴出发，对冲突解决进行了详细的讨论，提出公共管理学者和实践者要更多地关注冲突解决问题研究⑤⑥。常健、原珂根据要解决的不同问题，对西方冲突化解的主要方法进行了系统的梳理，将其划分为6种主要类别，并对不同冲突解决方法所产生的理论基础进行了分析，厘清发展脉络，指出其使用的现实领域和范围，为我国冲突化解的研究和实践提供了借鉴⑦。

第二，我国冲突解决的内涵及现状研究。张春颜对冲突控制与冲突化解二者的内涵、目标和手段，以及二者之间相互依赖的作用关系进行了详细的分析⑧。常健和许尧指出公共冲突治理包括冲突处置、冲突化解和冲突转化这3个不同的层次，而在我国"强政府、弱社会"的格局下，公共冲突治理的社会层次并未得到充分发展，无论从主体方面还是手段

---

① 马奔，王昕程，卢慧梅．当代中国邻避冲突治理的策略选择：基于对几起典型邻避冲突案例的分析[J]．山东大学学报（哲学社会科学版），2014（3）：60－67．

② 熊炎．邻避型群体性事件的实例分析与对策研究：以北京市为例[J]．北京行政学院学报，2011（3）：41－43．

③ 张向和，彭绪亚．基于邻避效应的垃圾处理场选址博弈研究[J]．统计与决策，2010（20）：45－49．

④ 何艳玲．"中国式"邻避冲突：基于事件的分析[J]．开放时代，2009（12）：102－114．

⑤ 蓝志勇，钟玮，黄衔鸣．冲突解决视角对公共管理的启示[J]．中国行政管理，2012（2）：11－15．

⑥ 李亚．中国的公共冲突及其解决：现状、问题与方向[J]．中国行政管理，2012（2）：16－21．

⑦ 常健，原珂．西方冲突化解的主要方法及其发展脉络[J]．国家行政学院学报，2015（1）：112－117．

⑧ 张春颜．冲突控制与冲突化解：冲突管理方式研究述评[J]．学习论坛，2013（10）：49－53．

方面，公共冲突化解的环节都处于相对弱势地位①。李亚指出我国现阶段的冲突产生主要源于体制的不合理和不完善②，在冲突解决的过程中片面强调冲突的负面效应，人们普遍缺乏共赢观念与信心，由此导致体制内的协调和"自上而下"的指令是冲突解决过程的主要依靠，解决冲突的方式较单一③。韦长伟从第三方干预的角度出发，对国内外有关第三方干预的研究进行了梳理，指出我国学者有关第三方干预的研究稍显滞后，需要更多的学者参与研究，做出更多努力和贡献④。

第三，冲突解决的机制建设和制度研究。陈晓云、吴宁认为在新的社会形势下，应结合我国国情，合理借鉴西方冲突解决方法，重构新的社会冲突观⑤⑥。常建等根据领域的不同对经济生活、社会生活以及行政执法过程中出现的典型公共冲突进行案例分析，提出实现公共冲突的有效管理，需要建立彼此衔接、功能互补的有机体系⑦⑧⑨。韦长伟提出了基于权力的冲突、基于权利的冲突与基于利益的冲突 3 种不同类型的解决机制⑩。张春颜、许尧提出了冲突控制与冲突化解耦合的冲突解决模式⑪。随着多元主体参与意识和参与能力的提高，有学者提出在冲突解决的过程中，要注意集合多元主体与府际之间的相互合作⑫，选择有效的解决方式，促进冲突的顺利解决。

---

① 常健,许尧. 论公共冲突治理的三个层次及其相互关系[J]. 学习与探索,2011(2)：84 – 87.
② 李亚. 利益博弈政策实验方法:理论与应用[M]. 北京:北京大学出版社,2011.
③ 李亚. 中国的公共冲突及其解决:现状、问题与方向[J]. 中国行政管理,2012(2)：16 – 21.
④ 韦长伟. 冲突化解中的第三方干预研究综述[J]. 甘肃理论学刊,2011(2)：109 – 114.
⑤ 陈晓云,吴宁. 中国转型期社会冲突观念的重构[J]. 华中科技大学学报(社会科学版),2003(4)：42 – 47.
⑥ 陈晓云,吴宁. 中国社会矛盾学说与西方社会冲突理论之比较[J]. 汕头大学学报,2004(1)：68 – 72 + 91.
⑦ 常建. 中国公共冲突化解的机制、策略和方法[M]. 北京:中国社会科学出版社,2013.
⑧ 常健,许尧. 论公共冲突管理的五大机制建设[J]. 中国行政管理,2010(9)：63 – 66.
⑨ 常健,田岚洁. 中国公共冲突管理体制的发展趋势[J]. 上海行政学院学报,2014(3)：67 – 73.
⑩ 韦长伟. 冲突解决的三种机制及合理体系[J]. 云南社会科学,2012(2)：90 – 94.
⑪ 张春颜,许尧. 公共领域冲突控制与冲突化解耦合模式研究[J]. 上海行政学院学报,2013(4)：64 – 71.
⑫ 杨英法,李文华. 论群体性突发事件预防和处置机制的构建[J]. 学术交流,2006(5)：131 – 134.

6.2.5　研究现状分析

6.2.5.1　研究现状

通过对相关文献的梳理和分析，可以看出现有文献已经对冲突及冲突解决进行了广泛的研究和探索。从纵向上看，现有研究的研究对象包括理论基础、产生机制、分类与功能、冲突升级、冲突管理及困境，并从价值构建、机制设计、制度构建等方面对冲突治理困境的解决和冲突的解决提出了对策建议。从横向上看，现有研究涉及理论研究、社区冲突、农村冲突、邻避冲突、征地纠纷、拆迁纠纷、环境冲突、林权纠纷等不同内容，并且在各个领域已经初步形成了具有代表性的研究成果和领军人物。

6.2.5.2　既有研究的不足

通过对文献进行综述和分析可以看出，目前研究仍然有许多问题和不足需要有关研究者进行探讨和完善。第一，有关冲突及冲突解决的本土化研究不足。我国独特的国情、管理系统的不完善、冲突干预手段单一、整体观念意识的落后等复杂现实要求对冲突及冲突解决必须进行本土化创新，然而目前多数研究都集中在西方冲突理论和冲突解决理论的应用上，缺乏基于中国现实情况的深层次理论突破。第二，研究方法单一，研究深度需要提高。从研究方法上来看，现有研究多数为规范研究，有深度的实证分析较少。从研究内容上来看，大多数的研究都是浅尝辄止，仅仅是将作者的观点进行简单的罗列，提出的方案也是又空又大的建议，没有对问题进行具体的、深入细致的挖掘。第三，从管理学角度进行的研究较少。冲突现象的复杂性要求对冲突及冲突解决的研究进行多学科、多领域的交流与整合，然而现有研究涉及的学科多集中于社会学、政治学、心理学等，基于管理学的研究严重不足，从管理学角度研究冲突解决的文献更是匮乏。

6.3 概念界定、理论框架与数据方法

6.3.1 概念界定

6.3.1.1 大气污染

正如本书前面所说，大气污染是指由人类活动或自然过程引起的某些物质进入大气中，呈现出足够浓度，达到足够时间，并因此危害了人体的舒适、健康和福利或环境污染的现象。大气污染的原因是复杂多样的，一般而言，学术界普遍认同大气污染是由自然因素和人为因素共同造成的。自然因素是指自然界向大气中排放污染物所产生的大气污染，如火山喷发、森林火灾等；人为因素是指由人的社会活动引起的向大气中排放污染物的行为，包括以煤为主的不合理的能源结构、工业污染、机动车尾气的排放、城市建设施工和露天堆物等造成的扬尘、居民生活污染、焚烧污染、城市群效应等①②。本章所涉及的"大气污染"主要是指由人为因素造成的空气污染。

6.3.1.2 冲突

学者从不同角度对冲突进行了不同的界定。拉尔夫·达伦多夫强调冲突中的对抗性，认为冲突是人们为了达成不同的目标、满足不同的利益所形成的某种形式的斗争，是以竞争、争夺、争执为主要表现形式的社会力量之间的明显冲撞③；刘易斯·科塞强调冲突是对资源、权力、利益等的争夺，将冲突看作对立双方围绕价值、稀有地位、权力和资源的争斗，在这种争斗中，冲突双方意在破坏乃至伤害对方④。詹姆斯·舍伦贝格对冲突的定义较为全面，认为冲突是个人或群体之间基于利益的竞

---

① 戚艳萍. 我国大气污染成因分析及排污收费标准的制定[J]. 现代化工,2000(7)：9-12.

② 张梦秋. 大气污染的成因及治理对策研究[J]. 环境与生活,2014(14)：112.

③ DAHRENDORF R. Class and class conflict in industrial society [M]. Stanford：Stanford University Press, 1959：135.

④ 刘易斯·科塞. 社会冲突的功能[M]. 孙立平,译. 北京：华夏出版社,1989.

争、身份的差异、态度的不同所导致的敌对状态①。无论对冲突的理解从何种角度出发，学者都强调了：第一，冲突源于相关各方在利益、目标、信念、价值、态度、需求等方面的差异性和竞争性；第二，这种差异被感知到，并导致各方产生对抗的情绪、态度及行动；第三，现有的备选方案无法满足相关各方的愿望，或者相关各方认为愿望无法被调和②。

6.3.1.3 大气污染冲突

目前，学术界还没有对大气污染冲突进行明确的定义，根据对一般冲突理论的分析，本章定义的大气污染冲突具有如下一些特征。第一，大气污染冲突是由空气污染或者由空气污染引发的利益纷争引起的，如因企业的废气排放侵犯了周围居民的健康权而引起的冲突等。第二，冲突各方存在利益、需求、目标、信念、价值、态度等方面的矛盾与对立，不仅包括资源分配不均的物质性对立，还包括发展与环保的价值观念不一致的非物质性对立（是否应该为了发展而破坏环境）；不仅包括环境利益与经济利益间的横向冲突，还包括社会代际间的纵向冲突。第三，冲突各方开展了具体的对立行为，如游行示威、谩骂争吵等。第四，冲突形式多样化，不仅包括狭义上的冲突，还包括群体性事件、纠纷、抗争、暴力事件、集体行动、邻避运动等。需要指出的是，大气污染冲突不仅具有负面功能，如影响社会和谐、破坏社会稳定等，还具有正面功能，如提高人们的环保意识和认识，促进清洁能源的生产等。

6.3.2 理论框架

埃莉诺·奥斯特罗姆提出了一个相互嵌套的复杂模型，即制度分析和发展分析框架（IAD 框架）③，制度分析和发展分析框架是一个多层次的分析系统，奥斯特罗姆将这些层次分为 3 个方面，即宏观上的宪法层

———————

① SCHELLENBERG J A. Conflict resolution：theory，research，and practice［M］. New York：New York State University of New York Press，1996：8.

② 狄恩·普鲁特，金盛熙. 社会冲突：升级、僵局及解决［M］. 王凡妹 ，译. 北京：人民邮电出版社，2013：20.

③ OSTROM E. Understanding institutional diversity［M］. Princeton：Princeton University Press，2005：1－29.

次、中观上的集体选择层次以及微观上的操作层面。该框架由外部变量、行动情境、行动者、互动、结果及评价判断等构成，其中，行动情境主要包括行动者数量、行动者占有的职位、行动者所面临的行动选择数量、行动者在决策点所拥有的信息、行动者能够集体影响结果的类型、连接行动者行动和结果的函数及对于行动和结果所分配的报酬①。杨立华针对现有理论的不足，从"产品－制度"的研究角度提出了"产品－制度"（PIA）分析框架②，并认为博弈行动者在内部和外部因素的决定和影响下，在产品性质和特征的制约下，在各种具体相关因素的影响和决定下做出战略选择和行动集合，并进行博弈，最终输出一个新的产品。PIA分析框架提出影响集体行动模式选择的因素包括社区的内部因素和外部因素，其中，在社区内部的微观行动博弈场中有12个变量，即行动者、参与者类型、行动战略、资源、动机、具体规则、具体行为、效用方程、信息和知识、博弈内部盒子、博弈结果、新产品；此外，社区的其他各种资源或资本，以及各种正式或非正式规则（法律制度）也对微观行动博弈场有重要影响作用。斯蒂芬·罗宾斯在庞蒂的冲突五阶段③的基础上认为冲突是一个过程，并提出了冲突过程五阶段理论④，该理论认为冲突的第一阶段为潜在的对立或不一致，在此阶段产生冲突的差异已经存在，包括信息差异、认知差异、利益差异以及角色差异，但这些差异并不必定导致冲突；冲突的第二个阶段为认知和个性化，即冲突不可避免，同时冲突既有正功能也有负功能；第三个阶段为行为意向，包括合作、折中、回避、强迫以及迁就，这五种冲突处理意向方式为冲突双方提供了冲突解决的总体行为指南；第四个阶段为行为，在此阶段冲突是可见的，

---

① 李文钊．多中心的政治经济学：埃莉诺·奥斯特罗姆的探索［J］．北京航空航天大学学报（社会科学版），2011（6）：1－9．

② 杨立华．构建多元协作性社区治理机制解决集体行动困境：一个"产品－制度"分析（PIA）框架［J］．公共管理学报，2007（2）：6－23．

③ PONDY L R. Organizational conflict: concepts and models［J］. Administrative Science Quarterly, 1967（2）：296－320．

④ 斯蒂芬·罗宾斯．组织行为学：第七版［M］．孙健敏，李原，等译．北京：中国人民大学出版社，2002：393．

冲突双方公开试图实现各自的愿望；第五个阶段为结果。对于行动者类型的划分，本章借鉴多元协同治理理论①，将其划分为个体、社区或村庄、专家学者②、媒体、政府、司法机关、企业、非政府组织8类。其中，政府又可以分为中央政府、市政府以及乡镇政府。

　　本章参考上述理论和分析框架，并考虑大气污染冲突的现实特征，得到如下理论分析框架。在此理论分析框架中，大气污染冲突的解决结果受内外两大部分因素影响，内部即冲突参与者及其行动，外部即外部资源。在冲突参与者及其行动部分，共包含8个变量。①冲突参与者的类型，从多元协同角度可以分析参与者是个体、村庄社区、政府、专家学者或其他等。②各参与者可以选择的行动策略，如争斗、问题解决、让步、回避等。③各参与者对冲突事件及环保理念的认知情况。④各参与者所具有的冲突事件的信息。冲突参与者所具有的认知差异和信息差异都影响着参与者行动策略的选择。⑤不同主张及不同利益的表达情况。⑥对不同主张及利益诉求的回应情况。利益表达和诉求回应是不断循环交流和沟通的过程，以使对立的观点或不同的利益得到有效的整合。⑦对冲突规模的合理控制，以避免在交流过程中使冲突态势扩大化。⑧解决方案，包括有效的解决方案的制定与实施。外部资源也对冲突的解决具有很大的影响③，主要包括第三方干预和正式及非正式规则。第三方的干预影响着冲突解决的资源供给问题、解决方案的科学性及执行问题等。正式及非正式规则（法律制度）影响着整个冲突的解决，正式规则可以为冲突的解决提供法律依据，意识形态等非正式规则广泛地影响着人们的行为④。

　　据此得出本章的理论分析框架，如图6.1所示，其中实箭头表示由

　　①　杨立华. 多元协作性治理：以草原为例的博弈模型构建和实证研究[J]. 中国行政管理，2011(4)：119－124.
　　②　杨立华. 学者型治理：集体行动的第四种模型[J]. 中国行政管理，2007(1)：96－103.
　　③　杨立华. 沙漠化治理制度变迁的设计原则：基于中国北方五省的实证分析[J]. 公共管理评论，2010(2)：3－25.
　　④　道格拉斯·C. 诺斯. 制度、制度变迁与经济绩效[M]. 杭行，译. 上海：上海人民出版社，2012：62.

外到内或其他主要正向影响，虚箭头表示由内到外或回馈性影响；粗实框表示完整系统，细实框表示影响因素，虚框表示系统内子系统。

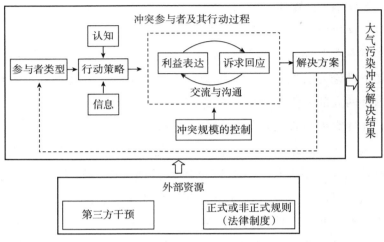

图 6.1　理论分析框架

6.3.3　数据与研究方法

本章是关于大气污染多元协同治理中的冲突解决机制的实证研究，主要采用案例分析、问卷调查、实地访谈和文献荟萃相结合的方法。其中，研究方法以案例分析法为主，同时，通过问卷调查、实地访谈和文献荟萃对研究数据进行补充和验证。

6.3.3.1　案例选择与收集方法

本章共选取了25个大气污染冲突的典型案例进行分析，包括10个北京市大气污染冲突案例和15个其他省份大气污染冲突案例。冲突案例选取的依据有：首先，冲突的起因与大气污染有关（如因垃圾焚烧、工厂向空气排污等引起的冲突或纠纷）；其次，案例中涉及的主体实施了具体的行动（如上访、网上公开声讨等）；最后，案例拥有大量相关文献研究支持（如期刊文章、新闻报道、网络资料、书籍著作等），以保证所选案例的完整性与可靠性。同时，本章从证据来源、案例地区与层级、解决结果等多个方面对案例进行了筛选。

第一，证据来源方面。为了保证案例资料的可靠性与完整性，本章综合使用多种渠道采集资料，并在使用过程中进行灵活调整与组合，从多角度对案例事实进行验证。案例的证据来源包括期刊文章、会议论文、图书专著、学位论文、政府文件、报纸新闻（包括纸质版和电子版）、网络资料（主要指论坛、博客、微博等信息）以及实地的采访与观察等，形成了资料三角形（见表6.1）。需要指出的是，此处所列的这几项证据来源是针对整体案例来说的，因为不同案例发生的地点不同、规模不同、引起的社会关注度也不同，因此并非所有案例都拥有上述所列的每项证据来源的支持。同时，最终案例资料形成于研究团体对由不同研究者搜集的初始资料的共同整理，保证了研究者的多样性，进而形成研究者三角形。通过资料三角形和研究者三角形形成案例的证据三角形，从而保证案例资料的有效性与可信度[①]。

表 6.1　大气污染冲突案例来源数据　　　　　单位：篇

案例 名称	期刊 会议	图书 专著	报纸 新闻	网络 资料	学位 论文	政府 文件	总计
北京市大气污染冲突案例							
C6-1 新河村胶带厂空气污染事件	0	0	3	2	0	1	6
C6-2 三黄庄村民围堵化工厂	0	0	2	3	0	1	6
C6-3 居民集团诉煤炭公司污染案	1	1	1	3	2	1	9
C6-4 高安屯垃圾填埋场臭味	5	0	5	3	0	0	13
C6-5 六里屯反建垃圾焚烧厂	5	0	3	3	1	0	12
C6-6 阿苏卫反建垃圾焚烧厂	4	1	2	3	1	0	11
C6-7 西二旗垃圾场事件	3	0	3	4	2	0	12
C6-8 金隅7090空气污染事件	1	0	4	3	0	1	9
C6-9 $PM_{2.5}$政策制定	4	0	2	3	2	0	11
C6-10 中科院大气污染报告争议	2	0	4	3	0	0	9
其他地区大气污染冲突案例							
C6-11 三河市段甲岭镇粉尘污染	3	1	3	2	2	0	11

---

① 罗伯特·K. 殷. 案例研究:设计与方法[M]. 周海涛,等译. 重庆:重庆大学出版社,2010.

续表

案例名称	期刊会议	图书专著	报纸新闻	网络资料	学位论文	政府文件	总计
C6-12 浙江东阳画水事件	1	0	4	2	0	2	9
C6-13 钟祥化工污染赔偿案	1	0	6	3	0	0	10
C6-14 虎门发电厂废气污染	1	0	4	4	0	0	9
C6-15 广州番禺事件	4	0	3	3	1	0	11
C6-16 南山发电一厂环境污染	0	0	4	5	0	0	9
C6-17 刘珉诉哈药总厂大气污染	1	0	3	2	0	0	6
C6-18 如皋白蒲农田污染案	0	0	3	5	0	1	9
C6-19 厉夫金诉铜利铸造案	0	2	0	3	0	3	8
C6-20 凤翔血铅事件	5	1	3	2	0	0	11
C6-21 施昌阳诉旺兴饮料公司案	0	0	2	3	0	1	6
C6-22 广西玉林大气污染损害赔偿案	3	0	2	3	0	0	8
C6-23 厦门PX事件	4	1	2	3	3	1	14
C6-24 大连PX事件	4	1	3	2	2	0	12
C6-25 嘉兴"2·24"大气污染	1	0	4	3	0	1	9
总计	53	8	75	75	16	13	240

第二，案例地区与层级方面。本章在案例的选取过程中特别注意案例地区分布的广泛性和案例事件的代表性，最终确定的这些案例分布地点不仅包括空气污染问题严重的北京市，还拓展到了中国大气污染严重的其他省、市、县、乡，能够保证研究的有效性。案例层级是指案例发生的地理范围，包括国家级、省级、市级、区县级、乡镇级等。本章所选的25个案例涵盖各个层级，能够为不同层级的大气污染冲突治理提供一定的参考；同时，大量案例属于市级、区县级和乡镇级，有助于增强研究的适用性。

第三，解决结果方面。本章将"事件处理时间"和"解决方案达成"作为衡量指标，将大气污染冲突解决的结果分为成功（S）、半成功（H）和失败（F）三种。为了能够尽可能充分地得到成功的大气污染冲突解决所包含的要素，本章所选取的案例不仅包括成功的案例，还包括半成功和失败的案例，进而保证研究结果的全面性与科学性（见表6.2）。

表 6.2　大气污染冲突案例

案例名称	起止时间/年	持续时间	地点	层级	结果
北京市大气污染冲突案例					
C6-1 新河村胶带厂空气污染事件	2008	2 个月	北京通州	乡镇	F
C6-2 三黄庄村民围堵化工厂	2009—2010	1 年	北京通州	乡镇	F
C6-3 居民集团诉煤炭公司污染案	2000—2001	2 年	北京房山	区县	H
C6-4 高安屯垃圾填埋场臭味	2005—2009	4 年	北京通州	区县	H
C6-5 六里屯反建垃圾焚烧厂	2006—2009	4 年	北京海淀	区县	H
C6-6 阿苏卫反建垃圾焚烧厂	2009—2010	7 个月	北京昌平	区县	S
C6-7 西二旗垃圾场事件	2011—2012	7 个月	北京海淀	区县	S
C6-8 金隅 7090 空气污染事件	2011—2014	3 年	北京通州	区县	F
C6-9 $PM_{2.5}$ 政策制定	2011—2012	4 个月	北京	国家	S
C6-10 中科院大气污染报告争议	2014	4 天	北京	国家	S
其他地区大气污染冲突案例					
C6-11 三河市段甲岭镇粉尘污染	2008—2013	5 年	河北三河	乡镇	H
C6-12 浙江东阳画水事件	2005	2 个月	浙江画水	乡镇	S
C6-13 钟祥化工污染赔偿案	2008—2011	3 年	湖北钟祥	乡镇	F
C6-14 虎门发电厂废气污染	2008—2010	3 年	广东虎门	乡镇	H
C6-15 广州番禺事件	2009	3 个月	广东番禺	区县	S
C6-16 南山发电一厂环境污染	2009	4 个月	广东佛山	区县	S
C6-17 刘珉诉哈药总厂大气污染	2007—2014	7 年	黑龙江哈尔滨	区县	F
C6-18 如皋白蒲农田污染案	2004	7 个月	江苏白蒲	区县	S
C6-19 厉夫金诉铜利铸造案	2006—2007	1 年	江苏铜山	区县	S
C6-20 凤翔血铅事件	2009	4 个月	陕西凤翔	区县	H
C6-21 施昌阳诉旺兴饮料公司案	2010—2011	11 个月	湖北枝江	市级	S
C6-22 广西玉林大气污染损害赔偿案	1994—2000	6 年	广西玉林	市级	H
C6-23 厦门 PX 事件	2006—2007	9 个月	福建厦门	市级	S
C6-24 大连 PX 事件	2011	7 天	辽宁大连	市级	S
C6-25 嘉兴 "2·24" 大气污染	2011	2 天	浙江嘉兴	市级	S

　　为保证研究的外部有效性，本章在案例的选择上分为两个阶段，即第一阶段的案例总结和第二阶段的案例验证。第一阶段案例总结的工作

旨在分析和总结影响大气污染冲突解决的因素以及设计大气污染冲突解决机制，本阶段共 10 个案例，即案例 C6 – 1 至案例 C6 – 10，主要为北京市发生过的大气污染冲突案例；第二阶段案例验证将案例的选取扩展到了中国大气污染严重的其他省、市、县、乡等，其目的在于检验第一阶段总结的冲突解决影响因素和冲突解决机制，本阶段共 15 个案例，即案例 C6 – 11 至案例 C6 – 25。

6.3.3.2　问卷调查方法

实地调查数据与第 3 章中的调查数据来自同一份调查问卷，具体见 3.3.1。

6.3.3.3　实地访谈方法

实地访谈方法是为了弥补问卷调查和案例分析的不足，本章的研究准备从两个方面进行实地访谈。一是在发放问卷的过程中，与当地居民进行深入的交流，以更清楚地了解人们对于多元协同治理、冲突及冲突解决的认识。二是以选取的冲突案例为依据，到发生冲突的地区进行实地调查，对经历过大气污染冲突或对冲突事件具有一定了解的民众、企业工作人员、政府官员、非政府组织成员等进行采访，了解冲突发生的原因和过程、冲突解决的过程和结果以及冲突当事人对冲突解决的评价与建议。

6.3.3.4　文献荟萃分析

为了了解当前研究的状况、弥补问卷调查和案例分析的不足，本章将进行大量的文献荟萃分析。这些文献包括已发表的期刊论文、专著书籍、硕博学位论文、新闻报道、政府工作总结、法律规章等。这些文献可以为研究提供有关的理论支持和背景信息，还可以验证研究结果的有效性。

6.3.4　案例编码与变量测量

案例编码中最常遇见的问题就是因个人喜好和结果偏向性等主观因素造成的编码偏见与误差，为了解决这一问题，本章的案例编码由多人共同完成。在整个编码过程中共有三人参与，即主要研究者和两名协助编码人。首先由三人采用背对背形式进行编码。其次对三人的编码结果进行对比，若三者的相似度均大于70%，则讨论统一编码；若存在两两相似度低于70%，则重新进行编码，直到三者的相似度均大于70%。最后讨论统一编码，确定结果。

为了便于分析，本章基于社会冲突理论、冲突管理理论、治理理论以及多元协同治理理论，同时结合已有的冲突解决研究结果，共得到9个要素，即起止时间、持续时间、发生地点、案例层级、事件规模、参与者类型、行动策略、冲突解决机制以及解决结果。

要素"起止时间"是指冲突事件的开始时间和结束时间，并统一以年份来表示。要素"持续时间"是指冲突事件具体经历的时间跨度，因具体案例的差异有的具体到天数，有的具体到月数，有的表示为年数。要素"发生地点"是指冲突事件发生的地点名称。要素"案例层级"的测量指标由小到大为"乡镇级""区县级""市级""省级""国家级"，指案例发生的地理范围级别。要素"事件规模"由参与冲突事件的人群数量衡量，其测量指标为 H（高）、M（中）、L（低）与 ND（没有数据）。要素"参与者类型"的测量指标为具体的主体，即个体、社区或村庄、专家学者、媒体、政府、司法机关、企业、非政府组织；需要指出的是，为了简化分析，本章将施加冲突的一方称为"冲突一方"，与之相对的一方称为"冲突另一方"，将与争议无关并力图帮助各方结束冲突的一方称为"第三方"。要素"行动策略"的衡量指标为"争斗""让步""问题解决""回避"，该分类来源于普鲁伊特和金姆对社会冲突解决的分类。"争斗"策略即一方试图将自己偏爱的解决方案强加于另一方；"让步"策略指降低自身的期望值，并对自身所得低于原先的期望值并无不满；"问题解决"策略指借助谈判或者外部干预寻求一项能满足双方愿望的解决方案；"回避"策略即不卷入冲突。要素"冲突解决机制"主要包括 10 个因素，主要包括参与主体的多元程度、行动策略的合理程度、环保理念的普及程度、信息公开程度、利益表达程度、诉求回应程度、冲突规模的控制程度、解决方案的有效度、第三方干预、正式及非正式规则支持程度，并采用"非常符合""部分符合""不符合"
"资料缺失"这4种测量指标对案例中各个因素表现出来的强弱程度进
行对应的填写。其中，"非常符合"是指案例完全能体现出这一因素，
记为H；"部分符合"是指案例并不完全体现了这一因素，但在一定程
度表现出了与其一致的方面，记为M；"不符合"指案例完全没有表现
出该因素的特点，记为L；"资料缺失"指案例资料未能显示出案例是
否符合这一因素，研究不能肯定其究竟符不符合，记为ND。要素"解决
结果"主要由解决方案达成和冲突持续时间两个方面衡量，其测量指标
为S（成功）、H（半成功）、F（失败）。其中，"成功"的冲突解决中冲
突最后达成了解决方案，并且整个冲突持续的时间在一年以内；"半成
功"的冲突解决中冲突最后达成了解决方案，但整个冲突持续的时间在
一年至三年之间；"失败"的冲突解决中冲突最后未达成解决方案。据
此，案例要素测量见表6.3。

表6.3 案例要素测量

案例要素	测量指标
起止时间	年份—年份
持续时间	天数/月数/年数
发生地点	事件发生地点
案例层级	乡镇级/区县级/市级/省级/国家级
事件规模	H（高）/M（中）/L（低）/ND（没有数据）
参与者类型	个体、社区或村庄、专家学者、媒体、政府、司法机关、企业、非政府组织
行动策略	争斗、让步、问题解决、回避
冲突解决机制的10个因素*	H（非常符合）/M（部分符合）/L（不符合）/ND（资料缺失）
解决结果	S（成功）/H（半成功）/F（失败）

注：*这10个因素具体包括参与主体的多元程度、行动策略的合理程度、环保理念
的普及程度、信息公开程度、利益表达程度、诉求回应程度、冲突规模的控制程度、
解决方案的有效度、第三方干预、正式及非正式规则支持程度。

6.4 结果

6.4.1 大气污染冲突解决影响要素分析

6.4.1.1 冲突参与者及其行动过程对冲突解决结果的影响

（1）冲突参与者类型对冲突解决结果的影响分析。

多元主体共同参与治理的主张已经得到越来越多的认同，这些主体的类型包括个体、村民居民、政府、企业、专家学者、新闻媒体、非政府组织等。在对每个案例进行分析的基础上，本章对大气污染冲突案例中的冲突参与者的个数以及种类进行了总结与分析。

通过分别对成功、半成功和失败的案例进行总结可以发现，在25个典型的大气污染冲突案例中，有3种主体参与的案例共有6个，其中冲突得到成功解决的案例有2个，冲突解决结果为半成功的案例有1个，冲突解决失败的案例有3个；有4种主体参与的案例共有8个，其中冲突得到成功解决的案例有6个，冲突解决结果为半成功的案例有1个，冲突解决失败的案例有1个；有5种主体参与的案例有2个，冲突解决的结果均为半成功；有6种主体参与的案例共有8个，其中冲突得到成功解决的案例有5个，冲突解决结果为半成功的案例有3个；有7种主体参与的案例有1个，其冲突解决结果为失败。（见表6.4）

从问卷分析结果来看，在对多元主体参与对大气污染冲突解决影响的调查中，有71.4%的被调查者表示赞同冲突参与主体的多元性会对大气污染冲突的解决产生影响；同时，仅有5.3%的被调查者表示不赞同多元主体的参与会影响大气污染冲突的成功解决（见表6.5）。

表6.4 大气污染冲突案例的冲突参与者类型分析

案例名称	冲突双方	冲突第三方	结果
北京市大气污染冲突案例			
C6-1 新河村胶带厂空气污染事件	村庄—企业	县乡政府	F
C6-2 三黄庄村民围堵化工厂	村庄—企业	县乡政府	F

续表

案例名称	冲突双方	冲突第三方	结果
C6－3 居民集团诉煤炭公司污染案	社区—企业	市政府、县乡政府、司法机关	H
C6－4 高安屯垃圾填埋场臭味	社区—县乡政府	媒体、专家学者	H
C6－5 六里屯反建垃圾焚烧厂	社区—县乡政府	中央政府、市政府、媒体、专家学者	H
C6－6 阿苏卫反建垃圾焚烧厂	社区—县乡政府	市政府、媒体、专家学者、非政府组织	S
C6－7 西二旗垃圾场事件	社区—县乡政府	市政府、媒体、专家学者、非政府组织	S
C6－8 金隅7090空气污染事件	社区—企业	市政府、县乡政府、媒体、专家学者、非政府组织	F
C6－9 PM$_{2.5}$政策制定	社区—中央政府	专家学者、非政府组织、媒体、个体	S
C6－10 中科院大气污染报告争议	社区—专家	市政府	S
其他地区大气污染冲突案例			
C6－11 三河市段甲岭镇粉尘污染	村庄—企业	县乡政府、市政府、媒体、非政府组织	H
C6－12 浙江东阳画水事件	村庄—县乡政府	市政府	S
C6－13 钟祥化工污染赔偿案	个体—企业	司法机关	F
C6－14 虎门发电厂废气污染	村庄—企业	县乡政府、市政府、专家学者	H
C6－15 广州番禺事件	社区—县乡政府	市政府、专家学者	S
C6－16 南山发电一厂环境污染	社区—县乡政府	市政府、专家学者	S
C6－17 刘珉诉哈药总厂大气污染	个体—企业	司法机关、市政府	F
C6－18 如皋白蒲农田污染案	村庄—企业	县乡政府、市政府、专家学者、司法机关	S
C6－19 厉夫金诉铜利铸造案	个体—企业	司法机关、专家学者	S
C6－20 凤翔血铅事件	村庄—企业	县乡政府、市政府、中央政府、专家学者	H

续表

案例名称	冲突双方	冲突第三方	结果
C6-21 施昌阳诉旺兴饮料公司案	个体—企业	司法机关、专家学者	S
C6-22 广西玉林大气污染损害赔偿案	个体—企业	司法机关	H
C6-23 厦门 PX 事件	社区—市政府	中央政府、专家学者、企业、媒体	S
C6-24 大连 PX 事件	社区—市政府	媒体，专家学者	S
C6-25 嘉兴"2·24"大气污染	市政府—市政府	个体、专家学者	S

（2）冲突参与者行动策略对冲突解决结果的影响分析。

从问卷的分析结果来看，75.6%的被调查者认为冲突参与者所选择的解决方式会对大气污染冲突的解决结果产生影响，其中，31.5%的被调查者表示非常同意冲突参与者选择的行动策略会对大气污染冲突的解决产生影响（见表6.5）。

表6.5 大气污染冲突解决的影响因素的问卷调查结果 （%）

影响因素	同意程度						
	同意	非常同意	比较同意	一般	比较不同意	非常不同意	不清楚
（a）被调查者对多元参与的认同							
多元主体的参与	71.4	28.9	42.5	20.1	4.1	1.2	0.9
（b）被调查者对行动策略选择的认同							
选择的冲突解决方式	75.6	31.5	44.1	19.8	1.8	0.4	0.4
（c）被调查者对冲突的过程的强调							
广泛的环保理念普及	70.7	25.2	45.5	22.3	3.3	1.2	0.5
充分的信息公开	74.1	37.9	36.2	20.1	2.7	0.9	0.4
充分的利益表达	74.8	37.1	37.7	18.1	3.2	1.2	0.6
及时的诉求回应	75.4	32.2	43.2	18.2	2.6	1.1	0.8
冲突事件规模	52.6	23.3	32.9	26.8	9.4	4.3	1.4
有效的解决方案	73.3	31.5	41.8	19.0	3.7	1.2	0.7
（d）被调查者对第三方干预的认同							
第三方干预	62.1	25.3	36.8	29.4	5.3	1.2	1.1

影响因素	同意程度						
	同意	非常同意	比较同意	一般	比较不同意	非常不同意	不清楚
（e）被调查者对外在制度支持的认同							
外在制度支持	73.9	36.4	37.5	20.7	3.6	0.9	0.8

为了考察不同的行动策略对冲突解决效果的影响，本章对 25 个案例中的冲突双方在大气污染冲突中使用的策略以及战术和冲突第三方参与的手段进行了概括和分析。需要指出的是，第一，策略仅是应用于冲突解决的基本取向，为了更清楚地了解冲突双方实施的行动办法，本章也对冲突双方采取的战术进行了概括和分析；第二，在大多数的冲突案例中，冲突双方会将各项策略组合使用或依次使用，因此本章根据事件的发展时序概括冲突双方在大气污染冲突中使用的策略以及战术；第三，针对第三方，本章仅概括和总结了其参与的手段。

通过对 25 个案例中的冲突参与者的行动策略及手段的整理可以发现，对于冲突一方而言，对冲突策略的选择偏向于争斗和问题解决。其中，有 14 个案例中的冲突一方在冲突中仅采取了争斗策略，成功解决的有 36%；有 5 个案例中的冲突一方采取争斗策略和问题解决策略相组合的方式，成功解决的有 60%；有 6 个案例中的冲突一方在冲突开始时采用问题解决策略，成功解决的有 100%。对于冲突另一方而言，有 9 个案例中的冲突另一方在冲突开始时采取回避策略，成功解决的有 33%；有 8 个案例中的冲突另一方在冲突开始时采取争斗策略，成功解决的有 37.5%；有 5 个案例中的冲突另一方在冲突开始时采取问题解决策略，成功解决的有 100%。

（3）冲突参与者的行动过程对冲突解决结果的影响。

大气污染冲突是一个复杂的过程，在这一过程中，冲突参与者之间不断进行着互动。为了便于分析，本章将大气污染冲突的过程简单地分为冲突预防、冲突显现以及冲突解决这 3 个阶段，并选取了 6 个要素评价冲突参与者的行动对冲突解决结果的影响。这 6 个要素分别为冲突预防阶段的环保理念普及与信息公开，冲突显现阶段的利益表达、诉求回应以及规模控制，以及冲突解决阶段的方案实施。

通过对 25 个大气污染冲突案例的编码和总结可以发现，环保理念普及程度为"高"的案例共有 3 个，其解决结果均为成功；环保理念普及程度为"中"的案例共 10 个，其中，解决结果为成功的占 60%，解决结果为失败的占 10%；环保理念普及程度为"低"的案例共 3 个，其中，解决结果为成功的占 33.3%，解决结果为失败的占 33.3%，可见环保理念普及程度越高，冲突解决的成功率越高。信息公开程度为"高"的案例共有 3 个，其中，解决结果为成功的占 66.6%；信息公开程度为"中"的案例共 8 个，其中，解决结果为成功的占 62.5%；信息公开程度为"低"的案例共 5 个，其中，解决结果为成功的占 40%，可见信息公开程度越低，冲突解决的成功率越低。利益表达程度为"高"的案例共有 15 个，其中，解决结果为成功的占 66.7%，解决结果为失败的占 6.7%；利益表达程度为"中"的案例共 5 个，其中，解决结果为成功的占 40%，解决结果为失败的占 20%；利益表达程度为"低"的案例共 5 个，其中，解决结果为成功的占 20%，解决结果为失败的占 60%，可见利益表达程度越高，冲突解决越倾向于成功。诉求回应程度为"高"的案例共有 10 个，其中，解决结果为成功的占 90%；诉求回应程度为"中"的案例共 7 个，其中，解决结果为成功的占 42.9%；诉求回应程度为"低"的案例共 8 个，其中，解决结果为成功的占 12.5%，解决结果为失败的占 62.5%，可见诉求回应程度越高，冲突解决的成功率越高。规模控制程度为"高"的案例共有 16 个，其中，解决结果为成功的占 75%；规模控制程度为"中"的案例共 5 个，其中，解决结果为失败的占 60%；规模控制程度为"低"的案例共 4 个，其中，解决结果为成功的占 25%，解决结果为失败的占 50%，可见对冲突规模的控制程度越高，冲突解决结果越倾向于成功。方案实施情况为"高"的案例共有 14 个，其中，解决结果为成功的占 71.4%；方案实施情况为"中"的案例共 6 个，其中，解决结果为成功的占 50%，解决结果为失败的占 16.7%；方案实施情况为"低"的案例共 5 个，其中，解决结果为失败的占 80%，可见解决方案的实施越有效，冲突的解决结果越倾向于成功（见表6.6）。

表6.6　行动过程对解决结果的影响分析

解决结果	环保理念普及				信息公开				利益表达			诉求回应			规模控制			方案实施		
	H	M	L	ND	H	M	L	ND	H	M	L	H	M	L	H	M	L	H	M	L
成功	3	6	1	3	2	5	2	4	10	2	1	9	3	1	12	0	1	10	3	0
半成功	0	3	1	3	1	3	1	2	4	2	1	1	4	2	4	2	1	4	2	1
失败	0	1	1	3	0	0	2	3	1	1	3	0	0	5	0	3	2	0	1	4

注：H表示高，M表示中，L表示低，ND表示资料缺失。

从问卷的分析结果来看，70.7%的被调查者认为冲突参与者的认知水平会影响大气污染冲突的解决结果，并且仅有4.5%的被调查者对此表示不赞同。在对信息公开的充分性对大气污染冲突解决影响的调查中，超过30%的被调查者表示非常赞同信息公开的充分性会对大气污染冲突的解决产生影响，仅有3.6%的被调查者对此表示不赞同。对于规范且充分的利益表达以及及时且正向的诉求回应对大气污染冲突解决的影响的调查中，超过70%的被调查者表示这两个因素会对大气污染冲突解决的结果产生影响。在对冲突事件规模对大气污染冲突解决影响的调查中，23.3%的被调查者表示非常赞同冲突事件规模会对大气污染冲突的解决产生影响，并且认为冲突事件规模越大，冲突越容易得到成功的解决。对于有效的解决方案对大气污染冲突解决影响的调查中，超过30%的被调查者表示非常赞同这个因素会对大气污染冲突解决的结果产生影响。

6.4.1.2　第三方干预对冲突解决结果的影响

当冲突双方的直接沟通与交涉无法有效地处理冲突事件的时候，或者事件态势严重需要尽快解决问题的时候，往往会有第三方参与。旺多莱克将第三方定义为"居于两个或两个以上冲突主体之外的试图帮助他们化解冲突的一方"[1]，他们或是应冲突双方的要求参与冲突，或是主动参与争议。通过对冲突案例的分析和整理可以发现，在大气污染冲突解

---

① WONDOLLECK J M. Public lands conflict and resolution: managing national forest disputes [M]. Environment, Development, and Public Policy. Environmental Policy and Planning (USA). Plenum Press, 1988.

决中，第三方干预是最主要的也是最重要的冲突解决方式。本章以第三方拥有的资源衡量第三方干预的有效性，并在借鉴 PIA 框架中的 6 种资本基础上，对第三方资源进行了具体测量，即物质资源、人力资源、知识资源、信息资源、社会资源以及组织制度资源。物质资源指第三方拥有的解决冲突的技能、技巧与方法等，人力资源指第三方中主体类型的多少，知识资源指第三方拥有专业的知识，信息资源指第三方掌握事件起始的完整信息，社会资源指第三方能够进行中立公正的干预，组织制度资源指第三方权威得到认可。

为了进一步验证第三方拥有的这 6 种资源与案例的匹配情况，以及探究第三方资源的拥有程度对冲突解决结果的影响，本章对 20 个大气污染冲突解决结果为成功和半成功的案例中的第三方拥有的资源情况进行分析。统计结果表明，在冲突解决结果为成功和半成功的 20 个案例中，第三方拥有较高物质资源的有 13 个案例，所占比重为 65%；第三方拥有较高人力资源的有 12 个案例，所占比重为 60%；第三方拥有较高知识资源的有 16 个案例，所占比重为 80%；第三方拥有较高信息资源的有 13 个案例，所占比重为 65%；第三方拥有较高社会资源的有 15 个案例，所占比重为 75%；第三方拥有较高组织制度资源的有 15 个案例，所占比重为 75%。同时结果还表明，在 20 个冲突成功解决和半成功解决的案例中，对这 6 种资源拥有程度较低的第三方干预不存在，由此说明了第三方拥有的这 6 种资源对大气污染冲突的解决存在一定的影响（见表 6.7）。此外，62.1% 的被调查者对第三方干预会影响大气污染冲突的解决结果这一假设表示赞同。

表 6.7　非解决失败的案例中第三方拥有的资源情况

项目	物质资源	人力资源	知识资源	信息资源	社会资源	组织制度资源
高（H）／个	13	12	16	13	15	15
中（M）／个	7	8	4	7	5	5
低（L）／个	0	0	0	0	0	0
"H" 的比重/%	65	60	80	65	75	75

6.4.1.3 正式与非正式规则对冲突解决结果的影响

正式规则主要是指国家或地方制定的有关大气污染防治的法律规章等，为大气污染冲突的解决提供法律依据；非正式规则又称非正式制度，主要包括价值观念、文化传统、风俗习惯等，如共赢意识和问题解决意识，非正式规则能够对冲突参与者的行动策略选择产生影响，也影响着各个参与者之间的互动过程。

通过对 25 个大气污染冲突案例的编码和总结可以发现，具有较低正式或非正式规则支持的案例有 2 个，其解决结果均为失败；具有较高正式或非正式规则支持的案例有 12 个，其解决结果为成功的有 10 个。可见，冲突的解决需要正式或非正式规则的指导。从具体的案例情景来看，在案例 C6 - 22 广西玉林大气污染损害赔偿案中，环境侵权民事责任中无过错责任原则与举证责任倒置原则都有力地帮助了案件的判决，属于正式规则对冲突解决的支持；在案例 C6 - 18 如皋白蒲农田污染案中，本着对公民负责以及为人民服务的理念，白蒲镇政府以及如皋市政府对农田污染高度关注，并帮助农户索取经济赔偿，体现了非正式规则对冲突解决的影响。

从问卷分析结果来看，在外在制度支持对大气污染冲突解决影响的调查中，超过 30% 的被调查者表示非常赞同外在制度支持会对大气污染冲突的解决产生影响；同时，仅有 4.5% 的被调查者表示不赞同外在制度支持会影响大气污染冲突的成功解决。

通过实地访谈也可以发现正式与非正式制度或规则对大气污染冲突的解决具有影响作用。有受访者表示完善的以及健全的法制能够有助于更好地解决冲突，然而，目前我国的法治建设仍存在不完善的地方，如在餐饮油烟污染方面，现有的法律规定并没有对处罚进行量刑，因此负责部门在执法过程中缺乏对如何处罚、处罚多少等问题的依据，不利于大气污染以及大气污染冲突的治理与解决。也有受访者表示对共赢意识以及冲突解决理念的建立能够有效地解决包括大气污染冲突在内的一系列公共冲突，体现了非正式规则对冲突解决的影响。

6.4.2 大气污染冲突解决机制分析

基于对文献资料和相关理论的阅读分析、对案例的归纳与总结以及实地访谈数据，本章提出了成功解决大气污染冲突的 10 个原则，即多元主体的参与、合理的行动策略选择、环保理念与知识的普及、信息的及时且充分公开、冲突利益的规范且充分表达、利益诉求的及时且正向回应、冲突规模的合理控制、有效的解决方案的实施、有效的第三方干预以及正式与非正式规则的支持（见表 6.8），并根据案例编码情况（见表 6.9）对这 10 个原则进行相关性检验。

大气污染冲突的解决是一个复杂的、涉及多方主体的动静结合过程，因而本章在要素制定过程中，既考虑了冲突参与者类型、正式与非正式规则支持等静态特征因素，也兼顾了冲突参与者间交流与沟通等动态特征要素。大气污染冲突的成功解决不仅需要尽可能多的社会主体的参与，各个主体还应该各司其职，发挥应有的作用，此外，各个主体在解决大气污染冲突时应该选择合理、理性的行动策略。同时，大气污染冲突是一个复杂的动态过程，需要冲突参与者间的有效互动，冲突参与者所拥有的信息情况和认知情况在一定程度上影响大气污染冲突的解决结果，因此应该尽可能地普及环保理念与知识，教导企业树立绿色生产的理念，指导公众对冲突解决的认识，同时注重相关信息的公开，能够在一定程度上避免冲突的产生；当冲突已经显现时，应注重冲突各方间的交流与沟通，即利益表达的规范性和充分性、诉求回应的及时性与正向性，在此过程中，还应该特别注意对冲突规模的控制，防止冲突升级；最后应当制定有效的冲突解决方案，这一解决方案应得到尽可能多的冲突参与者的认同，同时还要保证方案的贯彻执行。外部资源支持对大气污染的解决也起到了重要的作用，需要有效的第三方干预以及正式和非正式规则与制度的支持，进而推动大气污染冲突的有效解决。

表 6.8　成功的大气污染冲突解决机制

原则	*p* 值	显著水平（Sig.）
P₁ 多元主体的参与	0.329 *	0.068
P₂ 合理的行动策略选择	0.541 ***	0.005
P₃ 环保理念与知识的普及	0.433 **	0.047
P₄ 信息的及时且充分公开	0.367 *	0.081
P₅ 冲突利益的规范且充分表达	0.595 ***	0.002
P₆ 利益诉求的及时且正向回应	0.826 ***	0.000
P₇ 冲突规模的合理控制	0.817 ***	0.000
P₈ 有效的解决方案的实施	0.761 ***	0.000
P₉ 有效的第三方干预	0.554 **	0.026
P₁₀ 正式与非正式规则的支持	0.761 ***	0.000

　　注：*** 代表相关性在 0.01 水平（单尾）具有重要意义，** 代表相关性在 0.05 水平（单尾）具有重要意义，* 代表相关性在 0.1 水平（单尾）具有重要意义。

表 6.9　冲突解决机制编码情况

案例名称	影响要素															结果
	P₁	P₂	P₃	P₄	P₅	P₆	P₇	P₈	P₉						P₁₀	
									P₉.₁	P₉.₂	P₉.₃	P₉.₄	P₉.₅	P₉.₆		
北京市大气污染冲突案例																
C6-1 新河村胶带厂空气污染事件	L	L	ND	ND	L	L	L	L	M	L	L	M	L	H	L	F
C6-2 三黄庄村民围堵化工厂	L	L	ND	ND	L	L	M	L	L	L	L	L	H	H	L	F
C6-3 居民集团诉煤炭公司污染案	H	H	ND	M	H	L	M	M	M	M	M	M	H	H	M	H
C6-4 高安屯垃圾填埋场臭味	M	M	M	M	H	M	H	H	M	H	H	H	H	H	H	H
C6-5 六里屯反建垃圾焚烧厂	H	H	M	H	H	H	H	H	H	H	H	M	M	H	H	H
C6-6 阿苏卫反建垃圾焚烧厂	H	H	M	H	H	H	H	H	H	H	H	M	H	H	S	
C6-7 西二旗垃圾场事件	H	M	H	H	H	H	H	H	H	H	H	M	H	H	S	

续表

案例名称	影响要素															结果
	P₁	P₂	P₃	P₄	P₅	P₆	P₇	P₈	P₉						P₁₀	
									P9.1	P9.2	P9.3	P9.4	P9.5	P9.6		
C6-8 金隅7090空气污染事件	H	H	M	L	H	L	L	L	H	H	H	H	H	H	M	F
C6-9 PM₂.₅政策制定	H	H	M	L	H	H	H	H	H	H	H	H	H	H	H	S
C6-10 中科院大气污染报告争议	L	H	M	M	H	H	H	H	H	M	M	M	H	H	M	S
其他地区大气污染冲突案例																
C6-11 三河市段甲岭镇粉尘污染	H	M	ND	ND	L	L	M	L	M	H	H	M	M	H	L	H
C6-12 浙江东阳画水事件	L	L	L	ND	L	L	L	M	M	M	M	M	M	H	L	S
C6-13 钟祥化工污染赔偿案	L	M	L	ND	M	L	M	M	L	L	M	L	H	L	H	F
C6-14 虎门发电厂废气污染	H	H	M	H	M	M	H	H	H	H	H	M	H	M	M	H
C6-15 广州番禺事件	M	H	M	H	H	H	H	H	H	H	H	H	H	H	H	S
C6-16 南山发电一厂环境污染	M	H	H	H	M	H	M	M	H	M	M	H	H	H	M	S
C6-17 刘珉诉哈药总厂大气污染	M	H	ND	L	L	L	M	L	L	L	M	L	L	L	L	F
C6-18 如皋白蒲农田污染案	H	H	ND	ND	H	H	H	H	H	H	H	H	H	H	H	S
C6-19 厉夫金诉铜利铸造案	M	H	H	H	M	M	H	H	H	H	H	H	H	H	H	S
C6-20 凤翔血铅事件	H	L	L	L	M	M	L	H	H	H	H	M	H	H	M	H
C6-21 施昌阳诉旺兴饮料公司案	M	H	ND	ND	H	H	H	H	H	H	H	H	H	H	H	S
C6-22 广西玉林大气污染损害赔偿案	L	H	ND	ND	H	H	H	M	M	M	M	M	H	H	M	H
C6-23 厦门PX事件	H	H	M	M	H	H	H	H	H	H	H	H	H	H	H	S

续表

案例名称	影响要素															结果
	P_1	P_2	P_3	P_4	P_5	P_6	P_7	P_8	P_9						P_{10}	
									$P_{9.1}$	$P_{9.2}$	$P_{9.3}$	$P_{9.4}$	$P_{9.5}$	$P_{9.6}$		
C6-24 大连 PX 事件	M	H	M	L	M	M	H	H	H	H	H	H	H	H	H	S
C6-25 嘉兴"2·24"大气污染	M	H	ND	ND	H	H	H	H	H	M	H	M	H	H	H	S

注：$P_1 \sim P_{10}$指影响要素1~10，具体包括参与主体的多元程度、行动策略的合理程度、环保理念的普及程度、信息公开程度、利益表达程度、诉求回应程度、冲突规模的控制程度、解决方案的有效程度、第三方干预、正式与非正式规则支持程度。H表示高，M表示中，L表示低，ND表示资料缺失，S表示成功，H表示半成功，F表示失败。

6.5　讨论

6.5.1　冲突解决影响要素再讨论

6.5.1.1　冲突参与者及其有效的行动过程是冲突成功解决的核心

首先，冲突事件中涉及的参与主体数量与类型以及各参与主体选择的行动策略关系到冲突解决结果的走向。民主化多元主体的参与已经被证实是治理中的一项重要原则[①]，从案例分析结果也可以看出，冲突事件中涉及的参与主体越少，冲突事件的解决越倾向于失败。冲突事件涉及的主体类型越多，这一冲突事件受到的重视程度越高，进而能够促使冲突事件得到有效解决；同时，多种主体的参与能够促进不同知识和信息的整合，促进各参与主体间的力量均衡，从而促进各个主体之间相互博弈与合作，保证解决过程的有序化，促使大气污染冲突得到快速和有效的解决。行动策略的选择影响着各冲突参与者的具体行动，合理、理性和有效的行动策略关系着事态的发展。同时，参与者对冲突事件信息的了解情况和对环保理念的认知情况会对冲突参与者的策略选择产生影响。如在案例C6-4高安屯垃圾填埋场臭味事件中，对于臭味的来源，社区

---

① 杨立华.多元协作性治理：以草原为例的博弈模型构建和实证研究[J].中国行政管理，2011(4)：119-124.

居民得不到一个有说服力的说法，缺乏对事件相关信息的掌握，同时，环保理念和知识的普及与宣传工作不到位，在这两个因素的影响下，社区居民更倾向于争斗策略。

其次，冲突参与者间有效的行动过程能够促使冲突参与者进行有效的沟通和交流，进而保证各参与主体达成共识，形成科学的解决方案，这是冲突得以成功解决的关键。从案例编码结果来看，在13个冲突得到成功解决的案例中，有2个案例非常符合过程要素中的5个要素，8个案例非常符合过程要素中的4个要素；在7个冲突得到半成功解决的案例中，有5个案例非常符合过程要素中的3个要素；在5个冲突解决失败的案例中，有3个案例非常符合过程要素中的1个要素，有2个案例对这6个要素均不符合。可以看出，相对于冲突解决结果为失败的案例，冲突得到成功解决的案例中冲突参与者间的行动过程更有效，也表明了冲突参与者及其有效的行动是冲突得以成功解决的核心。

6.5.1.2 有效的第三方干预是冲突成功解决的保障

在大多数情况下，第三方干预能够影响冲突各方间的行动策略，促使冲突各方进行有效的交流与沟通，有效阻止或暂缓冲突升级，并帮助各方寻找可接受的解决方案。有学者指出，第三方干预能够缓和气氛，修补已经被破坏的关系，打破谈判的僵局，使沟通得以重新开始或加强，最终提高冲突双方的满意度，具有积极的作用[1]。

通过案例分析结果也可以看出，在20个冲突解决结果为成功和半成功的案例中，均得到了有效的第三方干预。如在案例C6-5六里屯反建垃圾焚烧厂事件中，作为冲突的第三方，垃圾焚烧方面的专家学者为抗议居民提供了相关的专业知识，自然之友、地球村等非政府组织带领居民参观考察新的垃圾处理技术，这些行动都有助于抗议居民采取更加理性和合理的行动策略表达自身的利益诉求，有效地防止暴力事件的发生。在案例C6-23厦门PX事件中，非政府组织合理地表达了市民诉求，有效地促进了市民与政府之间的沟通与协商，推动了冲突的成功解决。

---

① 常健. 公共领导学[M]. 天津:天津大学出版社,2009.

6.5.1.3　正式与非正式规则是冲突成功解决的依据

正式规则为冲突的解决提供法律依据，非正式规则影响冲突主体的行为选择，正式与非正式规则影响着解决方案的合法性或合理性，最终保证冲突的成功解决。一方面，完善的正式规则能够为冲突的解决提供法律依据，保证冲突事件能够得到公平、公正的裁决，进而有助于冲突解决方案得到冲突各方的认可以及顺利实施，进而保证冲突的成功解决；但是不合理的正式规则可能会引起冲突参与者的不满，进而导致冲突的进一步升级，这时就需要对正式规则进行调整。另一方面，非正式规则为冲突参与者的行动策略选择提供了依据，如具有共赢意识的主体会更倾向于采用合作的方式，而缺乏共赢意识的主体更倾向于争斗策略，只追求自身利益的最大化。如在案例 C6-3 居民集团诉煤炭公司污染案中，煤炭公司缺乏环保意识，同时追求自身利益最大化，不仅没有按照环保局的要求对污染进行治理，而且不承认自身的生产行为对大气造成污染，导致该纠纷的解决更为复杂。

6.5.2　有效的大气污染冲突解决机制

6.5.2.1　多元主体的参与

多元主体的参与能够有效帮助很多社会实际问题的解决，这已经得到了证明[1][2]。从 25 个不同的案例中可以发现，在较为成功解决的案例中，通常是有多个不同主体充分参与其中的。如在案例 C6-23 厦门 PX 事件中，可以看到包括政府、当地市民、媒体大众、专家学者、非政府组织等多方主体都深度参与了事件，各主体之间通过相互辩论与合作，共同促进了该群体性事件有效解决。从民主参与的角度来看，完善的社会主体参与可以为大气污染冲突的解决提供广阔、包容、开放和互动的讨论与沟通的平台，从而促进各个主体之间相互博弈与合作，促进大气污染冲突得到快速和有效的解决。首先，在冲突解决中应尽可能多地吸

①　DIBBLE R. Collaboration for the common good：an examination of internal and external adjustment [J]. Dissertations & Theses - Gradworks, 2013(6)：764-790.
②　DONALD D. Studies in scientific collaboration, Part Ⅱ[J]. Scientometrics, 1979(2)：133-149.

收不同类型的社会主体；其次，各主体要各司其职，本着"客观、公正、中立"的原则参与冲突解决，如大众媒体应进行独立于政府的事实报道，客观真实地传递相关信息，促进大气污染冲突事件向着更透明和更公开的方向发展。同时，各主体之间并非孤独封闭，而是相互协作、共同治理，推动大气污染冲突的成功解决。这就要求政府在逐步放权的同时利用自身优势为其他主体的参与提供条件。此外，非政府组织、专家学者、公众等也应不断提高自身水平，根据自身特点主动参与到大气污染冲突治理中。

6.5.2.2　合理的行动策略选择

冲突各方选择的行动策略在一定程度上奠定了冲突解决结果的发展方向，合理、理性、有效和克制的行动策略能够使冲突各方聚焦在冲突关键点上，从而阻止冲突的扩大化，有利于冲突的成功解决。由大气污染引起的冲突往往涉及多种社会主体，触及多方利益，所以要想有效地解决这些矛盾，就要冲突参与者在行动之时采取合理的行动策略，同时，拖延和暴力的行动策略只会进一步激化矛盾，甚至造成暴力流血事件。

6.5.2.3　共赢意识与环保理念的普及

对共赢意识、环境保护理念以及冲突化解知识[1]进行广泛普及能够在一定程度上抑制冲突的产生。对于个体及村民、居民等广泛的公众而言，应对其进行相关的环保教育和环境科普，让其对大气污染以及相关的项目拥有更客观的认知，同时，也有助于他们在面对大气污染冲突时采取客观、理性的行动方式来化解冲突和矛盾。对于企业而言，应对其进行环境保护意识的宣传，呼吁其引进先进的技术手段主动进行绿色生产，并要求其在生产过程中安装必要的污染净化装置以及遵循有关法律条文的规定。同时，应拓宽环保教育的途径，环保教育不应该只停留在悬挂宣传条幅或公益广告等较为传统的手段上面，而应该采取多样化的宣传途径，如将环保教育与科普作为必修课程应用于工作和学习中，或者拍

---

① 李亚. 中国的公共冲突及其解决：现状、问题与方向[J]. 中国行政管理，2012(2)：16－21.

摄大型环保纪录片和科教片以提高社会公民对环境及相关领域的认识。

6.5.2.4 信息的充分公开

大气污染冲突的起因多样，其中一个重要原因即垃圾焚烧和化工项目建设，因此信息公开的重要性更加凸显①。一方面，相关信息应在事前进行充分公开，这意味着政府等要在政策制定或项目建设之前进行相关信息的公示以及广泛动员，邀请社会公众参与，并保证社会公众对这一政策及项目有较为全面的了解；另一方面，这是双向的过程，即政府等在邀请社会公众参与的同时，还应充分尊重民众对项目的各种态度，认真考虑社会公众提出的合理建议，并在可能的条件下与主要代表进行公开且平等的对话，为政策或项目的有效制定与实施奠定基础。

6.5.2.5 冲突利益的规范且充分表达

冲突爆发的根源在于参与主体间的利益分歧，同时，大气污染治理的复杂性也表明了利益需求的多样性，如企业追求的是利润最大化，村民、居民等追求的是生活舒适度，政府追求的是经济增长与社会安定等。因而，多样且畅通的利益及主张表达渠道对于冲突的解决而言至关重要。首先，应保证利益及主张表达渠道的多样性，即当冲突即将爆发或已经爆发时，冲突各方能够有多种渠道或平台进行选择以实现利益及主张的有效表达。其次，应保证利益及主张表达渠道的畅通性，即冲突各方的利益及主张能够得到及时、准确的表达。利益的表达与交流既能够减缓对立情绪的积累，又能够使冲突各方的想法被及时地了解，从而避免误会和主观臆断的产生。

6.5.2.6 利益诉求的及时且正向回应

当冲突事件中的参与主体进行利益或主张表达之后，其他主体的及时回应至关重要，尤其是当冲突某方提出要求后，冲突其他方应"迅速、忠实、无偏见地予以回应"②。这意味着当冲突各方的利益或主张表达之后，冲突另一方或者冲突第三方应避免采用回避的行动策略，及时地对利

---

① 徐祖迎，朱玉芹. 邻避冲突治理的困境、成因及破解思路[J]. 理论探索，2013(6)：67-70.

② 蓝志勇，钟玮，黄衔鸣. 冲突解决视角对公共管理的启示[J]. 中国行政管理，2012(2)：11-15.

益诉求做出积极和正向的回答，从而控制冲突的规模。如在案例 C6 – 23 厦门 PX 事件中，早在 2006 年就有专家表示这一项目选址的不合理性，但这一诉求并未得到及时回应，最终使得抗议项目建设的群体性事件爆发。

6.5.2.7　事件规模的合理控制

冲突事件的规模对冲突的解决结果有一定的正向影响，即冲突事件规模越大，越容易引起更多社会主体的关注和参与，进而各主体协同处理，有助于冲突的成功解决。然而，这并不意味着冲突事件的规模越大越好，而是应该对冲突事件的规模进行合理的控制，从而减少冲突的升级和进一步恶化，进而促进冲突的解决。冲突双方感知的冲突规模越大，冲突双方越倾向于采取更强硬的战术，由此进一步扩大冲突规模，导致冲突的螺旋式上升。因此，应该尽可能地对冲突的规模进行合理范围内的控制，以防止冲突进入一个恶性循环，这就要求冲突解决者在冲突开始或升级时采用较为缓和的沟通手段对冲突各方进行调节。

6.5.2.8　解决方案的有效实施

冲突的成功解决得益于有效的解决方案的制定和执行。在 C6 – 14 虎门发电厂废气污染事件中，冲突双方在政府的协调下达成了协议，冲突事件得到平息，但一年后企业再次排放烟尘和油污，由此引发村民围堵工厂，可见，有效的解决方案的制定与实施对于冲突的解决至关重要。首先，制定的冲突解决方案需要得到冲突各方的认同，这就要求冲突参与者在沟通交流环节尽情地表达与协调，在整合各方利益的情况下寻找和达成解决方案；其次，制定的方案需要被有效地贯彻和执行，这就需要多元社会主体间积极配合，以事实为依据，按照合理的方式实施监督，发挥其监督作用，这不仅有助于促进解决方案的实施，也能保障冲突解决过程的公正性以及有效性。

6.5.2.9　有效的第三方支持

在大多数情况下，第三方干预能够影响冲突各方间的行动策略，有效阻止或暂缓冲突升级，使冲突各方能够重新回到沟通与谈判中，帮助各方寻找可接受的解决方案。影响第三方干预效果的重要因素为第三方拥有的资源，即物质资源、人力资源、知识资源、信息资源、社会资源以及组织制度资源。首先，第三方应当具备一定的冲突化解能力、技巧与经验，以保证对冲突的解决施以正向的影响；其次，第三方的类型应该多元化，各方各司其职，媒体能够进行客观公正的报道，专家能够充分发挥智慧库的作用，非政府组织能够为弱势群体提供帮助并促进沟通，以保证多元主体在信息充分的情况下对冲突事件进行科学正确的处置；最后，冲突第三方要能够进行客观中立的干预，并且第三方所具有的权威能够促使冲突双方接受制定的解决方案，如果冲突双方认为第三方公正无私，不偏袒另一方，那么第三方做出的裁决方案更容易被冲突双方接受，第三方干预就可能取得成功。

6.5.2.10　正式与非正式规则的支持

正式规则如国家层面和地方层面的大气污染防治法律规章，能够为冲突解决提供依据，帮助人们以体面和非暴力的方式解决争端，同时，非正式规则也会对大气污染冲突的解决产生影响。如在案例 C6 – 22 广西玉林大气污染损害赔偿案中，环境侵权民事责任中无过错责任原则与举证责任倒置原则都为案件提供了有力的法律依据。在案例 C6 – 18 如皋白蒲农田污染案中，本着对公民负责以及为人民服务的理念，白蒲镇政府以及如皋市政府对农田污染高度关注，并帮助农户索取经济赔偿。一方面，政府需要与相关领域的专家学者以及非政府组织等进行互动和协作，共同修改和完善与大气污染防治相关的法律法规。另一方面，应加强文化教育以逐渐形成冲突化解的行为准则，冲突双方所接受的文化及教育影响其在大气污染冲突解决过程中的行动选择。同时，具有共赢意识和问题解决意识的冲突双方更容易成功地解决冲突。因此，在冲突解决的过程中采用以正式制度为主、非正式约束为辅的方式能够有效促进冲突的解决。

大气污染冲突解决机制的 10 个原则之间相互联系、有机结合，共同构成了较为完善的冲突解决系统。其中，多元主体的参与、合理的行动策略选择、环保理念与知识的普及、信息的及时且充分公开、冲突利益的规范且充分表达、利益诉求的及时且正向回应、冲突规模的合理控制以及有效的解决方案的实施属于冲突的内部系统，有效的第三方干预以及正式与非正式规则的支持主要为冲突的解决提供外部资源支持。冲突解决的过程与解决机制的契合度越高，冲突解决越容易取得成功。

6.6　结论

随着我国工业的飞速发展，大气污染问题日益严重；同时，社会矛盾的多样化和利益诉求的多元化使多元主体在大气污染治理中存在各种形式的冲突。因此，本章研究的大气污染冲突解决机制对于提高大气污染治理绩效、维护社会和谐稳定有着重要意义。本章在严格的案例筛选准则基础上选取了25个不同地点、层级及类别的案例进行分析，同时借助问卷调查、实地访谈与文献荟萃方法，对大气污染冲突解决机制做出探讨。

首先，本章从冲突参与者及其行动过程、第三方干预以及正式与非正式规则支持这三个方面对大气污染冲突解决的影响要素进行分析。其次，本章提出了10个大气污染冲突解决原则并发现冲突解决的过程与这10个原则的契合度越高，冲突解决越容易取得成功。

本章还存在着一定的不足。首先，本章虽然选取了具有代表性的25个大气污染冲突事件作为案例样本，但仍不足以非常全面地概括大气污染冲突及解决的情况，仍需更多的冲突案例去检验研究结果的外部有效性；其次，案例编码的结果也可能受到研究者主观因素的影响和制约，存在判断不准或失误的地方，仍需要进一步深入挖掘。

第3篇
区域协同治理

二人同心，其利断金。

——《周易·系辞上》

| 第7章 |

京津冀大气污染区域协同治理方式与途径

7.1 导言

大气具有流动性的特点，这意味着对北京市大气污染进行治理必须有周边地区的配合，天津与河北在地理上与北京邻近，三者又形成了京津冀一体化都市圈，所以治理大气污染必须引入区域之间的合作，避免各自为政、互搭便车，在多元主体协同治理的基础上进行区域协同治理。近年来，中央政府、北京、天津和河北都陆续出台了许多政策法规（见表7.1）。虽然国家和地方都投入了大量的资金和人力来治理大气污染，也取得了一些成功，但是总体上来讲，大气污染问题仍旧严峻。

表7.1　国家及京津冀地区出台的相关空气治理政策法规

层面	政策法规
国家级	《中华人民共和国环境保护法（修订）》
	《大气污染防治行动计划》
	《京津冀及周边地区落实大气污染防治行动计划实施细则》
	《能源行业加强大气污染防治工作方案》
	《京津冀散煤清洁化治理行动计划》
	《大气污染防治行动计划实施情况考核办法》
	《重点工作京津冀环境执法与环境应急联动工作机制联系会》
	《京津冀协同发展生态环境保护规划》
	《京津冀能源协同发展行动计划（2017—2020年）》

续表

层面	政策法规
国家级	《京津冀及周边地区 2017—2018 年秋冬季大气污染综合治理攻坚行动方案》①
北京市	《北京市 2012—2020 年大气污染治理措施》
	《北京市 2013—2017 年清洁空气行动计划》
	《北京市大气污染防治条例》
	《北京市空气重污染应急预案（2017 年修订）》
天津市	《天津市清新空气行动方案》
	《天津市重污染天气应急预案》
	《天津市清洁生产促进条例》
	《天津市"十三五"挥发性有机物污染防治工作实施方案》
	《天津市大气污染防治条例》
	《天津市 2017—2018 年秋冬季大气污染综合治理攻坚行动方案》
河北省	《河北省大气污染防治行动计划实施方案》
	《河北省机动车排气污染防治办法》
	《河北省环境治理监督检查和责任追究办法》
	《河北省环境监管实行网络化管理办法》
	《河北省排污许可证管理办法》
	《河北省环境监测办法》
	《河北省 2017—2018 年秋冬季大气污染综合治理攻坚行动方案》②

如何通过区域协同治理大气污染，目前学界的研究主要集中在法律完善、信息透明、政策完善以及财税手段的应用等方面。不同学者也从不同角度探讨了治理大气污染的有效途径。例如，向俊杰③从政策演变的角度提出了大气污染治理主要采用了自愿性、混合性及强制性三种途径；

---

① 京津冀协同发展生态环境保护［EB/OL］.（2017 – 05 – 04）［2017 – 12 – 02］. http://zheng-wu. beijing. gov. cn/zwzt/jjjyth/default. htm.
② 河北省环境保护厅：政务公开［EB/OL］.（2017 – 12 – 02）［2017 – 12 – 02］. http://www. hebhb. gov. cn/.
③ 向俊杰. 协同治理：生态文明建设中政府与市场关系的历史趋势［J］. 黑龙江社会科学，2014（6）：19 – 22.

潘涛①从政策工具的角度提出了管制型、市场型、自愿型三种途径,同时特别强调了市场型途径的重要性。本章将对京津冀大气污染区域协同治理方式与途径进行系统研究。

7.2 概念界定、文献综述与理论框架

7.2.1 概念界定

7.2.1.1 区域协同治理

地区是指区域土地的界划,本研究所选择的地区为京津冀三地以及周边邻近的地级市,包含山西太原、阳泉、长治、晋城,山东包括省会济南在内的7个城市,河南包括省会郑州在内的7个城市,这也是目前京津冀及周边地区大气污染防治协作小组②所包含的区域。

治理在古代中国和西方都有相关论述,在西方语境中治理意为"引导、控制和操纵"③;在中国的《孔子家语·贤君》中,"吾欲使官府治理"的意思是得到管理。这两种意思与我们现在对于治理的理解都存在很大不同。目前,很多学者和机构都对治理做出了解释,在这么多的定义中最具有信服力的是全球治理委员会的定义:"治理是各种公共的或私人的个人和机构管理其共同事务的诸多方式的总和。"从定义中我们可以看到治理具有以下特点:协调对立或部分对立的利益诉求,结合在一起并持续行动。治理是多元主体遵从正式与非正式规则,经过协调各方利益、所拥有的资源情况、所掌握的科技等各方面的信息,达到彼此间目标一致的过程④。协同指由于共同的目标多元主体参与到某项活动中,各

① 潘涛. 区域大气污染治理中的政策工具:我国的实践历程与优化选择[J]. 中国行政管理,2016(7):107 – 114.

② 京津冀及周边地区大气污染防治协作小组第七次会议在京召开[EB/OL]. (2016 – 10 – 21)[2017 – 12 – 02]. http://www. zhb. gov. cn/xxgk/hjyw/201610/t20161021_365843. shtml.

③ 俞可平. 治理与善治[M]. 北京:社会科学文献出版社,2000:35 – 42.

④ 埃莉诺·奥斯特罗姆. 公共事务的治理之道:集体行动制度的演进[M]. 余逊达,等译. 上海:上海三联书店,2000:24 – 72.

个主体要地位平等①，并且要共同行动，在协同中允许有某个主体处于决策者的地位，协同介于合作和控制之间。协同治理最初重视政府的管理作用，接着关注多元社会团体作用，并进一步发展了自组织、专家学者参加②、民间组织（或社会团体）、公民、企业等多主体参与的各种专门化治理模型。协同治理主要应用于公共事务领域，"基于公共事务的特点，看重公众参与、社会合作、平等协商、公共选择和集体决策对于公共管理的重要价值，把公共管理界定为政府与社会分工协作、共担责任，共享共治"③，因此，把所有利益攸关者"共管共治的管理"（governance shared by public and private sectors）界定为最好的管理。根据以上定义，本章界定协同治理的定义为在大气污染治理过程中参与的多元主体，地位平等，互相帮助，取长补短，通过相互协调一系列规章制度，采取最合适的行动共同解决治理中遇到的问题。

7.2.1.2　治理方式与途径

方式的内涵非常丰富，在不同的层面和不同的学科都有相应的解释。一般情况下是指为了一定的目的，在达成目标的过程中所采用的办法和手段行为等。在公共管理领域指在实现政策目标过程中采用的各种方法。传统的行政方式有行政手段、法律手段、经济手段和思想教育手段④；当代公共管理新方式有市场化方式、工商管理技术方式与社会化手段⑤。本章根据这一基本分类标准结合实际工作，在治理方式选择上采用如下分类：行政驱动型协同方式、法律驱动型协同方式、市场驱动型协同方式、科技驱动型协同方式和教育驱动型协同方式。

途径是指方法、路子，就是一件事物与另一件事物发生联系，如果一件事物能使另一件事物发生改变，那么这两件事物便有联系。在公共

---

① ANSELL C, ALISON G. Collaborative governance in theory and practice [J]. Journal of Public Administration Research and Theory, 2007(16)：543 – 571.

② 杨立华. 专家学者参与型治理[M]. 北京：北京大学出版社, 2005.

③ 燕继荣. 协同治理：社会管理创新之道：基于国家与社会关系的理论思考[J]. 中国行政管理, 2013(2)：58 – 61.

④ 王乐夫. 公共管理学[M]. 北京：中国人民大学出版社, 2012：46.

⑤ 王乐夫. 公共管理学[M]. 北京：中国人民大学出版社, 2012：123.

管理领域，途径指使政策达成目标的手段，又被称为政策的工具。张成福、党秀云在研究中表明政策途径是制定者和执行者把"政策目标转化为具体行动的路径"①。为了对政策工具进行归类，国内外学者都做了很多尝试，荷兰经济学家科臣和他的助手研究是否存在一系列的执行途径使金融政策达到最好的效果，他经过研究发现有 64 种途径②，不过这是根据最大化的原则进行分类，并不方便实际研究。豪利特和拉米什基于政府权力的参与情况来分类，分成志愿途径、强制途径和混合途径三类③。比起其他分类标准，他们的分类框架更具有说服力，也更加方便研究。本章将协同治理的途径定义为使政策手段达到最优效果的路径选择，其焦点是影响大气污染协同治理的政策工具选择。根据大气污染协同治理的现状，在分类上选用豪利特和拉米什的分类标准，把协同治理的途径分为自愿性途径、强制性途径和混合性途径。

7.2.2　文献综述

7.2.2.1　理论视角

（1）协同治理理论。

二战之后，社会发展速度加快，特别是最近几十年，社会之间的连接越来越紧密，解决社会问题不能只靠政府单方面行动。西方学者深入探讨分析了政府和社会的关系。从借鉴企业的私营化模式、PPP 模式、网络治理，到现在被普遍认可的协同治理。很多学科也对这一理论表现出极大的兴趣：在政治学领域，主要集中在如何促进多方合作，各方如何能够达成共识，如何补充现有协调中的缺陷，并提出社会资本能够促进合作；在经济学领域，协同治理经常与博弈论等相关理论进行关联，探讨企业联盟建立；在公共管理领域，很多学者通过案例分析或协同治理整个过程的某一环节分析，对具体案例成功或失败的理由进行总结，

---

① 张成福,党秀云.公共政策执行的低效率分析[J].行政论坛,1996(6):3-5.
② 王满船.公共政策制定:择优过程与机制[M].北京:中国经济出版社,2004.
③ 迈克尔·豪利特,M.拉米什.公共政策研究:政策循环与政策子系统[M].庞诗,等译.上海:上海三联书店,2006:267-269.

建立分析的理论框架。

国内很多学者普遍认可协同治理是协同学＋治理理论，而在西方文献中并没有相关描述。目前，学者对协同治理普遍有这样的认识：需要政府和政府外的主体共同参与，各方达成共同目标，各参与人共同采取行动。但不同的研究强调的重点有所不同，不过总结起来协同治理有以下特征：在政府主导下，多元社会主体参与，并逐步发展演化出自治、专家学者、志愿组织、公民、企业等各种类型组合的治理模型；公共性，需要治理的对象都涉及各参与方的利益，具有明显的公共性；各主体地位及话语权平等；各参与者可以进行各种方面的互动，如信息、资源等的共享，计划的协商和实施过程中的分工合作；动态性，协同治理根据主体与对象的不同表现出不同的运行模式，在组织结构、协同规则、执行情况等方面体现出动态性①。

协同治理是包括政府在内的所有利益相关方共同介入活动、协同采取行动，这就要求政府与其他利益主体有良好的互动沟通机制，所以要完善集体商讨决策体系和多方参与制度，实现权力让渡协调，责任共同承担，共同协调彼此间的利益②。

（2）区域协同和主体协同的确定。

由于环境问题的负外部性，京津冀及周边地区应联合采取行动。本研究的区域选择为京津冀三地及周边 15 个地区。治理主体主要选择政府、企业、公众、专家学者、新闻媒体、社会机构等。成功的治理模式需要区域协同、主体协同共同发挥作用，同时根据区域与主体的参与情况选择合适的方式，通过能够达到最佳效果的途径发挥作用。在区域协同衡量中选取京津冀及周边地区的整体协同情况，包括京津冀三地的协同、京津的协同、京冀的协同、津冀协同以及三地分别与周边地区的协同。主体协同衡量包括中央政府与地方政府间的协同、各地方政府间的协同、不同级别地方政府的协同、政府总体与企业的协同、政府与民众

---

① 田培杰. 协同治理概念考辨[J]. 上海大学学报(社会科学版),2014(1)：124 – 140.
② 俞可平. 治理与善治[M]. 北京：社会科学文献出版社,2000：123.

的协同、民众与社会组织等的协同。

7.2.2.2 研究现状

通过选取关键词"大气污染治理"和"空气污染治理"进行搜集，整理比较选取 87 篇中文文献和 20 篇英文文献，其中包括优秀期刊文献、博士毕业论文和经典的书籍篇章，其发表年限在 1999 年至 2017 年，特别是在 2013 年后，期刊文献数呈井喷式增加，这也与日益严重的雾霾情况相对应。这些文献探讨的领域主要在污染治理中的制度设计[①]、政策工具[②]的选择，或从某个单一方式的角度进行实证研究。研究的区域有珠三角、长三角、兰州、乌鲁木齐等，但主要集中在京津冀区域。通过对文献的整理发现，大多数学者从不同角度如针对污染来源进行分类、针对所选择的工具特点进行讨论、对国内外治理空气污染的案例进行归纳、从制度变迁角度论证等对防治污染政策进行研究，并充分论证了大气污染治理需要多地区多部门协同治理。归纳起来主要有以下几个方面。

（1）西方大气污染治理方式的理论研究。

西方的工业发展远远早于我国，由工业诱发的环境问题引起了学术界的关注，在大气污染治理方面的研究主要集中在三个阶段。第一阶段以庇古为代表，主要基于环境污染的外部性，治理方式主要是税收、补贴和立法，以政府的命令和控制途径实现，这一阶段需要明悉环境标准的界定[③]；第二阶段以科斯为主要代表，基于所有权理论，治理方式主要有交易许可证、污染税等[④]，主要通过谈判的方式实现，这一阶段需要产权的明晰界定[⑤]；第三阶段以奥斯特罗姆为代表，基于自组织理论，治理方式以信息披露、技术网络、自愿协议为主，通过多种途径实现目的，

---

① 薛俭,李常敏. 我国大气污染治理全局优化省际合作模型[J]. 生态经济,2015(4）：150－155.
② 魏巍贤,王月红. 跨界大气污染治理体系和政策措施：欧洲经验及对中国的启示[J]. 中国人口·资源与环境,2017(9）：6－14.
③ 庇古. 福利经济学[M]. 朱泱,张胜纪,吴良健,译. 北京：商务印书馆,2006：105－113.
④ 吴易风. 产权理论：马克思和科斯的比较[J]. 中国社会科学,2007(2）：4－18＋204.
⑤ 吴建斌. 科斯法律经济学本土化路径重探[J]. 中国法学,2009(6）：178－188.

这一阶段完善的自愿协商机制是关键①（见表 7.2）。

表 7.2　西方三种不同阶段治理方式与途径归纳

时期	代表人物	理论依据	治理方式	实现途径	最核心部分
20 世纪 50—70 年代	庇古、加尔布雷思、米山、鲍莫尔、奥茨	环境污染的外部性	补贴、税收和立法，政府设置市场准入与退出规则，实施产品标准与产品禁令，设定技术规范与技术标准，以及排放绩效标准，制定生产工艺与其他强制性准则	命令与控制为主	环境标准
20 世纪 70—80 年代	科斯	所有权	污染税（费）、交易许可证、环境津贴、押金—退款制度、执行鼓励金制度、生产者责任延伸制	以谈判的方法来实现资源的有效配置	产权清晰界定
20 世纪 90 年代至今	埃莉诺·奥斯特罗姆	自主组织理论	信息披露制度，自愿协议，环境标志与环境管理体系，技术条约，环境网络	多种途径	自愿协商机制

　　从治理的效果实践来看，美国、欧洲各国的大气污染治理工作开展时间比较早，颁布了完善的关于大气污染治理的法律制度，而且制定了完善齐全的排放标准，取得了让人满意的成效。欧盟对大气排放总量进行控制，并在此基础上根据各国的减排任务进行总量分配和直接制订欧盟各国的减排计划等，对违反相关法规或者不履行应尽义务的国家，欧洲委员会都会按照法律规定进行相应调查，并对违法事项向法院起诉。不过由于体制等原因，欧盟各国之间，经济类型的相应手段或市场调节手段并没有得到有效的应用，欧洲的减排协议往往是各国协商后的利益妥协结果，各国的减排目标往往是对于本国的最优结果，却不一定是整个欧盟的最优结果。美国在大气排污权交易方面的实践做得最出色，但

---

① 杨立华,张云. 环境管理的范式变迁:管理、参与式管理到治理[J]. 公共行政评论,2013(6)：146 - 147.

主要在企业间展开，由于美国双轨制的立法问题，除了联邦立法外，各州也有制定法律的权力，缺乏各州之间大范围污染联合防控的具体实施办法。因此，欧洲各国、美国在污染联合防控方面，目前并没有对该机制的进一步定量研究和对照研究。

（2）我国关于大气污染治理的研究。

首先，大气污染治理现阶段政策存在缺失，治理需要建立协同机制并进行顶层设计。

从制度变迁的角度分析，杨立华和常多粉指出现在治理特点制度多元，处罚力度加大，制度不完善，相关主体合作不足，地域协作间的各地域及多主体间的权力分配不合理[①]。魏娜、赵成根以治理理论为分析工具，认为要解决属地问题，使多元主体转为非零和博弈，建立协同平台，构建协同机制，并从立法、成立协同机构、进行利益平衡方面进行了展望[②]。贺璇、王冰梳理了大气污染治理的模式和困境，指出要建立防治专业组织，平衡各方利益，建立激励机制，创新政策工具，推动多元主体参与等[③]。魏巍贤、王月红梳理总结了欧洲治理大气经验，对我国改善空气质量提出政策建议：完善立法、健全大气监测评估系统、成立跨区领导机构、建立并完善生态补偿[④]。通过对所选文献的整理、归纳与分析发现，有的学者从大气污染物来源、污染范围入手，分析政策的制定与执行，相关研究强调需要保证政策的完善并且需要科学地执行[⑤]。赵新峰、袁宗威认为，想要治理大气污染，政府间关系的调和很重要，并从政策协调角度出发，运用对要解决问题的详细界定—制定相关政策—协调相

① 杨立华,常多粉. 我国大气污染治理制度变迁的过程、特点、问题及建议[J]. 新视野,2016（1）：94－100.

② 魏娜,赵成根. 跨区域大气污染协同治理研究：以京津冀地区为例[J]. 河北学刊,2016（1）：144－149.

③ 贺璇,王冰. 京津冀大气污染治理模式演进：构建一种可持续合作机制[J]. 东北大学学报（社会科学版）,2016（1）：56－62.

④ 魏巍贤,王月红. 跨界大气污染治理体系和政策措施：欧洲经验及对中国的启示[J]. 中国人口·资源与环境,2017（9）：6－14.

⑤ 贺璇,王冰. 京津冀大气污染治理模式演进：构建一种可持续合作机制[J]. 东北大学学报（社会科学版）,2016（1）：56－62.

关不合适政策的结果这一分析框架，详细分析了在治理空气污染过程中各地区各行业政策不协调的原因①。周扬胜等认为，体制障碍是影响协同治理的重要因素，并基于这一分析，提出了改善体制障碍的政策建议②。曹锦秋、吕程基于对现在各地采用的联防联控措施的分析，发现各地在联防联控方面存在指导原则、主体、措施方面的不完善③。崔晶、孙伟从府际关系的角度入手，在"环境竞优"和"环境竞次"两种模式下，分析如何对中央政府与地方政府之间的关系进行优化使之与污染治理的现状相适应，从而促进政府间协同行动的实现④。

其次，从单因素方面进行实证研究，提出大气污染治理需要在法律、科技、经济、政策等方面创新。

通过梳理文献，发现很多学者从单因素执行方式对大气污染的治理着手，强调某一执行方式的重要性。法律是学者研究最多的一个因素。宫长瑞认为雾霾比起自然地理因素来，更多是人为因素引起的，因此应该完善大气污染治理相关的法律条款以及对排污的监督检查管理，通过保障环境类的保险、环境公益诉讼等方式维护受侵害者的权利⑤。陶品竹从法治视角研究大气污染区域协同合作治理，指出应当从联合立法、联合执法方面为区域协同治理提供法治保障⑥。高桂林从经济学因素对相关环境治理法律进行分析，要想使更多的人参与大气污染防治，应从以下方面进行努力：明确宪法有关于公民环境权方面的条款，由于公民的环境权得到法律保障，所以环保意识也会增强，普通公众应该能够了解大

---

① 赵新峰,袁宗威. 京津冀区域政府间大气污染治理政策协调问题研究[J]. 中国行政管理,2014(11)：18−23.

② 周扬胜,刘宪,张国宁,等. 从改革的视野探讨京津冀大气污染联合防治新对策[J]. 环境保护,2015(13)：35−37.

③ 曹锦秋,吕程. 联防联控：跨行政区域大气污染防治的法律机制[J]. 辽宁大学学报(哲学社会科学版),2014(6)：32−40.

④ 崔晶,孙伟. 区域大气污染协同治理视角下的府际事权划分问题研究[J]. 中国行政管理,2014(9)：11−15.

⑤ 宫长瑞. "雾霾"引发的深层法律思考及防治对策[J]. 江淮论坛,2015(1)：147−151.

⑥ 陶品竹. 从属地主义到合作治理：京津冀大气污染治理模式的转型[J]. 河北法学,2014(10)：120−129.

气污染的情况和治理情况的信息，将公民纳入排放权交易实体范围从而使公民参与决策①。杨丽娟、郑泽宇认为，大气污染防治法虽然能转变大气污染治理模式，从行政区划模式转向联防联控模式，但并没有给大气污染治理工作带来本质上的改变，从各地应当承担的责任角度，提出要建立均衡责任机制②。周闯通过对乌海地区的空气污染物解析，提出从科技创新的角度提升大气污染治理水平，加强重点行业技术研发，利用科技监测实现数据共享，搭建科技平台助力产业结构调整③。王文婷从依法行政的视角，指出要限制政府无序使用公共权力，行政主体要在法律规定的范围内承担自己的工作职责④。张永安、邬龙梳理了 1988—2014 年的治理政策，对政策特点进行分析，指出要从经济激励和经济方面进行环境政策的协同⑤。蓝庆新、陈超凡构建了 Super – SBM 模型，发现财政分权和"晋升锦标赛"制度对治理效率有负向作用，而公众认同能弥补这一不足⑥。薛俭等从博弈的角度论述治理费用分配方法，指出根据博弈分配治理费用有利于对总量进行控制⑦。鲍晓峰等通过分析机动车在不同油品使用下的排放情况，提出机动车相关的管理建议，并指出油品对于大气治理的重要性⑧。宋国华、鲁洪语解释论证了如何通过交通管理来减少机动车的排放，建议完善管制交通方面的法律，同时提高机动车排放标准⑨。王自发、吴其重指出建立完善有各污染指标的空气质量报告，是

---

① 高桂林. 大气污染联合防治机制的法律经济分析[J]. 中国政法大学学报,2015(4)：21 – 30 + 158.

② 杨丽娟,郑泽宇. 我国区域大气污染治理法律责任机制探析:以均衡责任机制为进路[J]. 东北大学学报(社会科学版),2017(4)：411 – 417.

③ 周闯. 乌海及周边地区大气污染治理科技对策研究[J]. 科学管理研究,2017(2)：70 – 72 + 99.

④ 王文婷. 依法行政下的大气污染治理:以兰州经验为分析样本[J]. 兰州大学学报(社会科学版),2016(2)：141 – 148.

⑤ 张永安,邬龙. 政策梳理视角下我国大气污染治理特点及政策完善方向探析[J]. 环境保护,2015(5)：48 – 50.

⑥ 蓝庆新,陈超凡. 制度软化、公众认同对大气污染治理效率的影响[J]. 中国人口·资源与环境,2015(9)：145 – 152.

⑦ 薛俭,谢婉林,李常敏. 京津冀大气污染治理省际合作博弈模型[J]. 系统工程理论与实践,2014(3)：810 – 816.

⑧ 鲍晓峰,刘泽民,朱仁成. 移动源污染减排现状及控制对策[J]. 环境保护,2015(21)：25 – 27.

⑨ 宋国华,鲁洪语. 完善城市交通管理 减少道路大气污染[J]. 环境保护,2014(24)：31 – 35.

协同治理大气治理的基础①。魏同洋等认为，民众在大气污染防治中有非常重要的作用，分析了居民在治理空气污染中的支付意向②。钟连红等通过调查统计北京市居民的用煤习惯，分析"减煤换煤"工作难以执行的原因，提出了提高补贴合理引导等方面的对策③。肖玉等通过构建绿地对细颗粒物消减模型，在北京进行实证调查，分析了城市绿地对消减大气污染的作用④。

再次，从治理政策演变及已选择的执行方式角度进行比较研究。

一些学者根据大气污染治理过程中已经采用的政策组合及已经选过的执行方式进行比较研究。汪伟全通过总结跨区域大气污染治理的主要理论分类，归纳大气污染治理的三个途径：政府间相互合作、通过市场的作用进行调节、网络治理⑤。马晓明、易志斌指出网络治理是目前解决北京空气污染的有效途径，并建议建立环境与经济发展的宏观环境，完善协同治理的组织机构⑥。在大气污染治理过程中，从各方博弈的角度来看，大气污染治理可分为运动式执行、抵制性执行、折扣式执行和欺骗式执行，而选择这些不同方式最主要的原因是利益权衡与分配。赵新峰、袁宗威从协同政策执行中的各种要素角度分析了京津冀目前治理空气污染方面的政策，从京津冀地区的经济指标、一二三产业分布情况、行政执行能力和协调机制三个方面分析了目前政策，并提出了采取善治理论，防止"搭便车"现象，建立多元网络机构，在机制建立上要协调、有法

---

① 王自发,吴其重. 区域空气质量模式与我国的大气污染控制[J]. 科学对社会的影响,2009 (3)：24 – 29.

② 魏同洋,靳乐山,靳宗振,等. 北京城区居民大气质量改善支付意愿分析[J]. 城市问题,2015 (1)：75 – 81.

③ 钟连红,刘晓,李志凯,等. 北京居民生活用煤大气污染控制思路与对策[J]. 环境保护,2015 (Z1)：77 – 78.

④ 肖玉,王硕,李娜,等. 北京城市绿地对大气 $PM_{2.5}$ 的削减作用[J]. 资源科学,2015(6)：49 – 55.

⑤ 汪伟全. 空气污染的跨域合作治理研究：以北京地区为例[J]. 公共管理学报,2014(1)：55 – 64 + 140.

⑥ 马晓明,易志斌. 网络治理：区域环境污染治理的路径选择[J]. 南京社会科学,2009(7)：69 – 72.

律保障、完善信息沟通①。初钊鹏等从集体行动的视角解释了在大气污染治理过程中各方的猎鹿博弈模型，并分析了 APEC 会议期间的治理措施，认为中央威权能有力地促进大气污染治理，建议建立统一的空气质量考核标准，纳入官员考核机制等②。徐嫣、宋世明针对协同治理理论在中国的具体使用情况进行了研究，对协同治理的相关理论依据和中国现阶段的实际情况进行了总结分析，探索协同治理在中国大气污染治理现实问题中的适用情况，并提出政府主导模式可能是最适合中国现状的③。

最后，从大气污染物来源的角度，提出治理方式和建议。

马丽梅、张晓通过建立空间计量模型分析 PM_{10}，发现在北方地区大气污染物存在区域自相关④。通过产业转移的方式进行污染治理在长期来看行不通。曹翔等对比内外资对我国大气质量的影响，验证了"污染避难所说"⑤。高健等针对我国大气污染情况，详细分析了细颗粒物呈现出来的状况、从 20 世纪 70 年代到当前的变化情况和细颗粒物的组成成分，简要介绍污染成因对采取对策的影响以及现阶段污染物源解析的不足，为开展下一步大气污染防治提供了建议⑥。易爱华等分析了使用煤炭对大气污染的贡献度，提出要对煤炭进行控制⑦。谷雪景分析了移动污染源如汽车等在大气污染物源中所占的比例，提出要建立标准，提升汽油质量⑧。范纯增等对我国 29 个主要省会城市的工业领域对治理的投入和减

① 赵新峰,袁宗威. 京津冀区域政府间大气污染治理政策协调问题研究[J]. 中国行政管理,2014(11)：18 – 23.

② 初钊鹏,刘昌新,朱婧. 基于集体行动逻辑的京津冀雾霾合作治理演化博弈分析[J]. 中国人口·资源与环境,2017(9)：56 – 65.

③ 徐嫣,宋世明. 协同治理理论在中国的具体适用研究[J]. 天津社会科学,2016(2)：74 – 78.

④ 马丽梅,张晓. 中国雾霾污染的空间效应及经济、能源结构影响[J]. 中国工业经济,2014(4)：19 – 31.

⑤ 曹翔,余升国,刘洪铎. 内外资对中国碳排放影响的比较[J]. 中国人口·资源与环境,2016(12)：70 – 76.

⑥ 高健,李慧,史国良,等. 颗粒物动态源解析方法综述与应用展望[J]. 科学通报,2016(27)：3002 – 3021.

⑦ 易爱华,丁峰,胡翠娟,等. 我国燃煤大气污染控制历程及影响分析[J]. 生态经济,2014(8)：173 – 176.

⑧ 谷雪景. 移动源国家大气污染物排放标准体系演变及发展方向研究[J]. 环境保护,2014(17)：48 – 50.

少污染物排放数据进行了整理，运用 DEA 和 Malmquist 指数两个经典模型，计算了上述 29 个城市的治理效率①，结果表明：各地之间在工业设施减排方面的效率存在非常明显的差异，既存在过度多余投入的现象，也存在节约能源降低废气排放不足的情况，减排相关的设施和其他方面的投入在城市间有很大不同。所以各城市需要优化对工业设施的投入和减少污染物排放，提升技术水平上和设施的利用效率，同时还要调整各产业占比，减少污染企业的数量，降低总排放量，建立完善的排污权交易市场，完善相应的法律，加强执法能力建设。

7.2.2.3　现状分析及存在的问题

从研究现状来看，现有的文献认为大气污染治理需要各方采取集体行动，进行协同治理，治理方式与途径的选择对大气污染治理效果有关键作用。第一，法律方式、行政方式、经济方式、科技方式在大气污染治理过程中都能发挥重要作用。这些治理方式的选择应用会给大气污染治理的效果带来影响，同时相应手段方式的缺失会给大气污染治理带来负面作用。第二，政府选择的协同治理途径不同会给大气污染治理带来不同的影响，多种治理途径的运用会产生更好的效果。第三，大气污染的特点如外部性、流动性，要求在治理过程中各主体协同合作，一起行动，才能够产生好的效果，单方面行动不仅需要付出巨大的成本，而且起不到作用。

通过文献分析发现，目前针对大气污染治理方式与途径选择的研究集中在政策探讨，从应然角度提出政策建议，缺乏实证研究。针对某一方式的验证采用模型建立的方式进行实证研究，并没有针对各方式影响的量化研究。比如，行政方式、法律方式具体对大气污染治理效果的影响因子是多少，在不同的区域会不会有不同的变化。综合起来归纳为两大问题：如何实现更好的整合方式，从而使各个方式实现最优效果；如何实现协同治理方式和途径与其他相关因素的合作，形成一个有效的治理系统。

---

① 范纯增,顾海英,姜虹. 城市工业大气污染治理效率研究：2000—2011［J］. 生态经济,2015 (11)：128－132.

本研究的目的是在制度分析方法以及有关大气污染治理理论研究的基础上，通过实证调查和案例分析，系统探究大气污染区域的协同情况，包括区域协同和主体协同及其影响因素、协同治理方式和途径、各种方式与途径适用条件、效果及影响效果的因素、区域协同治理的各种方式和途径的优缺点以及如何克服等方面，深入分析目前各地采用的治理方式和途径存在的问题。在此基础上，构建大气污染治理中的协同治理方式与途径的新模型，提出相应的改进措施和建议，有助于各主体更有效率地治理大气污染。

研究问题具体分为以下几点：大气污染治理过程中区域协同情况和主体协同情况如何；哪些因素影响了区域协同；京津冀大气污染区域采用的协同治理方式对治理效果影响如何，通过什么样的途径发挥作用；京津冀地区治理空气污染采用的三种途径的适用条件是什么；京津冀地区协同治理的途径效果如何，影响效果的因素是什么，各种协同治理的方式与途径是怎样进行整合以及如何在大气污染治理中发挥作用的。

7.2.3　理论框架

本研究借鉴了杨立华提出的 PIA 分析框架中大气污染区域协同治理的方式与途径进行分析。PIA 分析框架主要用来分析社会行动者之间是如何通过互动（或博弈）与合作来解决集体行动困境的[①]。根据 PIA 框架，本章选择的变量为：参与者所具有的资源或资本；参与者的个体动机（影响个体的目标、期望等）与偏好；影响行动者战略空间及其选择的各种社会正式和非正式规则；参与者的效用方程（对成本与收益的计算）；博弈进行的具体过程；博弈结果。影响途径选择的因素采用了 5I 模型中的因素[②]：观念（ideas）、利益（interests）、个人（individuals）、制度（institutions）和国际环境（international environment）。

---

① 杨立华. 构建多元协作性社区治理机制解决集体行动困境:一个"产品 – 制度"（PIA）分析框架[J]. 公共管理学报,2007(2):6 – 22.

② 迈克尔·豪利特,M. 拉米什. 公共政策研究:政策循环与政策子系统[M]. 庞诗,等译. 上海:上海三联书店,2006:274 – 282.

通过对理论和文献的研究，将大气污染区域协同治理方式分为行政驱动型协同方式、法律驱动型协同方式、市场驱动型协同方式、科技驱动型协同方式和教育驱动型协同方式五大类，并初步构建理论模型和理论分析框架（见图7.1）。

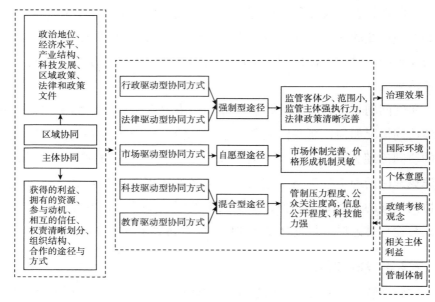

图7.1　理论分析框架

7.3　研究方法与数据获得

7.3.1　研究方法

本研究是关于京津冀区域协同治理大气污染方式和途径的相关理论与实际政策实施情况的研究，主要采取文献荟萃、案例访谈和调查问卷三种研究方法。首先，本研究对相关文献进行阅读梳理，并根据豪利特和拉米什政策工具相关理论、陈振明的政策工具三分法、杨立华的PIA分析框架等经典理论初步建构本研究的分析框架，选取京津冀在纪念中国人民抗日战争暨世界反法西斯胜利70周年阅兵期间交通的协同治理、美国排污权的交易、英国清洁空气方案行动计划和供暖季各地采用了什么样的方式应对可能高发的雾霾天气等15个案例作为经典案例，在查阅相关资料并对参与者进行访谈后，根据调查和访谈结果对分析结果修订理论框架，形成更符合京津冀实际情况的分析框架。其次发放问卷，通过数据验证框架。本研究的技术路线如图 7.2 所示。

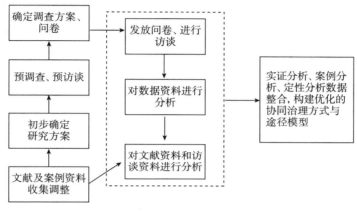

图 7.2　技术路线

7.3.2　文献荟萃分析

文献荟萃分析主要是了解京津冀大气污染区域协同治理方式与途径的理论基础及治理现状，发现现有研究的不足。本研究涉及"京津冀协同""协同治理""方式与途径"等问题，通过对这几个词进行搜索，选出现有文献中研究协同治理方式与途径的文献。首先，2017 年 6 月从中国期刊网上对用于整合分析的文献进行搜索，查询范围包括从 1977 年到 2017 年的所有文献；其次对于初步搜索出的文献，通过对其摘要、关键词、内容等的研究，剔除部分无关文献；最后对留下具有参考价值的文献进行整合分析。另外，为加深对协同理论的理解，本章又选取了协同治理方面的有关文献并加以深入分析。

通过搜集与整理，最后挑选出优秀和具有参考价值的文献共计 107 篇，其中包括 87 篇国内文献和 20 篇英文文献，类型主要包括优秀期刊论文、国际会议相关论文以及书籍中的相关篇章等。其发表年限从 1977 年至 2017 年，大多文献主要集中在 2013 年以后，在理论研究和实证研究上愈加成熟，部分 2000 年之前的相关的文献也收集整理用作参考。

所选择的用于综合分析的文献中，大部分集中在大气污染治理的方式与途径中，也有一部分集中在整个生态治理领域以及水污染治理领域。在研究方法上，所选取的文献有一部分采用了实证研究的方法，研究的地域有京津冀、乌鲁木齐、兰州和珠三角地区，外文文献中研究的地域有美国、英国、德国等目前空气治理已经卓有成效的国家。这些地域很典型，能为我们探讨通过什么样的方式与途径治理空气污染提供启发。

7.3.3 案例分析与实地调研

本研究问卷调查和实地访谈的区域主要在北京、天津和河北，以及部分周边地区。从总体上看，问卷调查和实地访谈所选取的三个主要区域都有严重的空气污染，而且三个地方有不同的经济结构和不同的污染物类型结构，因此具有鲜明的地域差异性和典型的代表性。问卷采用问卷星进行发放，问卷的发放对象定向选择为京津冀地区的政府部门工作人员、专家学者、企业工作人员与普通民众等与大气污染协同治理密切相关的群体。共收集到有效问卷 540 份。为了深入了解目前大气污染协同治理情况，在问卷基础上还准备进行深入访谈，访谈的对象拟为相关的专家学者、政府环境治理的相关工作人员、企业特别是在大气污染协同治理工作中有切身利益关系的企业的工作人员。

7.3.3.1 案例分析

（1）案例选择方法。

本研究是关于大气污染区域协同治理方式与途径的研究，采用案例分析与问卷调查相结合的综合分析方法。案例研究分析是本研究的主要研究方法，发挥着基础性的支撑作用，本研究选取了 15 个相关案例，这15 个案例有不同层级的区域互动与主体互动，并且采用了不同的驱动方式与不同的途径，具体从案例来源、案例层级、案例地域和案例采用方式与途径方面进行筛查。

（2）案例来源。

为了确保案例的信度与效度，本研究对同一案例采用多种收集渠道，从多角度对案例进行验证，并关注不同的资料来源对同一案例的描述是否契合，以保证所选案例来源的广泛性和有效性。案例证据来源包括实地调研、期刊文献、图书专著、网络资料、新闻报道、相关政策文件、学位论文等，保证资料来源的广泛性，形成资料三角形。但由于各案例引起的社会关注度不同，其形成的资料数量也有巨大差异；由于资料收集过程中的困难和局限，并不是所有的案例都能按照上述分类进行收集，但是尽量保证案例来源的真实、全面、有效（见表7.3）。

（3）案例层级。

案例层级是指案例发生的地域范围，如国、省、地市、县乡、村等。由于本章研究的是区域协同和主体协同，因此案例分布极其广泛，涵盖了国家、省市、县乡三个主要层级，主体上有政府、企业、公众、社会组织和专家学者等。本章研究区域协同治理方式与途径，主要看区域协同、治理方式和途径的选择是如何影响到大气污染治理效果的，同时为范围更广、不同类型的污染协同治理提供理论基础和政策建议。因此本研究选取了各层级的典型案例进行统一分析，以期为类似社会问题提出普适性的理论和建议。

（4）案例地域。

本章是关于京津冀大气污染区域协同治理的研究，问卷调查与案例分析主要来源于京津冀及周边区域；同时，参考大气污染的特点，选择了英国的清洁空气法案和美国的排污权市场。

（5）案例采用的方式与途径。

治理方式与途径的选择是本章另一个比较重要的内容，本研究共划分了5种治理方式：行政驱动型治理方式、法律驱动型治理方式、市场驱动型治理方式、教育驱动型治理方式和科技驱动型治理方式。在案例的选择上同样要兼顾这几种驱动方式，"阅兵蓝"和京津冀2017—2018年秋冬季大气污染综合治理攻坚行动采用了行政驱动型治理方式，京津冀交通一体化采用的是科技和法律两种驱动型治理方式，$PM_{2.5}$事件采用的是教育驱动型治理方式，美国排污权交易采取的是市场驱动型治理方式，英国清洁空气方案采取的是法律驱动型治理方式。通过这几个案例的选择，有助于进一步了解验证不同的治理方式对大气污染治理效果的影响。

表 7.3　案例资料来源　　　　　　　　　　　　　　　　单位：篇

案例名称	资料来源类型							总数
	期刊文献	图书专著	网络资料	新闻报道	政府文件	学位论文	实地调研	
C7-1 APEC 蓝和"阅兵蓝"	1	0	0	5	2	0	0	8
C7-2 京津冀 2017—2018 年秋冬季大气污染综合治理攻坚行动	1	0	1	5	1	0	4	12
C7-3 京津冀交通一体化	2	0	2	4	2	0	0	10
C7-4 $PM_{2.5}$ 事件	1	0	4	1	1	0	0	7
C7-5 美国排污权交易	4	1	1	0	0	1	0	7
C7-6 英国清洁空气法案	2	2	3	0	0	0	0	7
C7-7 唐山钢铁限产	0	0	1	1	1	0	0	3
C7-8 京津冀在大气污染治理中协同立法	2	0	1	0	0	1	0	4
C7-9 李贵欣诉讼案	1	0	4	2	0	0	0	7
C7-10 天津市滨海新区大气污染治理	1	0	2	2	4	0	0	9
C7-11 北京地球村	1	0	5	3	0	1	0	10
C7-12 石家庄"利剑斩污行动"	1	0	1	2	0	1	0	5
C7-13 京津冀及周边加大排污违法企业的查处力度	0	0	3	1	1	0	0	5
C7-14 京津冀及周边地区机动车政策差异	0	0	1	1	1	0	0	3
C7-15 京津冀排污收费标准的差异	0	0	2	1	1	0	0	4

（6）案例编码。

案例编码就是先把案例内容与各要素进行配对整理，然后对匹配内容进行量化评级。案例编码最大的失误是由个人主观进行操作，因为个人的主观判断会影响编码的有效性和信度，因此在实际操作过程中，由多人共同编码。首先根据初始资料研究案例编码评价标准，笔者和另一位课题组成员依照共同的案例资料和编码标准对案例编码；其次将首次编码的结果交给课题成员进行审核，并对审核的结果进行汇总整理、讨论，直到没有异议为止，以此保证案例编码的可靠性。

本章案例编码主要包括 6 个方面，分别为案例名称、案例类型、协同情况、协同方式、协同途径、协同绩效。

表 7.4　案例要素编码

案例要素	测量指标
案例名称	
案例类型	A_1 短期/A_2 长期
协同情况	B_1 区域/B_2 主体/B_3 组织机构/B_4 法律制度
协同方式	E_1 行政驱动型协同方式/E_2 法律驱动型协同方式/E_3 科技驱动型协同方式/E_4 教育驱动型协同方式/E_5 市场驱动型协同方式
协同途径	F_1 强制型途径/F_2 混合型途径/F_3 自愿型途径
协同绩效	S 成功/SS 半成功/F 失败

为了弥补三个区域调查数据的不足，研究在文献荟萃和以往研究的基础上，特别选取了 15 个案例进行结果分析，用以验证理论研究结果的效度和可扩展度。"阅兵蓝"和 APEC 蓝这两个案例是行政驱动型治理方式在区域协同治理中的应用，科技驱动型治理方式选取京津冀交通的协同治理为代表，市场驱动型治理方式选取美国排污权的交易为代表，法律驱动型治理方式选取英国的清洁空气法案为代表。这 15 个案例在效果上具有典型性。

7.3.3.2　实地访谈

实地访谈的地区主要选择北京市、天津市及河北省各个市，访谈的方式有面谈、线上访谈。访谈的主要对象为政府官员、企业人员、当地居民、专家学者等，同时结合 WEGSS 环境研究所案例库的案例。访谈内容与问卷内容主题一致，平均每人接受的访谈时间为 0.5 小时左右。

访谈能够了解不同立场下的真相，获得更加丰富的研究内容。本研究选取的访谈对象有两类：一是直接参与到大气污染治理相关活动中去的人，包括政府官员、企业人员、民众等；二是虽然没有直接参与到大气污染治理但是对治理有一定了解和见解的人，如专家学者、政府官员等。其中，第一类访谈对象选取中，主要选择参与 APEC 会议空气质量保障行动、京津冀秋冬季大气污染攻坚行动的各方人士。由于大气污染治理需要多方人员的参与，因此在访谈对象的选择上比较容易，根据"滚雪球"的方式选择了访谈的对象，其中涉及执行政策的官员、企业工作人员和积极参与到大气污染治理中的民众。

7.3.3.3 问卷调查方法

问卷是为了验证京津冀区域协同治理方式与途径的理论框架。本研究主要采用目标抽样和"滚雪球"抽样相结合的方式，对了解大气污染区域协同治理的官员、企业人员、居民、村民、专家学者等进行问卷调查。针对本研究所要探讨的问题，问卷共分为三个部分：第一部分为基本信息，包括所在区域等11个问题；第二部分为对区域协同的测量，主要包括区域间的协同情况、主体间的协同情况、影响区域协同的因素和影响主体协同因素4个问题；第三部分为大气污染区域协同治理方式和途径，包括方式与途径等7个问题。

由于大气污染治理主体与受众的广泛性和现在信息通信技术的发达，问卷主要通过电子形式发放。通过"滚雪球"的方式在三地发放，其中有效问卷为540份。发放时间为4月底至5月初，问卷的基本情况见表7.5。

表7.5 问卷的基本情况

特征		比例/%	特征		比例/%
性别	男	50.4	单位性质	农民	18.5
	女	49.6		个体工商户	11.2
年龄	20岁及以下	12.4		公司企业	29.5
	21~30岁	20.2		政府部门	8.0
	31~40岁	21.2		事业单位	26.6
	41~50岁	25.7		民间组织	1.5
	51~60岁	10.4		其他	4.7
	61~70岁	8.9	教育程度	小学及以下	1.8
	71岁及以上	1.2		初中	9.7
居住的地区	北京	30.9		高中/职高/中专/技校	19.5
	天津	17.7		大学（专科和本科）	46.0
	河北	42.5		硕士	17.7
	其他	8.9		博士及以上	5.3

7.4 结果

7.4.1 案例及访谈分析结果

7.4.1.1 大气污染治理过程中的区域协同情况

（1）区域协同。

在 15 个案例中，有 10 个案例涉及区域协同，其中比较典型的有：APEC 蓝是由京津冀及周边地区共同采取行动，三地采用同样的政策措施，保证本区域内的空气质量，并且负责人是各地的"一把手"；京津冀2017—2018 年秋冬季大气污染综合治理攻坚行动由"2＋26"个城市共同采取行动，除了有区域性的组织外，每个县市都有具体的负责人，负责沟通协调，并在 8 月就开始提前部署，通过查阅空气指数及访谈所在地的居民发现，2016 年冬天的空气质量有明显改善；京津冀交通一体化中主要是三地政府协同，打通"断头路"，并进行了充分的规划，"1 小时交通圈"已经形成，并且有多条高速公路开通；美国排污权的交易和英国清洁空气法案虽然未搜集到明确的资料表明最早是哪些区域开始采取集体行动，不过后期都形成了全国性的法案和交易规则，也可以推测出美国及英国采取了全国性的区域协同。

在没有涉及区域协同的案例中，案例 C7 - 4 $PM_{2.5}$ 事件是网上突发事件，由于关系到很多网民的切身利益，加之政府并没有直接给出明确的回应，这件事情的关注度越来越高，最终 $PM_{2.5}$ 的播报出现在民众视野中。

在访谈中，问及受访者的时候，受访者也表示所在的地区会与其他区域联动：

是要一起采取行动的，特别是河北省重污染企业比较多，要一起行动。目前没有横向的联系，一般都是按应急预案采取行动的，其他区应该也是这样的吧。（DXQ - 20180402 - CM02）

我们属于焦化行业，按照政策文件要求在供暖季错峰生产，降低产量 50%。整个京津冀的焦化行业都这样，都得降低产量 50%。（GYX -

20180220 – CM03）

今年环保查得严，县城里不让烧煤了，买了的煤也给拉走，石家庄附近的几个县都是这样。（GYX – 20180219 – CM04）

（2）主体协同。

15个案例中都或多或少有各主体间的协同。在"阅兵蓝"案例中，中央政府与京津冀地方政府、省级政府和地市级政府、地市级政府与县乡级政府都有充分互动，政府与企业之间也密切互动，民众也采取了积极的措施参与到空气治理中；京津冀2017—2018年秋冬季大气污染综合治理攻坚行动中政府与企业的联系比较密切，行动方案强调企业是主体，垂直政府协同程度高，而横向政府联系不足，不能做到顺畅沟通；京津冀交通一体化案例中，三地政府协同程度高，并进行了统一的规划，不过民众及企业与政府的沟通并没有足够的资料做支撑；$PM_{2.5}$事件中借助媒体的力量，事件发酵程度高，获得了很高的关注，民众协同程度高，环保部门和外交部虽有发声，但协同程度和针对性都不够，导致网民大量转发，最后$PM_{2.5}$被纳入空气播报中；美国排污权交易和英国清洁空气法案中，政府间、政府与企业、民众与其他主体进行了充分协同，社会组织和专家在制度形成过程中也起到了积极的推动作用。

在这些案例中，主体的协同都表现出政府协同程度高，政府与企业表面上是协同关系，实际为命令关系，政府与企业并不能平等地对话，它们之间也没有明显的信任。

（3）协同治理组织机构特点。

协同治理组织机构在大气污染治理过程中起领导作用，能够促进大气污染治理，在衡量治理机构中选择以下因素：组建了协同治理机构，机构组成以政府为主导，吸纳了企业、社会组织、专家学者、家庭个人等参与，各主体能够充分互动，组织权威性高，各主体地位平等，机构治理大气污染效率高。在国内的几个案例中都组建了协同治理机构，治理机构成员都是政府官员，没有吸纳其他主体参与。在民众发起的案例中，都出现了这样的特征：媒体的加入、网络传播促进了事件的发展，虽然没有明显的治理机构出现，但是也能引起关注。

（4）协同中的法律制度的保障。

本研究中的法律制度保障是指为了促进区域协同，治理主体联合立法，建立完善的法律制度，明确各方的权利责任，对集体行动也有明确的规定，各区域联合执法，同时有相应的法律配套措施，如利益补偿和经济激励制度等。不过从这15个案例来看，国内的案例并没有表现出这样的特点，政策性文件、行政文件出现的次数较多，法律配套设施不完善，没有明确的利益补偿和经济激励制度。法律制度的缺失明显影响到京津冀大气污染治理。

案例的协同情况见表7.6。

表7.6　案例分析数据——协同情况

案例	区域协同	主体协同
C7－1	1	1
C7－2	1	1
C7－3	1	1
C7－4	0	1
C7－5	1	1
C7－6	1	1
C7－7	1	1
C7－8	1	1
C7－9	0	1
C7－10	0	1
C7－11	0	1
C7－12	0	1
C7－13	1	1
C7－14	1	1
C7－15	1	1

注：表中"1"表示能体现主体协同和区域协同、有组织机构、有相应的法律制度保障，"0"表示没有。

7.4.1.2　京津冀大气污染治理过程中方式与途径的选择

（1）京津冀大气污染治理过程中方式的选择。

本研究中行政驱动型治理方式包括发布制度、命令、公私合营、政府行动、规划、绩效监督、契约管理、交易许可证等；教育驱动型治理方式包括激励、学术威望、宣传、文化研究、公共表达、舆论、信仰、文化价值、知识援助等；科技驱动型治理方式包括科技支持、科技标准、技术管制、专业技能、科技研发、传播科技等；法律驱动型治理方式包括环境治理问责、法律保障、法律保护、环境立法、申诉、检举、信访、游行示威等；市场驱动型治理方式包括建立碳排放交易市场、产权界定、税收、信贷、排污权交易等。通过案例比较发现（见表7.7），在几种治理方式中应用最多的是行政驱动型治理方式，说明目前京津冀区域治理过程中还是以政府为主导，短期性的政策起的作用比较大，同时也说明这些治理活动缺乏长效性，存在运动式治理现象。研究发现，在15个案例中市场驱动型治理方式应用最少，案例C7-3中虽然有相应的市场驱动型治理方式，但只是限于修路过程中的贷款。在科技驱动型治理方式中应用得最多的是科技支持，政府相关部门采用先进的科技技术进行监管，如远程监控企业的排放情况，督促企业采用复合排放标准的技术，不过在排放标准的协同和科技研发上应用不足，不能为大气污染治理提供长效的动力。教育驱动型治理方式中舆论和宣传起的作用较大，其他类型作用相对不足，而且教育驱动型治理方式在15个案例中基本是作为辅助型手段出现的。法律由于其威慑力和强制力本应在大气污染治理过程中起到比较好的作用，不过在实际状况中由于其供给不足，没有发挥出应有的作用。

表7.7　京津冀大气污染治理过程中方式的选择

案例	行政驱动型治理方式	教育驱动型治理方式	科技驱动型治理方式	法律驱动型治理方式	市场驱动型治理方式
C7-1	1	1	1	0	0
C7-2	1	1	1	1	1
C7-3	1	0	1	0	1
C7-4	1	1	1	0	0
C7-5	1	0	1	1	1
C7-6	1	1	1	1	0

案例	行政驱动型治理方式	教育驱动型治理方式	科技驱动型治理方式	法律驱动型治理方式	市场驱动型治理方式
C7 – 7	1	0	1	0	0
C7 – 8	0	0	0	1	0
C7 – 9	1	1	1	1	0
C7 – 10	1	1	0	0	0
C7 – 11	0	1	1	0	0
C7 – 12	1	0	0	1	0
C7 – 13	1	1	1	1	0
C7 – 14	1	1	0	0	0
C7 – 15	1	1	0	0	0

注：表中"1"表示有采用相应的治理方式，"0"表示没有。

（2）京津冀大气污染协同治理中途径的选择。

在京津冀大气污染区域协同治理的途径选择过程中（见表7.8），强制型途径指政府介入程度最高，如管制、公共企业、直接提供、行政命令发布、法律颁布等；混合型途径指政府介入程度适中，如信息传播、规劝、补贴、产权拍卖、征税和使用者付费等；自愿型途径指各个主体自愿采取行动，如家庭和社区采用绿色的生活方式、志愿组织的推动、市场式治理手段等。通过案例的比较，发现在三种途径中强制型途径使用的频次最高，这与之前的治理方式分析中采用行政驱动型治理方式次数最多有关，也说明了在大气污染治理中政府处于主控地位，政府凭借其强大的组织机构和执行力主导大气污染治理。企业、社会组织、民众参与相对不足。

表7.8　京津冀大气污染协同治理中途径的选择

案例	强制型途径	混合型途径	自愿型途径
C7 – 1	1	1	1
C7 – 2	1	1	1
C7 – 3	1	1	0
C7 – 4	1	0	1

续表

案例	强制型途径	混合型途径	自愿型途径
C7 – 5	1	0	1
C7 – 6	1	1	1
C7 – 7	1	0	0
C7 – 8	1	0	0
C7 – 9	1	1	1
C7 – 10	1	1	0
C7 – 11	0	1	1
C7 – 12	1	0	0
C7 – 13	1	1	1
C7 – 14	1	1	1
C7 – 15	1	1	1

注：表中"1"表示有采用相应的途径，"0"表示没有。

通过 SPSS 软件的 Spearman 相关性分析发现（见表7.9），区域协同、主体协同以及治理的方式和途径都会影响到大气污染治理的效果，其中主体协同情况和治理方式对大气污染治理效果影响更大。

表7.9　大气污染治理效果与协同情况、治理方式、途径的 Spearman 相关性分析

项目	区域协同	主体协同	治理方式	途径
相关系数	0.732 **	0.989 **	0.782 **	0.663 **
Sig.（双侧）	0.000	0.000	0.000	0.000

注：** 表示在0.01水平（双侧）下显著相关。

7.4.2　问卷分析结果

7.4.2.1　影响大气污染治理效果的相关因素

根据调查问卷结果，京津冀及周边地区的空气质量和治理效果见表7.10。结果显示，北京空气质量和治理效果均是第一，而河北的空气质量和治理效果则是区域最差。

表 7.10   空气质量和治理效果汇总

区域	空气质量	治理效果
北京	2.73	3.28
天津	2.66	2.93
河北	1.99	2.51
其他周边区域	2.47	2.69

京津冀及周边区域的协同情况见表 7.11。通过数据比较发现区域协同情况整体都不是很高，北京与天津 2.97 分为所有得分中最高；天津与河北得分为 2.58 分，为所有得分中最低。

表 7.11   区域协同情况   单位：分

项目	区域协同程度
京津冀与周边区域整体协同程度	2.75
京津冀三地协同程度	2.79
北京与天津	2.97
北京与河北	2.73
北京与其他区域	2.68
天津与河北	2.58
天津与其他周边区域	2.67
河北与其他周边区域	2.62

各治理主体的协同情况见表 7.12。为了对数据进行重点展示，本次选取了得分靠前的因素，其余的得分为 2.49 ~ 2.8 分，企业与公众的协同程度得分最低，为 2.49 分。结果显示政府之间的协同程度整体比较高，这也得益于政府组织结构完善和相应政策文件的保障。

表 7.12   主体协同情况   单位：分

项目	协同程度
中央政府与京津冀政府	3.38
省（直辖市）政府与市（区）级政府	3.15
政府与媒体	3.05
市（区）级政府与县乡（街道）级政府	2.96

续表

项目	协同程度
政府与企业	2.88

各种治理方式的使用频率和对治理效果的影响程度见表 7.13。行政驱动型治理方式使用频率与影响程度得分均最高，这也表明我国目前的大气治理工作运动式执行较多，未能形成长效机制，所以在经过运动式执行后雾霾很快就会卷土重来。科技驱动型治理方式也是能很好地解决雾霾污染问题的方式，只是目前的技术研发并不能满足实际需要。

表 7.13　各种治理方式的使用频率和对治理效果的影响程度　单位：分

项目	使用频率	影响程度
行政驱动型治理方式	3.48	3.32
法律驱动型治理方式	3.15	3.28
市场驱动型治理方式	2.98	3.13
科技驱动型治理方式	3.04	3.30
教育驱动型治理方式	2.89	2.98

治理途径对治理效果的影响程度见表 7.14。这三种途径的划分是依据政府介入程度，通过结果可以发现强制型途径和混合型途径对治理效果的影响程度更大，而自愿型途径影响相对不足。

表 7.14　治理途径对治理效果的影响程度　单位：分

项目	影响程度
强制型途径	3.58
混合型途径	3.20
自愿型途径	2.75

本研究通过非参数检验来验证协同情况和治理方式与途径对大气治理效果的相关关系。非参数检验的零假设是在不同的条件下结果是相同的，如果显著性概率小于 0.05，则拒绝零假设，即不同条件下结果是不同的。本研究对区域协同情况、主体协同情况、选择的治理方式与途径进行了卡方分析，结果见表 7.15。结果表明渐进显著性小于 0.05，拒绝

原假设，说明协同情况和治理方式与途径会影响治理效果。

表 7.15　区域协同情况、主体协同情况、
选择的治理方式与途径对治理效果的非参数检验

项目	区域协同情况	主体协同情况	选择的治理方式	治理途径
卡方	16.071	21.292	19.876	19.788
df	4	4	4	4
渐进显著性	0.003	0.000	0.001	0.001

为了进一步验证这 4 种因素对治理效果的影响，进行 Spearman 相关性分析，结果见表 7.16。区域协同、主体协同、治理方式与途径均与治理效果存在相关性。

表 7.16　大气污染治理效果与协同情况和治理方式与途径的 Spearman 相关性分析

项目	区域协同	主体协同	治理方式	治理途径
相关系数	0.589 **	0.561 **	0.483 **	0.363 **
Sig.（双侧）	0.000	0.000	0.000	0.000

注：** 表示在 0.01 水平（双侧）下显著相关。

回归分析可以确定区域协同、主体协同、治理方式、治理途径与大气污染效果之间的关系，由于因变量是连续变量，因此适合做线性回归，结果见表 7.17、表 7.18、表 7.19。

表 7.17　模型汇总

模型	R	R^2	调整 R^2	标准估计误差
1	0.675	0.556	0.536	0.88211

注：①预测变量为常量、Q19 治理途径、Q13 区域协同、Q14 主体协同、Q18 治理方式；②因变量为 Q12 治理效果。

R 显示的为所有自变量与大气污染治理效果的线性回归关系的密切程度，取值越大，说明线性回归关系越明显；标准估计的误差越小，说明建立的模型效果越好。本研究的 R 值为 0.675，标准估计误差为 0.88211，说明本研究的线性回归模型还可以。

表 7.18 显示，本研究的 F 统计量为 22.660，概率为 0.000 小于显著性水平 0.05，所以这个模型是有统计学意义的。

表 7.18　影响治理效果变量的方差分析

模型		平方和	df	均方	F	Sig.
1	回归	70.529	4	17.632	22.660	0.000
	残差	84.038	108	0.778		
	总计	154.567	112			

注：①因变量为 Q12 治理效果；②预测变量为常量、Q19 治理途径、Q13 区域协同、Q14 主体协同、Q18 治理方式。

表 7.19 显示，回归模型的常数项为 0.729，区域协同的偏相关系数为 0.409 和主体协同的偏相关系数为 0.257，但治理方式和治理途径显著性大于 0.05，此次不列入回归方程。此次研究的回归方程为：治理效果 = 0.729 + 0.409 × 区域协同 + 0.257 × 主体协同。从结果可以看到，区域协同和主体协同会显著影响大气污染治理的效果。

表 7.19　线性回归模型参数估计

模型		非标准化系数		标准系数	t	Sig.
		B	标准误差	试用版		
1	常量	0.729	0.296		2.463	0.015
	Q13 区域协同	0.409	0.084	0.429	4.840	0.000
	Q14 主体协同	0.257	0.085	0.277	3.016	0.003
	Q18 治理方式	−0.035	0.090	−0.036	−0.386	0.700
	Q19 治理途径	0.148	0.098	0.135	1.514	0.133

注：因变量为 Q12 治理效果。

7.4.2.2　影响区域协同、主体协同、治理途径选择的因素

为了达到更好的治理效果，本研究对影响区域协同、主体协同、治理途径选择的因素进行了卡方检验和相关性分析。

（1）影响区域协同的因素。

本研究通过文献与案例梳理，选取政治定位、经济水平、产业结构、科技发展、区域政策、法律和政策文件作为影响区域协同的因素。各因素对区域协同影响的得分情况见表 7.20。政治定位和经济水平得分较高，表明促进区域协同应该使各地区地位平等，同时也应促进各区域的经济发展。

表 7.20　影响区域协同的因素得分　　　　单位：分

项目	影响程度
政治定位	3.51
经济水平	3.47
产业结构	3.44
科技发展	3.28
区域政策	3.43
法律和政策文件	3.33

为了检验所选 6 种因素是否会影响区域协同，对这些因素进行了非参数检验，结果见表 7.21。结果表明渐进显著性值小于 0.05，零假设被拒绝，说明所选的因素会影响区域协同。

表 7.21　影响区域协同因素的非参数检验

项目	政治定位	经济水平	产业结构	科技发展	区域政策	法律和政策文件
卡方	17.133	22.531	14.035	11.735	13.681	12.973
df	4	4	4	4	4	4
渐进显著性	0.002	0.000	0.007	0.019	0.008	0.011

为了进一步验证这 6 种因素对区域协同的影响，进行 Spearman 相关性分析，结果见表 7.22。结果表明所选因素与区域协同存在相关性。按影响因子排序依次为法律和政策文件、产业结构、政治定位、经济水平、科技发展、区域政策。

表 7.22　影响区域协同因素的 Spearman 相关性分析

项目	政治定位	经济水平	产业结构	科技发展	区域政策	法律和政策性文件
相关系数	0.340**	0.334**	0.342**	0.328**	0.314**	0.365**
Sig.（双侧）	0.000	0.000	0.000	0.000	0.001	0.000

注：** 表示在 0.01 水平（双侧）下显著相关。

（2）影响主体协同的因素。

本研究选取参与获得的利益、拥有的资源、参与的动机、相互的信任度、权责的清晰划分、完善的协同治理组织机构、合作的途径与方式作为影响主体协同的因素。这些因素的得分见表 7.23，拥有的资源得分最高。

表 7.23　影响主体协同的因素得分

单位：分

项目	影响程度
参与获得的利益	3.15
拥有的资源	3.33
参与的动机	3.09
相互的信任度	2.98
权责的清晰划分	3.07
完善的协同治理组织机构	3.14
合作的途径与方式	3.13

为了验证上述 7 种因素是否会对主体协同产生影响，对这些因素进行了非参数检验，结果见表 7.24。结果显示渐进显著性值小于 0.05，零假设被拒绝，说明所选的因素会影响主体协同。

表 7.24　影响主体协同因素的非参数检验

项目	参与获得的利益	拥有的资源	参与的动机	相互的信任度	权责的清晰划分	完善的协同治理组织机构	合作的途径与方式
卡方	10.584	21.292	15.097	17.310	13.327	21.204	18.245
df	4	4	4	4	4	4	4
渐进显著性	0.032	0.000	0.005	0.002	0.010	0.000	0.000

为了进一步验证这 7 种因素对主体协同的影响，进行了 Spearman 相关性分析，结果见表 7.25。结果表明所选因素与主体协同存在相关性。

表 7.25　影响主体协同因素的 Spearman 相关性分析

项目	参与获得的利益	拥有的资源	参与的动机	相互的信任度	权责的清晰划分	完善的协同治理组织机构	合作的途径与方式
相关系数	0.356 **	0.436 **	0.448 **	0.474 **	0.440 **	0.430 **	0.417 **
Sig.（双侧）	0.000	0.000	0.000	0.000	0.000	0.000	0.000

注：** 表示在 0.01 水平（双侧）下显著相关。

（3）影响治理途径选择的因素。

本研究选取观念意识、相关主体利益、制度、个人、环境作为影响治理途径选择的因素。这些因素的得分见表 7.26。相关主体利益得分最高。

表 7.26 影响治理途径选择的因素得分 单位：分

项目	影响程度
观念意识	3.39
相关主体利益	3.41
制度	3.25
个人	2.87
环境	2.95

为了验证这些因素是否会对治理途径选择产生影响，对这些因素进行了非参数检验，结果见表 7.27。结果表明，渐进显著性值小于 0.05，零假设被拒绝，说明所选的因素会影响治理途径选择。

表 7.27 影响治理途径选择的非参数检验

项目	观念意识	相关主体利益	制度	个人	环境
卡方	25.009	17.221	41.292	29.788	30.584
df	4	4	4	4	4
渐进显著性	0.000	0.002	0.000	0.000	0.000

为了进一步验证这 5 种因素对治理途径选择的影响，进行了 Spearman 相关性分析，结果见表 7.28。结果表明相关主体利益、观念意识、制度和环境会影响大气污染的治理途径选择，个人与治理途径选择并不存在相关性。

表 7.28 影响治理途径选择的 Spearman 相关性分析

项目	观念意识	相关主体利益	制度	个人	环境
相关系数	0.437**	0.550**	0.329**	0.172	0.284**
Sig. （双侧）	0.000	0.000	0.000	0.069	0.002

注：** 表示在 0.01 水平（双侧）下显著相关。

（4）协同治理大气污染中可能遇到的问题和解决途径。

为了了解大气污染协同治理中可能遇到的问题，本研究通过文献查阅和访谈进行了筛选，并通过问卷进行了搜集，所得结果见表 7.29。

表 7.29　治理大气污染中可能遇到的问题　　　　　　单位：分

项目	得分
政府外的主体（如公众、NGO）作用有限或没有充分发挥	3.32
政府间协同不足	3.22
政府与企业间协同不足	3.25
大气污染协同治理机构成员单一	3.33
未能很好地协调三地利益	3.45
各主体对雾霾的看法不一（如偏向环保或偏向生存）	3.18
治霾科技研发不足	3.45
碳交易市场不完善	3.44
河北等地区产业结构不合理	3.64
法规不完善	3.54
强制型途径使用多，治理不能长效化	3.68
缺乏资源、信息和知识共享	3.54
没有足够的新型能源替代燃煤	3.70

为了确定关键因子，对遇到的问题进行了因子分析，表 7.30 中 KMO 值为 0.907，显著性小于 0.05，说明适合做因子分析。

表 7.30　KMO 和 Bartlett 的检验

取样足够度的 Kaiser – Meyer – Olkin 度量		0.907
Bartlett 球形检验	近似卡方	1020.967
	df	78.000
	Sig.	0.000

旋转前的因子载荷系数反映出不同的问题代表的指标区别，从结果看（见表 7.31），问题因子解释性比较好，第一因子中系数较大的是科技研发不足、共享不够、利益不协调、法制供给不足；第二因子中系数较大的是政府间协同不够、政府与企业协同不够。

表 7.31　成分矩阵

项目	成分	
	1	2
Q26_ R7_ A1 科技研发	0.818	−0.246
Q26_ R12_ A1 共享	0.783	−0.267
Q26_ R5_ A1 问题 5 利益	0.778	0.409
Q26_ R10_ A1 法规	0.773	−0.288
Q26_ R11_ A1 治理不长效	0.770	−0.361
Q26_ R4_ A1 问题 4 机构成员	0.758	0.386
Q26_ R1_ A1 问题 1 政府强势	0.744	0.274
Q26_ R13_ A1 新能源代替	0.741	−0.428
Q26_ R9_ A1 产业结构	0.739	−0.359
Q26_ R6_ A1 看法认识	0.729	0.099
Q26_ R8_ A1 市场	0.712	−0.147
Q26_ R3_ A1 问题 3 政府与企业	0.679	0.519
Q26_ R2_ A1 问题 2 政府间协同	0.622	0.578

注：提取方法为主成分，已提取了 2 个成分。

为了更加清楚地了解大气污染治理中存在的问题，将所选的问题进行了旋转（见表 7.32），结果发现新能源的开发、治理不长效、产业结构不合理、科技研发不足为第一主成分，本次研究将这类因素归纳为科技因素；第二主成分为政府间的协同不足、政府与企业协同不足、未能很好协调三地的利益、协同治理机构成员单一和政府强势影响到了其他主体作用的发挥，本次研究把第二主成分归纳为协同不足。

表 7.32　旋转成分矩阵

项目	成分	
	1	2
Q26_ R13_ A1 新能源代替	0.842	0.149
Q26_ R11_ A1 治理不长效	0.822	0.219
Q26_ R9_ A1 产业结构	0.797	0.201
Q26_ R7_ A1 科技研发	0.785	0.338
Q26_ R10_ A1 法规	0.777	0.277

续表

项目	成分	
	1	2
Q26_ R12_ A1 共享	0.771	0.300
Q26_ R8_ A1 市场	0.639	0.346
Q26_ R2_ A1 问题 2 政府间协同	0.104	0.843
Q26_ R3_ A1 问题 3 政府与企业	0.186	0.834
Q26_ R5_ A1 问题 5 利益	0.332	0.814
Q26_ R4_ A1 问题 4 机构成员	0.331	0.783
Q26_ R1_ A1 问题 1 政府强势	0.394	0.689
Q26_ R6_ A1 看法认识	0.494	0.545

注：提取方法为主成分。旋转法为具有 Kaiser 标准化的正交旋转法。旋转在 3 次迭代后收敛。

为了能够有效地治理大气污染，通过访谈、案例分析、查阅资料选择了一些解决措施，并通过问卷进行验证，结果见表7.33。

表7.33 解决措施 单位：分

项目	得分
完善顶层设计，促进多主体参与	3.86
建立政府间的协同沟通机制	3.75
完善政府与企业的协同机制	3.80
制定法律，促进大气污染治理机构的多成员参与	3.88
完善区域间利益补偿机制	3.80
通过协商等使各主体目标一致	3.77
加大科技研发投入	3.89
完善碳交易市场	3.73
实施产业升级，进行绿色改造	3.96
完善大气污染治理的法律法规	3.88
提升治理能力，多途径综合运用，形成合力	3.87
完善资源、信息和知识共享机制	3.82
积极开发新能源如天然气、核能、油品质量等	3.95

7.5 讨论

7.5.1 京津冀大气污染区域的区域协同和主体协同

在协同治理的众多观点中，都包含各个主体或利益相关方共同行动。京津冀大气污染协同治理主要分为区域协同和主体协同，在本研究中把区域协同分为京津冀与周边区域整体协同程度、京津冀三地协同程度。在京津冀大气污染治理成功案例中都发现在京津冀、山东、内蒙古、河南、山西等区域联合采取行动的时候能够取得较好的治理效果。在这些区域采取共同行动来治理污染一般都是依靠行政命令的方式实现的，区域的经济水平、产业结构、有效指导治理的政策与法律文件显著影响了区域的协同情况。在区域协同中，京津冀三地的协同情况较好，不过区域间两两协同情况并不乐观。

在京津冀大气污染治理中，很多主体参与到治理中，根据杨立华的分类并结合在大气污染治理中的实际情况，本次研究把主体分为中央政府、省（直辖市）级政府、市（区）级政府、县乡（街道）级政府、企业、公众、社会组织、媒体等。研究发现政府间的协同程度较高，政府与其他主体的协同程度次之，社会组织与其他社会主体的协同程度相对较低。根据吴春梅和庄永琪的研究[①]，其选择参与获得的利益、拥有的资源、参与的动机、相互的信任度、权责的清晰划分、完善的协同治理组织机构、合作的途径与方式作为影响主体协同的变量，研究发现上述因素对主体协同的绩效显著相关，其中各主体权责的清晰划分和合作的途径与方式显著影响到主体协同效果。在我们经常看到的治理中，一般都是要求政府对本地的环境负责，政府通过命令的方式将各种任务分解，要求企业、民众和其他主体采取行动，媒体在大气治理中起到的作用主要为传播大气污染治理信息、引导民众选择绿色的生活方式、对大气污染治理中的一些反面行为进行监督与曝光。不过在治理中由于污染源解析的滞后和不科学，并没有清晰划分各方的权责，也没有平衡各方的利

---

① 吴春梅,庄永琪. 协同治理:关键变量、影响因素及实现途径[J]. 理论探索,2013(3): 73 – 77.

益，目前的协同治理机构是政府成员组成的，企业、民众等社会主体并没有相应的话语权，他们的利益不能得到合理的表达，导致他们在执行中并不积极，在访谈中，有不少受访者都表达了类似的观点：

咱们县里的陶瓷厂也都改烧天然气了，取暖季还是不让干，主要有三个方面的原因，一是一级预警后不让干，二是天然气太贵自己不干，三是气源不够。我个人觉得还是民用燃煤影响大，我们厂子一直这样生产着，为什么其他季节没事，我们企业又处于山坡丘陵地带，我们企业排放达标，一年的排放量也就 200 吨，它如何会对空气造成重大影响！（GYX – 20180220 – CM03）

今年环保查得严，县城里不让烧煤了，买了的煤也给拉走，让烧的那种煤不禁烧，很快就烧完了，偷偷地买点，让改成烧气，不过报了名，还没接气。（GYX – 20180219 – CM04）

村里不行，还是烧炕，把柴火什么的在炕洞里烧，乌烟瘴气的，这怎么管啊，没法管，多少年都是这样的，也不烧煤。（WYX – 20180210 – CM05）

从这些访谈中可以看出没有正式表达渠道的主体民众、企业等对大气污染治理存在一些疑问，并没有达成统一认识，这也会导致他们在实际减排过程中行动不积极。

通过对问卷、案例和访谈的结果发现，政府在治理污染中起到非常重要的主导作用。根据学者对治理概念的研究，发现治理与管制、统治相比存在以下不同：主体不同，统治、管制的主体是政府，治理的主体是利益相关者；机制不同，统治或管制依靠政府的权威和强制力执行，治理依靠行动各方商议的约定执行；采用方式不同，统治或管制多采用行政方式、法律方式甚至军事行动，主要通过强制的途径发挥作用，而治理则多通过内部市场、社区管理等手段①。在京津冀大气污染治理中，虽然依靠政府强制力执行较多，政府是治理的主要推动者和主导者，在

---

① 陈振明. 公共管理学：一种不同于传统行政学的研究途径（第2版）[M]. 北京：中国人民大学出版社，2003：81 – 91.

大气污染治理中发挥了重要作用①，但是在案例 $PM_{2.5}$ 事件中，公众的关注、媒体的推进起到重要作用，可以说是治理雾霾的一个导火索。奥斯特罗姆认为，治理是由于涉及自身利益而有意愿去解决问题②，在案例 $PM_{2.5}$ 事件和李贵欣诉讼案中，由于涉及的民众有深切的呼吸之痛，更愿意采取行动治理污染或者倒逼污染治理。

7.5.2 协同治理的方式与途径

7.5.2.1 治理方式

本研究根据王乐夫的分类政策类型③将治理方式分为行政驱动型治理方式、法律驱动型治理方式、市场驱动型治理方式、科技驱动型治理方式、教育驱动型治理方式。行政驱动型治理方式是目前应用频率最高的，如在举行重大活动期间、重污染天气预警时，政府都会采用行政命令的方式，在下达命令的时候也会派出检查组和督查组检查政策落实情况，这也使采用行政驱动型治理方式达到很好的治理效果，不过付出的成本巨大，并且空气质量会在活动过后迅速变差，治标不治本。法律驱动型治理方式主要依靠法律的完善和强制执行使治理常态化，英国是最早治理空气污染的国家，英国的《清洁空气法案》有力地推动了英国空气治理，现阶段我国虽然推出了"大气十条"等法律法规，不过从总的情况上来看，法律供给还是不足，并且存在一定的滞后性。市场驱动型治理方式能规范企业的排污行为，提高企业整改的积极性，目前我国已初步建立碳排放交易市场，但是由于还没有厘清各地的碳排放总量和各企业的排放情况，所以碳交易市场并没有起到相应的作用。居民在日常生活中也是排放源，可以探索建立把居民排放纳入其中的碳排放交易市场。科技驱动型治理方式包括升级排放设施，发明更清洁的燃料，使现有燃料的燃烧比更高，建立更高的排放标准等。通过问卷分析，可以发现科

---

① 戴维·奥斯本,特勒·盖布勒. 改革政府:企业家精神如何改革着公共部门[M]. 周敦仁,译. 上海:上海译文出版社,2010:1-20.

② 埃莉诺·奥斯特罗姆. 公共事务的治理之道:集体行动制度的演进[M]. 余逊达,等译. 上海:上海译文出版社,2012:32-33.

③ 王乐夫. 公共管理学[M]. 北京:中国人民大学出版社,2012:212-216.

技驱动型治理方式能从根本上改变当前的空气质量，由于我国的国情，需要政府对环保科技企业进行扶持，引导科技驱动型治理方式更好地发展。教育驱动型治理方式是通过宣传、榜样激励、知识传播等手段使各主体认识到现阶段的治理任务，并且把保护蓝天的意识深入到价值观的层面。目前的教育驱动型治理方式虽然应用得比较多，但是内容偏向单一、价值传导不够，并没有触动各主体的灵魂。

7.5.2.2　治理途径与适用条件

在目前的理论中，有很多治理途径，如民营化治理途径、自治途径、多中心治理途径、政府治理途径、网络化治理途径等。根据政府发挥作用的强弱，本次研究把治理途径分为强制型途径、自愿型途径和混合型途径。通过研究发现强制型途径从得分上来看对大气污染治理效果的影响最大，因子分析的结果显示混合型途径对大气污染治理效果最有影响。通过分析验证了行政驱动型治理方式、法律驱动型治理方式和科技驱动型治理方式更偏向于通过强制型途径发挥作用，市场驱动型治理方式更偏向于通过混合型途径发挥作用，教育驱动型治理方式更偏向于通过自愿型途径发挥作用。强制型途径需要监管对象少、监管范围小、相关政府部门执行力强、法律政策清晰完善，这种情况下会对大气污染治理效果产生长效影响，不过现阶段排放主体众多、执法力量不足，所以依靠强制型途径不能使治理效果常态化。自愿型途径适用条件是产权的清晰划分、市场体制完善、各主体参与能力强，由于现阶段我国碳排放市场并不完善，各个主体参与渠道并没有得到完善的法律保护，还是存在一些人治因素的影响，所以自愿型途径发挥的作用有限。本章根据克朗的5I模型①，将观念意识、相关主体利益、制度、个人、环境因素作为影响大气污染途径选择的因素，通过问卷验证了这些因素会显著影响治理途径的选择，其中制度因素如历史背景因素、经验等对某种途径的偏好和相关主体的利益更能影响治理途径的选择。由于雾霾涉及范围广，影响人群多，所以个人因素并没有影响到治理途径的选择。

---

① R. M. 克朗. 系统分析和政策科学[M]. 陈东威，译. 北京：商务印书馆，1986：29－34.

7.5.3　京津冀大气污染区域协同治理未能长效的原因

治理雾霾要求各主体地位平等，互相信任，共同采取行动，而政府在治理过程中却十分强势，其他主体如企业、民众、社会组织等所发挥的作用却相对有限①。虽然投入了巨大的资金、人力，但是由于其他主体的作用没有充分发挥，并不能使空气质量有彻底的好转。政府需要从掌控者转变为引导者，引导激励企业、环保组织以及民众积极参与到协同治理中来。

7.5.3.1　参与治理的区域、主体协同不足

通过研究发现，区域协同情况与大气污染治理效果显著相关，大气污染治理过程中区域间协同不足，特别是两两区域之间横向互动不足。由于北京、天津、河北和其他周边区域在政治地位上的不同，经济发展之间存在巨大的差异，各区域的产业结构比例也不同，因而面临不同的治理难题，需要区域之间互通有无、相互扶持，才能达到好的治理效果。

主体协同情况也会影响治理效果，通过问卷发现，在治理过程中，政府间的纵向协同较好，横向协同不足，政府与企业的协同相对于其他主体较好，而公众、社会组织、专家学者等的参与相对不足。在秋冬季和重大活动期间需要企业停限产，影响到了企业和职工的利益，政府也并没有做出相应的利益补偿，各主体所拥有的资源差异也会影响主体的协同。而对环保的认识不同也决定了各主体采取的行动不同，如北京地区经济发展较好，民众普遍会更加关注空气质量，而河北则更关注发展问题，对于空气质量提高的要求并没有北京那样迫切。

由于空气是典型的公共产品，需要区域和主体联合起来一同治理才能发挥作用。如果没有强有力的制度保障，就会导致各区域无序行动，各主体从自身利益出发，维护自己所得利益。我国实行的是地方政府对

---

① 陈振明. 公共管理学：一种不同于传统行政学的研究途径[M]. 北京：中国人民大学出版社,2003：101.

其行政区域内的大气污染治理负责制[1]，这虽然有利于调动地方政府治理本区域内环境问题的积极性，但是由于大气跨区域污染问题具有区域传输性，大气污染治理不可能单靠某一政府的措施得到解决，需要区域内所有治理主体的协同配合。另外，各级地方政府之间存在竞争关系，地方政府可能会保护辖区企业，治理效果不佳。从纵向关系来看，我国属于单一制国家，实行地方政府对中央政府负责制，在大气污染治理中，地方政府过度依赖中央政府，缺乏同级之间的有效互动与合作。同时中央政府对地方政府在大气污染治理方面的控制力度比较弱，出现"上有政策，下有对策"的不良现象。

企业是污染物排放大户，是大气污染治理主要的责任主体。但是由于企业在环保上的短视行为，其并没有采取积极的减排措施或者通过转型谋发展。在实际的调研中发现企业目前进行的技术改造也是通过环保相关部门的强制推进完成的，而且不同的检查组间对设施的要求也不同，造成了企业的盲目无序升级。我国政府目前对于企业污染的治理主要采取的是行政强制手段，通过行政命令、突击检查、罚款的方式对污染企业进行治理，如在石家庄"利剑斩污行动"期间，石家庄各环保局通过拉闸限电来限制各个企业生产。虽然行政手段具有强度大、见效快的特点，但是并没有从根本上解决企业排污的问题，这种方式具有临时性，不能对排污企业产生持久的激励作用。如果政府采用环境经济手段如推进大气污染物排放指标有偿使用和建立排污交易、排放许可证制度等，不仅能降低监管成本而且能达到比较理想的治污效果。因此，政府应该充分利用经济手段激励企业参与到大气污染治理中来。

在影响京津冀区域协同因素中，国家区域政策存在一些差异，北京本身经济发达，国家政策还在向北京倾斜，出现了明显的马太效应，政策原因造成虹吸现象，导致河北的人力资本、科学技术、资本无法完成产业升级转型，进一步影响了河北的大气污染治理。

---

① 贺璇. 大气污染防治政策有效执行的影响因素与作用机理研究[D]. 武汉:华中科技大学, 2016.

7.5.3.2 京津冀大气污染治理中采用的方式与途径未能形成合力

京津冀在大气污染治理中采用的行政驱动型治理方式偏多，法律驱动型和科技驱动型治理方式不足。在京津冀大气污染治理过程中存在依靠行政驱动型治理方式的运动治理模式，这样的治理方式虽然在短期内会取得一些成效，但从长期来看存在很多问题。运动式治理以工业、企业的停产限产作为代价，各项控制污染举措涉及人数众多，企业损失、工人下岗或失业，甚至造成中国钢产量、水泥产量下降，经济成本巨大。在短暂的治理结束后，工厂开工，空气质量反弹巨大，行政秩序被打乱，多个省份及行政部门以空气质量保障为核心，打乱了日常工作的行政秩序，而环保部门执法能力有限，需要交警、市政、安监等部门协助，这也从侧面凸显了环保部门力量的薄弱。

通过研究发现，科技驱动型治理方式对雾霾治理有很大的作用，而在实际中我国科技研发并没发挥出明显的优势，反而出现了如尾气排放造假、空气质量指数造假等现象。清洁能源的开发、排污设备的升级都需要科技推动，由于我国之前粗放的经济增长方式，对清洁生产的要求不足，现在的制度设计也没有专门的激励政策刺激环保科技的发展，导致科技驱动型治理方式应用乏力。

法律驱动型治理方式能够保障合作的长效化，但是我国并没有完善的促进协同治理的法律，虽然出台了不少关于空气治理的法律法规，但并没有区域联防联控的具体可实施方案，《大气污染防治行动计划》对具体的工作机制、执法监督、信息共享、环评会商、预警应急等实施细则不明确。

教育驱动型治理方式需要各主体达成统一认识，自觉采取行动，关于雾霾，不同的人有不同的看法，受到利益驱使，教育驱动型治理方式需要和其他手段相互配合才能发挥好的作用。市场驱动型治理方式在西方实践中能够解决很多问题，不过由于我国碳交易市场的不完善，排放主体众多，难以衡量各主体排放量，所以市场驱动型治理方式发挥作用有限。

相关主体观念意识、各主体利益、个人、制度和环境影响到治理途径①。由于治理任务的迫切和政府执行能力的强大，在空气治理中强制型途径选择较多，自愿型途径采取相对不足。在选择大气污染治理方式与途径时，政府部门出于自身政绩考核以及部分民众出于对蓝天的渴盼都比较容易采取合作②，企业出于对自身利益的衡量，并不会积极主动采取行动，而是需要在政府威势下采取行动，这样的情况并不利于长久的治理，需要借助区域发展形成合力，综合运用各种治理途径。

7.5.4 对策建议

良好的治理需要京津冀区域协同，各个主体协同参与，并且需要多种方式和途径共同发挥作用，想要实现好的协同，选择适合的治理方式与途径需要从一些方面进行努力。本章主要从促进协同的因素和促进选择合适的治理方式与途径方面提出建议。

7.5.4.1 多管齐下促进区域协同和主体协同

通过分析发现政治定位、经济水平、产业结构、科技发展、国家区域政策和完善的政策文件会影响区域协同③，为了达到好的区域协同效果，可以从这几个方面入手改善。北京的政治地位较高，在一定程度上影响了协同效果，应该搭建平等沟通合作的平台④，少采用行政命令的方式，同时还要与其他区域分享北京的先进经验、技术，并进行适当的经济补偿。由于各地的经济情况不一样，能投入的治理雾霾的资本也不一样，这可能会造成有的地方投资过度，如北京每一个街道都会安装雾霾监测设备；有的地方必备的治理设施投资不足，如衡水某些地区虽然政府投入改建燃气取暖，但后续资金不足导致改进失败，并不利于实现良好的治理效果。各区域应该一方面努力加快经济发展；另一方面实现资金的统筹，实现治理资金的合理运用，保障资金的使用效率，避免过度

---

① 邓念国．公共服务提供中的协作治理：一个研究框架[J]．社会科学辑刊,2013(1)：87－91.

② 邓晓蓓．我国大气污染的成因及治理措施[J]．北方环境,2013(2)：118－120.

③ 代伟,李克ният．多中心治理下公众参与大气污染防治路径探析[J]．中国环境管理干部学院学报,2014(6)：1－3.

④ 戴维·卡梅伦,张大川．政府间关系的几种结构[J]．国际社会科学杂志,2002(1)：115－121.

和无序使用。产业结构决定了排放量，北京由于其战略定位，第三产业发展较好，工业方面的污染较少，主要污染源来自汽车尾气、餐饮等。河北钢铁、玻璃、水泥、焦化、医药占工业的比重较大，由于缺少相应的改进资金和技术，同时产业升级乏力，目前在治理过程中经常采用的措施是停限产，遇到重污染天气预警、采暖季、重大活动，河北的很多企业都要停产，这不仅影响到了河北的经济发展，更影响到了普通工人的收入，可能会影响到社会的稳定。由于历史发展规划问题，河北的城镇化水平比较低，冬季主要采用燃煤取暖，不仅排放不达标，而且排放分散，数量也非常多，很难监管；另外，有很多小企业的排放转入地下，非常隐秘，即使在冬季停限产，河北的空气质量也很难达到优良。科技的发展是解决雾霾的关键，燃料更清洁、排放更清洁应当是科技发展的重要方面，由于关系民生并且研发投入巨大，国家应该设立专项资金，保障治霾科技发展。国家区域政策关系到区域定位、区域统筹发展，通过合理的政策规划，能够使区域发展更加合理，提升区域综合能力，能够缓解北京由人口众多带来的污染问题，同时为其他区域的产业升级提供动力。完善的法律、政策文件是协同治理的制度保障[①]，能够为治理污染提供指导和长效性的保障，应该完善区域协同的细则，如协同的动力来源、规划、具体措施、监督和奖惩等。

各主体的协同也会影响到大气污染治理的效果。治理雾霾涉及的主体众多，政府作为法定的空气质量负责者，理应承担起治理雾霾的主要责任，企业是排放大户也应该积极地履行社会责任，由于空气的必需性，每个人都不能独善其身，应该培养环保意识，践行环保行动。目前，中央政府要求大力治理雾霾，空气质量不达标的政府负责人会被约谈，所以各地政府积极采取行动参与的动机较强和所获得的利益均较高，加上政府组织机构比较完善[②]，能够调动的资源比较多，政府在众

① 蓝庆新,陈超凡. 制度软化、公众认同对大气污染治理效率的影响[J]. 中国人口·资源与环境,2015(9)：145-152.
② 崔晶,孙伟. 区域大气污染协同治理视角下的府际事权划分问题研究[J]. 中国行政管理,2014(9)：11-15.

多主体中发挥的作用较大。企业由于自身盈利的需要，很多情况下是迫于压力，不得不采用限停产来减排，也会出现偷排的行为。民众持不同的减排立场，很多民众渴望蓝天，会采用积极的减排行为，少开车，绿色出行，然而也有一些民众由于生计问题，并不能采取环保行为。完善的协同治理机构能够提升治理的效率，不过目前的治理机构，如京津冀治理小组等成员构成单一，缺少企业、民众、媒体的参与，没有协商的过程，所以在实际治理过程中会出现对政策和治理手段认可度低的情况，应该使协同治理机构组成更加多元，保障各方平等参与，协商解决问题；同时，应该明确各个相关方的权利责任，把民众纳入排污主体，完善利益补偿。

7.5.4.2　综合使用多种治理方式与途径

目前，治理过程中行政驱动型治理方式、强制型途径应用较多，这两种方式虽然短期内能够起到好的效果，不过需要的人力、资金都比较大，并且不能保障治理效果持续。因此要使蓝天常在，需要综合运用多种方式与途径。观念意识、利益、制度和环境因素会显著影响途径的选择。要使自愿型的途径最大限度地发挥作用，应该转变各主体的观念意识，根据治理收益程度平衡各方的利益，建立适宜各途径发挥作用的制度，同时根据《京都协定书》和面临的国际压力，我们应该积极地采取对策。

行政驱动型治理方式作为根本的治理方式对雾霾治理起到积极的推动作用。市场驱动型治理方式发挥作用得益于市场机制敏感、碳排放市场的完善，同时市场驱动型治理方式对企业的排放优化有积极的促进作用，应该完善市场要素，使这一方式发挥作用。法律驱动型治理方式能够从根本上为治理提供法制保障，除了有基本法外，还要完善法律细则，保障治理有法可依。教育驱动型治理方式虽然见效较慢，但是成本低，能够扭转人们的观念，需要从细处做起，深入人心。科技驱动型治理方式能够从根本上解决污染问题，应对其实施政策扶植，加大研发力度，培养专门人才，从国外引进先进技术，从优从快保障发展。

7.6　结论

目前已有科学研究证实雾霾会引起肺癌和心脑血管疾病，空气问题事关呼吸大事，治理污染刻不容缓。想要达到好的治理效果，需要对治理方式与治理途径进行研究。由于空气污染的流动性和污染来源的广泛性需要涉及区域和相关主体联合采取行动，因此研究京津冀协同治理方式与途径至关重要。治理方式与途径的选择会直接影响治理效果，本研究先通过理论研究初步建立理论框架，然后通过选取 15 个案例和相关主体进行访谈修正理论框架，最后通过发放问卷，回收 540 份问卷并对结果使用 SPSS 软件进行卡方分析、相关分析和回归分析，对理论框架进行验证。调查发现，区域协同、主体协同、治理方式和途径会显著影响污染治理效果。在京津冀大气污染治理中，京津冀三地协同、政府间的协同和政府与企业的协同更会影响大气污染治理效果，科技驱动型治理方式和混合型途径相比其他治理方式和途径更会影响大气污染治理效果。通过分析影响区域协同、主体协同因素和影响途径选择因素构建了区域协同治理的理论框架，对当前的污染治理有一定的参考意义。

本研究也存在一些不足，本研究所选择的案例虽然在现阶段的治理中有一定的代表性，但所得结论能否应用于其他类型的治理还需要进一步验证。由于问卷的发放并没有遵循严格的随机抽样原则，问卷的内容也是根据被测者的主观感受得到的数据，缺少实际调查工作，需要后续研究进一步验证。但从整体上看，本研究的发现为现阶段的大气污染治理问题提供了重要的信息与启示。

| 第 8 章 |

京津冀大气污染区域协同治理主体利益分配类型与方式

8.1 导言

在第 5 章中，我们着重对多元主体协同治理中的利益协调问题进行了考察。在引入京津冀区域协同治理后，其治理主体的利益关系更为复杂，对大气污染治理进程的影响也更为显著。大气污染问题看似只是普通的环境问题，表面上看是人与自然的矛盾，实际上是各治理主体间利益进行博弈的过程，体现着主体之间的利益关系问题。同时，由于人们追求的利益是不同的，在追求自身利益的时候，肯定会发生利益之间的冲突，正如塞缪尔·P. 亨廷顿所言，"现代性孕育着稳定，而现代化过程却滋生着动乱，产生政治混乱并非没有现代性，而是由于要实现这种现代性而进行的努力"①。因此，解决利益冲突、协调利益关系不仅有利于大气污染的治理，更是构建和谐的社会关系的关键。许多研究表明，各治理主体间的利益分配方式对大气污染协同治理效果有着较为重要的影响。本章我们便对此进行考察。

---

① 塞缪尔·P. 亨廷顿. 变化社会中的政治秩序[M]. 王冠华,等译. 北京：生活·读书·新知三联书店,1989：38.

8.2　概念界定、文献综述与理论框架

8.2.1　概念界定

8.2.1.1　区域协同治理

区域指的是土地的界化，指一个特定的地区。本研究指的区域是京津冀三省份以及周边邻近的地级市，包含山东省济南市、河南省郑州市以及山西省太原市、阳泉市、长治市、晋城市等城市。

"治理"一词的含义是指在一个既定的范围内运用权威维持秩序，满足公众的需要[①]。在西方语境中治理意为"引导（guidance）、控制（control）和操纵（manipulation）"，治理需要权威、权力的存在，需要一定的权威去达到某种程度的强制性，才能达到治理的效果。因此在区域大气污染治理中，需要各主体间的协同治理，不能完全放弃权威，才能达到理想效果。

根据因佩里亚尔的观点，协同治理是为实现共同目标对具有不同程度自主性的个人和组织进行指导、控制及协调的方式[②]。协同治理最初重视政府的管理作用，接着关注多元社会团体作用，并进一步发展了自组织、专家学者参加[③]、民间组织（或社会团体）、公民、企业等多主体参与的各种专门化治理模型。"协同治理"还可以看作一个总括的术语，包括公共行政领域中相互交织的诸多概念，比如府际协同、区域主义、跨部门伙伴关系、公共服务网络、达成共识和公共参与等。根据上述文献中的介绍，本章将区域协同治理界定为在大气污染治理中，区域之间以及各主体之间地位平等，相互合作，为实现区域之间的共同利益，通过一系列的协调规章制度，共同解决大气污染治理中的问题，最终实现共同利益。

---

① 俞可平．治理与善治[M]．北京：社会科学文献出版社，2000．

② IMPERIAL M K. Using collaboration as a governance strategy：lessons from six watershed management programs [J]. Administration & Society, 2005(3)：281－320.

③ 杨立华．专家学者参与型治理[M]．北京：北京大学出版社，2005．

8.2.1.2 利益与利益分配

利益是人类社会生活中的重要社会现象，利益问题的研究和阐述在我国的儒、法、道诸家思想中都有所体现，古希腊思想家柏拉图、亚里士多德等也在不同意义上论述了利益问题。著名哲学家爱尔维修认为，利益是社会生活唯一和普遍起作用的因素，一切错综复杂的社会现象都可以从利益的角度得到解释[1]。利益存在于人们生活的方方面面。马克思也曾经明确指出："人们所奋斗的一切，都与他们的利益有关。"[2] 马克斯·韦伯则指出："利益（物质的和理想的），而不是思想，直接统治着人的行为。"[3] 列宁则把利益视为"人民生活中最敏感的神经"[4]。可见利益在现实生活中的重要性，在生活中处处可见。

从马克思主义来看，利益由三方面因素构成[5]：第一，需要是利益主观要素的表现，需要的广泛性和多样性意味着利益内容的丰富性；第二，为了满足自身的需要，人们会运用一定的方式去满足，这个过程就是追求利益的过程；第三，利益实质上就是人与人之间的社会关系。具体到京津冀大气污染区域协同治理的利益分配，不同主体在治理过程中追求不同的需要和需求，如政府追求的是社会和谐和稳定发展、企业追求的是经济收益、居民或村民追求的是良好的居住或生活环境等。为了实现各自的需求，不同主体会进行特定的社会活动，如政府制定政策和做出决策、企业进行生产、居民或村民进行环境绿化等。在这一社会活动中，不同主体间会产生不同的社会关系，如合作关系和竞争关系，而这种社会关系本质上是利益关系。本研究认为利益的产生基于一定的需求和需要，但利益本质上是一种关系，因此京津冀大气污染区域协同治理主体

---

① 谭培文．马克思主义的利益理论[M]．北京：人民出版社,2002：12.

② 马克思,恩格斯．马克思恩格斯全集：第1卷［M］．中共中央马克思、恩格斯、列宁、斯大林著作编译局,译．北京：人民出版社,1965：13－14.

③ 汉斯·丁·摩根索．国家间的政治：为权力与和平而斗争[M]．杨岐鸣,等译．北京：商务印书馆,1993：23.

④ 列宁．列宁全集：第13卷［M］．中共中央马克思、恩格斯、列宁、斯大林著作编译局,编译．北京：人民出版社,1985：113.

⑤ 王浦劬．政治学基础[M]．北京：北京大学出版社,1995：53.

利益分配方式本质上是对治理主体间的利益关系和社会关系进行协调。

8.2.2　文献综述

8.2.2.1　理论背景

（1）利益理论。

关于利益的基本理论主要包括马克思主义利益观、经济学中的利益观、社会学中的利益观以及利益相关者理论等。亚当·斯密基于"自利人"提出社会分工和交换的利益说，认为人们都是在"利己心"的指引下从事生产劳动，逐渐形成了社会分工与交换，又由此出现了利益的差别和矛盾，因此他强调市场机制在利益协调中的作用[①]。德国学者米歇尔·鲍曼基于"现代人"假设构建了道德人士，强调了道德的作用[②]。庇古提出政府干预的思想，强调政府的作用[③]。萨缪尔森和诺德豪斯在政府干预的思想基础上提出混合经济理论[④]。马克思主义利益观主要解释了利益与生产等因素之间的关系，强调了社会关系即利益关系。

利益相关者理论由企业理论发展而来，认为企业间的合作以及决策需要利益相关者的参与来实现共同利益，逐步实现相互之间的共同治理。弗里曼认为"利益相关者"是能够影响一个组织目标的实现或者受到一个组织实现其目标过程影响的所有个体和群体[⑤]。维勒考虑到社会维度的相关知识，把利益相关者分为四类，即首要的社会利益相关者、次要的社会利益相关者、首要的非社会利益相关者以及次要的非社会利益相关者[⑥]。目前很多领域对利益相关者理论进行使用或研究。

（2）协同治理理论。

协同治理是发生在一个黑匣子中的复杂过程，协同治理理念发端于20

---

① 贾玉娇. 利益协调与有序社会：社会管理视阈下中国转型期利益协调理论研究［M］. 北京：中国社会科学出版社，2011：12 – 13.

② 米歇尔·鲍曼. 道德的市场［M］. 肖君，等译. 北京：中国社会科学出版社，2000：6 – 9.

③ 庇古. 福利经济学［M］. 金镝，译. 北京：华夏出版社，2013.

④ 保罗·萨缪尔森，威廉·诺德豪斯. 经济学［M］. 萧琛，译. 北京：人民邮电出版社，2008：68.

⑤ 弗里曼. 战略管理：利益相关者方法［M］. 王彦华，等译. 上海：上海译文出版社，2006：2.

⑥ WHEELER D，MARIA S. Including the stakeholders：The business case［J］. Long Range Planning，1998（2）：201 – 210.

世纪 90 年代初期，我们可以从两个层面分别理解协同治理理念的含义。

从理论层面上看，其定义具有很强的概括性：协同治理是个人、各种公共或私人机构管理其共同事务的诸多方式的总和。协同治理其实是协调各利益主体相互关系的一个过程。协同治理实质上既包括正式制度的强制性和有序性的模式，也包括非正式情形下的自发的平等协商式治理方式。

从实践层面上看，协同治理的兴起是对新公共管理改革下公共服务碎片化的必然趋势和回应。"协同治理"是一个总的概括性术语，包括公共行政领域中相互交织的许多概念。目前，协同治理理论已经被广泛地应用到各个学科中，是一种非常实用的研究分析工具。

（3）区域协同和主体协同。

大气污染具有很强的流动性，因此治理京津冀地区的大气污染需要京津冀区域以及周边联合采取行动。本研究将研究的主体分为区域之间的利益主体以及区域内部各利益主体，一方面需要区域之间的协同，本研究的区域选择为京津冀三地以及周边 15 个地区；另一方面将区域内部的治理主体分为政府、企业、公众、专家学者、非营利组织等其他社会组织①。协同是多方面的，既包括区域间京津冀地区相互之间以及与周边地区之间的协同，也包括区域内，政府、企业、公众、专家学者、非营利组织相互之间的协同。因此在区域与主体的协同上，才能根据区域与主体的具体情况研究分析出利益主体的利益分配类型与方式。

8.2.2.2　研究现状

（1）利益。

关于利益的内涵，主要有"需要说"和"关系说"两种说法。"需要说"认为利益来源于需要，可以用需要定义利益。爱尔维修认为，利益是人类的需要，如吃饭充饥、穿衣御寒的需要，也正是这种需要推动

---

① YANG L H. Scholar – participated governance：Combating desertification and other dilemmas of collective action［D］. Phoenix：Arizona State University，2009.

了人类社会和智慧的发展①。沈宗灵认为，利益是为了满足生存和发展而产生的各种需要②。赵奎礼认为，利益是指人们对周围世界一定对象的需要③。王浦劬认为，利益是基于一定生产基础获得社会内容和特性的需要④。"关系说"认为需要不等于利益，但需要是利益的前提和基础。马克思和恩格斯从社会生产关系出发揭示了利益的社会经济关系本质，认为利益是人与人之间相互依存的社会关系⑤，利益是"需要主体以一定的社会关系为中介，以社会实践为手段，以社会实践成果为基本内容，以主观欲求为形式，以自然生理需要为前提，使需要主体与需要客体之间的矛盾得到克服，使需要主体之间对需要客体获得某种程度的分配，从而使需要主体得到满足"⑥。

关于利益关系，我国学者对利益关系的研究主要集中在利益关系的构成、演变与特点以及如何协调利益关系等方面。洪远朋指出，新时期我国社会共有十大利益关系⑦，并总结了我国社会利益关系格局的发展变化以及当前经济利益关系的十大特点。孔爱国、邵平认为，协调不同利益主体之间利益关系的一个重要方式就是让行政权力远离单一的利益集团，让不同的利益集团或组织有机会进行利益表达和诉求，让不同的利益主体相互影响、相互作用从而提高全社会资源的配置和利用效率⑧。

（2）利益分配。

目前，学术界对利益分配的讨论主要集中在经济领域，具体来说主要从利益分配理论、利益分配原则、利益分配机制构建以及具体领域内的利益分配等方面分析利益分配问题。从利益分配理论方面，古典经济

① 王伟光. 利益论[M]. 北京：中国社会科学出版社，2010：12－17.
② 沈宗灵. 法理学研究[M]. 上海：上海人民出版社，1989：8.
③ 赵奎礼. 利益学概论[M]. 沈阳：辽宁教育出版社，1992：2.
④ 王浦劬. 政治学基础[M]. 北京：北京大学出版社，1995：53.
⑤ 马克思恩格斯全集：第1卷[M]. 中共中央马克思、恩格斯、列宁、斯大林著作编译局，译. 北京：人民出版社，1965：84.
⑥ 王伟光. 利益论[M]. 北京：中国社会科学出版社，2010：80.
⑦ 洪远朋. 中国社会利益关系的系统理论思考[J]. 探索与争鸣，2011（2）：45－50.
⑧ 孔爱国，邵平. 利益的内涵、关系与度量[J]. 复旦学报（社会科学版），2007（4）：3－9.

学理论和新古典利益分配理论以静态比较优势为核心，更多的是讨论纵向利益分配问题，而对横向利益的分配研究则较少。亚当·斯密指出"一只看不见的手引导并做出分配"①；李斯特认为需要建立国家参与利益分配的机制②。从利益分配原则方面，陆树程和刘萍强调了利益分配中的公平、公正与正义原则③。从利益分配机制构建方面，柴寿升等从景区旅游业视角探讨了景区旅游开发与社区利益冲突，并指出公平利益分配机制是解决冲突的关键④。

（3）利益协调。

利益协调有很多方式和手段，目前学术界主要集中从政府、法律、道德等方面研究利益协调。所谓政府协调，即政府是协调利益关系的主体和关键。在这种观点下，有学者认为制度起着重要的保障作用，制度是人们行为的规范体系⑤，利益协调要借助制度来实现，合理的制度设计是利益协调的基本保证；还有学者认为公共政策的作用比较强大，公共政策是政府协调社会利益关系的有效工具和重要手段⑥，要善于把不同意见和利益整合为公共政策，通过利益整合协调利益关系；有学者认为需要在政策和制度的基础上强调利益协调机制的作用，建立一套科学、合理的协调机制非常必要⑦。所谓法律协调，即法律控制是社会控制的一种正式形式，是整合和协调利益观的最恰当选择。有学者认为，法律能够对人们的利益追求起到规范和约束作用，可以在一定程度上缓和利益矛

① SMITH A. The theory of moral sentiments：10th ed ［M］. London：Strahan and Preston，1804：386.

② LIST G F. National system of political economy ［M］. Philadelphia，PA：Lippincott，1856：420.

③ 陆树程，刘萍. 关于公平、公正、正义三个概念的哲学反思［J］. 浙江学刊，2010（2）：198 – 203.

④ 柴寿升，龙春凤，常会丽. 景区旅游开发与社区利益冲突的诱因及其协调机制研究［J］. 山东社会科学，2013（1）：184 –189.

⑤ 丹尼尔·W. 布罗姆利. 经济利益与经济制度：公共政策的理论基础［M］. 陈郁，等译. 上海：上海人民出版社，1996：263 –264.

⑥ 俞可平. 国家治理评估：中国与世界［M］. 北京：中央编译出版社，2009.

⑦ 吴建华，王孝勇. 社会转型期协商民主视野下的利益协调机制探讨［J］. 江苏行政学院学报，2014（6）：86 –89.

盾和利益冲突，是协调利益的有力手段[①]；还有学者对利益协调的法律措施与约束做了详细的阐述，如通过修改信访条例或制定信访法扩宽社会成员的利益表达途径，加强立法、执法和司法环节的利益控制[②]等。所谓道德协调，其主要集中在利益协调的内在层面，从伦理角度进行理解，即借助教育引导、道德感召消除利益冲突和对立。有学者认为，道德属于支持性资源，通过道德规范和加强道德建设来协调利益矛盾是重要手段[③]；有学者提出，用教育引导的方式调适社会利益心态、引导社会利益主体树立正确的利益观、构建利益共赢理念[④]；还有学者从理论上对利益协调进行研究，建立了多元利益协调共赢的方法论框架[⑤]。

8.2.3　理论框架

根据上述理论依据的分析，以及相关的调查得出本章的理论框架（见图8.1），后续的案例研究、调查问卷研究以及访谈结果分析，都将证明理论框架的合理性。首先探讨京津冀区域间以及区域内各主体间的利益关系与现状，从而分析其中的利益冲突现状；其次通过整合案例分析研究，对治理主体间利益分配的方式进行总结概括，同时调查问卷的结果起到了辅助作用；再次在调查问卷与访谈分析中，研究出利益分配的应用条件与影响因素；最后得出变量之间与结果之间的关系。

根据王伟光的利益论，利益作为一种主要的社会关系，包括三层含义：一是利益主客体之间关系，如欲求与被欲求的关系、需要与被需要的关系、满足与被满足的关系等，这种关系通过人的社会实践活动实现；二是利益主体之间的社会关系；三是利益客体之间的关系，如一致性与

① 夏民,张蓉. 法律的利益调整功能与和谐社会的构建[J]. 苏州大学学报(哲学社会科学版),2008(4)：32－35.

② 汪玉凯,黎映桃. 当代中国社会的利益失衡与均衡:公共治理中的利益调控[J]. 国家行政学院学报,2006(6)：66－69.

③ 张仲涛. 试论利益矛盾与道德建设[J]. 南京社会科学,2012(11)：79－85.

④ 杨卓华. 协调利益矛盾　构建社会主义和谐社会[J]. 兵团党校学报,2006(2)：6－9.

⑤ 李亚,李习彬. 多元利益共赢方法论:和谐社会中利益协调的解决之道[J]. 中国行政管理,2009(8)：115－120.

差异性[①]，因此本章将区域间以及区域内的利益主体之间的关系分为共同利益、对立利益。根据公共政策工具的相关理论知识，本章将利益分配方式分为政策命令型分配方式、法律程序型分配方式、市场分配方式以及平等协商型分配方式。本研究基于杨立华提出的 PIA 分析框架中大气污染区域协同治理的相关知识进行分析[②]。PIA 分析框架主要用来分析社会行动者之间是如何通过互动（或博弈）与合作来解决集体行动困境的。根据 PIA 分析框架，本章选择的变量为：参与者所具有的资源或资本；参与者的个体动机（影响个体的目标、期望等）与偏好；影响行动者战略空间及其选择的各种社会正式和非正式规则；参与者的效用方程（对成本与收益的计算）；影响参与者行动的信息、知识及其结构；博弈进行的具体过程；博弈结果。同时根据 PIA 分析框架，利益分配的类型可以分为强制型、市场型和混合型，强制型中包含政策、法律等强制型的分配方式，市场型主要指市场调节以及平等协商的方式，混合型主要是将其他分配类型混合分配。本章通过对大量的京津冀区域大气污染治理的相关文献进行分析研究，得出利益主体间的利益协同手段以及影响因素。在利益协调过程中，阿尔蒙德的政治过程理论提出利益表达、利益综合、政策制定和政策执行四个过程[③]，但是常健、许尧提出，"利益得到表达并不代表一定得到倾听，还需要建立相应的交流平台，对利益诉求进行回应"[④]。因此，根据不同学者的观点，本章在案例维度方面将利益分配过程分为利益表达有效性、利益整合有效性和利益约束。

---

①　王伟光. 利益论[M]. 北京：中国社会科学出版社,2010：98 – 108.

②　杨立华. 构建多元协作性社区治理机制解决集体行动困境：一个"产品 – 制度"分析（PIA）框架[J]. 公共管理学报,2007(2)：12.

③　加布里埃尔·A. 阿尔蒙德,小 G. 宾厄姆·鲍威尔. 比较政治学：体系、过程和政策[M]. 曹沛霖,等译. 北京：东方出版社,2007：179.

④　常健,许尧. 论公共冲突管理的五大机制建设[J]. 中国行政管理,2010(9)：63 – 66.

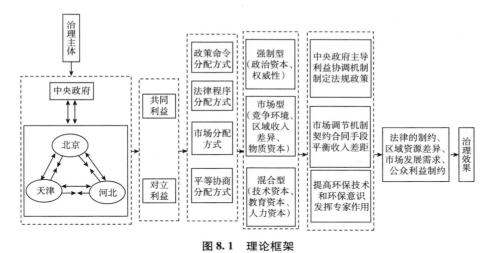

图 8.1　理论框架

8.3　数据选择与研究方法

8.3.1　案例选择

案例研究法是本研究采用的主要方法，通过分析比较相关的京津冀区域大气污染利益分配案例，得出了本研究的基本结果和结论。本章共选取了 24 个京津冀地区大气污染利益分配及冲突事件的典型案例并进行了比较分析。在案例的选取方面，考虑到京津冀的区域性，主要在京津冀三地以及周边地区进行案例的筛选，同时案例的特点也要兼顾，包含案例发生的时间、规模的大小、案例的类型等，保证案例的真实性和可代表性。案例的来源也很广泛，包括网络新闻资料、期刊文章、学术性论文、政府的政策文件、相关的法律法规等。同时，还应从案例主体的利益层面进行筛选，选取追求利益过程比较明显的案例，从而更有效地分析其利益分配的情况。

第一，案例发生地域。以京津冀及周边地区整体协同的案例为主，本章共选取京津冀及周边地区整体协同的案例 16 个，同时也包括京津冀及周边部分省份的案例共 8 个。地域范围包含了国家或跨域级别（16 个）、山东（2 个）、北京（2 个）、天津（2 个）和河北（2 个）各个地域。

第二，案例发生时间。从案例发生时间上看，本章的案例都发生于2000年以后，这样可以保证案例的时间性特点，由于大气污染的治理主要是近些年才逐渐被重视，所以2000年以后的案例更具特点。

第三，案例类型。按照案例内容的主要特点以及案例中利益冲突程度可将案例分为和谐型和冲突型。京津冀区域间以及京津冀区域内各主体间协同治理大气污染属于合作性的，则定义为和谐型，利益主体之间在治理过程中，发生了冲突，则定义为冲突型。案例类型主要通过利益关系的基本现状，即和谐和冲突来分析，由此可以通过利益现状分析利益的分配现状。

案例的基本情况如表8.1所示。

表8.1　案例信息统计

序号	案例名称	起止时间	发生地域	案例类型
京津冀及周边地区案例				
1	S 京津冀合作减排	2012—2017 年	京津冀	和谐型
2	HS 北京奥运会	2007 年 2 月—2008 年 9 月	京津冀	和谐型
3	HS APEC 会议	2014 年 11 月	京津冀	和谐型
4	S 2017 年底京津冀及周边空气质量改善	2016 年 7 月—2017 年 12 月	京津冀	和谐型
5	HS 2018 年环境保护税正式实施	2017 年 3—12 月	京津冀	和谐型
6	F 液化天然气价格大涨，供需矛盾突出	2017 年 11—12 月	京津冀	冲突型
7	S "好空气保卫侠"	2013 年 8 月至今	京津冀乃至全国	和谐型
8	F 京津冀治理大气污染经济能力悬殊	2013 年	京津冀	冲突型
9	HS "阅兵蓝"	2015 年 3 月—9 月	京津冀	和谐型
10	HS 京津冀在大气污染中协同立法	2015 年	京津冀	和谐型
11	HS 京津冀区域产业转移的问题	2015 年 2 月—2016 年 7 月	京津冀	冲突型

序号	案例名称	起止时间	发生地域	案例类型
12	F 北京奥运会时期治理政策后续中断	2008—2009 年	京津冀	冲突型
13	F 京津冀大气污染治理经济利益冲突	2014 年	京津冀	冲突型
14	F 京津冀排污收费标准的差异	2014 年	京津冀	冲突型
15	F 京津冀及周边地区机动车政策差异	2016 年	京津冀及周边	冲突型
16	HS 京津冀及周边加大违法企业查处力度	2017 年 11 月	京津冀及周边	和谐型
京津冀及周边部分省市独立案例				
17	S 全国首例大气污染公益诉讼案	2013 年 11 月—2016 年 7 月	山东德州	冲突型
18	S 济南明湖热电厂拆除两台燃煤锅炉	2016 年 4 月	山东济南	和谐型
19	F PM$_{2.5}$ 事件	2010 年 11 月	北京	冲突型
20	S 北京地球村	2001—2011 年	北京	和谐型
21	F 天津市滨海新区大气污染治理	2000—2008 年	天津	冲突型
22	S 天津市投入 4 亿元支持河北治霾	2015 年 10 月	天津	和谐型
23	S 唐山钢铁限产	2017—2018 年	河北唐山	和谐型
24	HS 李贵欣诉讼案	2014 年 2 月	河北石家庄	冲突型

8.3.2 问卷调查和实地调研

问卷调查的目的在于验证京津冀大气污染区域协同治理主体利益分配类型与方式的理论框架。该问卷的内容涉及地域范围较广，因此在京津冀三地以及周边地区，都需要选取有代表性的调查对象。根据本研究所探讨的问题，该问卷分成四部分。第一部分为被调查者的基本信息，第二部分为京津冀大气污染区域协同治理主体利益分配的基本情况，第三部分为京津冀大气污染区域协同治理主体利益分配的方式及效果，第四部分为京津冀大气污染区域协同治理主体利益协调的基本情况。问卷发放总份数为 600 份，回收 516 份，回收率为 86.0%，在剔除选项有明显规律等无效问卷后，回收有效问卷 503 份，有效问卷发出率为 97.5%。问卷被调查者基本情况如表 8.2 所示。

表 8.2　问卷被调查者基本情况　　　　　　　　　　　（%）

项目	基本情况						
性别	男 45.24			女 54.76			
年龄	20 岁及以下 1.1	21～30 岁 46.7	31～40 岁 30.9	41～50 岁 11.9	51～60 岁 7.1	61～70 岁 1.1	71 岁及以上 0.9
教育程度	未曾上学 2.5	小学及以下 3.2	初中 3.5	高中 中专技校 9.5	大学专科或 本科 52.6	硕士 23.8	博士及以上 4.7
职业	普通居民 （包括全日 制学生） 7.1	个体工商户 4.7	公司企业 员工 19.0	政府人员 27.3	事业 单位人员 19.0	非政府 组织成员 1.1	其他 21.4
工作所在 区域	北京市 41.1		天津市 20.7		河北省 25.9		其他 12.1
生活所在 区域	北京市 42.3		天津市 20.7		河北省 25.9		其他 10.9

实地调研方面，本研究在京津冀区域进行了 10 次访谈，主要针对北京、天津、河北三地以及周边地区大气污染的主要参与者，包括当地的政府部门、重点排污企业、公众、专家学者以及其他的社会组织。访谈内容主要围绕京津冀区域大气污染现状，京津冀大气污染区域协同治理主体利益分配的影响因素、应用条件以及利益协调措施等一些问题，也包括访谈对象对区域大气污染治理主体利益分配的类型与方式的看法。

8.3.3　研究技术路径

第一，查阅相关的文献以及网络新闻资料，确定本研究的自变量和因变量，同时对研究的现状与现实意义进行明确。

第二，在相关文献的基础上，选取有代表性的案例进行分析编码整合，同时结合详细的实地调查、访谈特点，确定调查问卷的内容和对象以及具体的访谈计划。

第三，通过整理本研究京津冀地区的调查问卷及访谈资料，对京津冀大气污染区域协同治理主体利益分配情况有了大致的总结概括，并逐步分析相关数据。

第四，运用SPSS软件对案例分析结果与调查问卷的数据资料进行分析比对，将利益分配的方式与类型进行整合，并形成最初的研究结果。

第五，将案例分析的结果与调查问卷的结果进行比对，同时辅助访谈研究的结果，对治理主体的利益分配类型与方式得出最终结果，并结合结果分析京津冀区域协同治理主体利益分配的影响因素和应用条件，进而分析京津冀区域利益协调的方式与手段。

8.3.4 案例编码和变量测量

8.3.4.1 主体和利益的编码

京津冀大气污染区域协同治理中的主体，可以分为两个维度：京津冀区域以及周边地区整体的利益，京津冀区域以及周边地区内各参与主体的利益。京津冀区域以及周边地区整体的利益主要为北京、天津、河北以及周边地区的相关利益，其中包括中央政府与地方政府的利益。根据许多专家学者的研究，本章将区域内的各主体简要地划分为政府、企业、公众以及其他社会组织。了解各学者对利益的界定后发现，利益有三个方面的特点，首先利益反映了人的主观需要，其次具有与社会生产力相符的客观性，最后利益表现着社会关系。基于此，本章结合现有的研究和对案例的初步分析，提出京津冀区域治理在大气污染治理中可能追求的利益（见表8.3）。

表 8.3　京津冀区域及各主体的利益

区域主体	主体类别	具体主体	利益
京津冀	政府	省（自治区、直辖市）级、市县级、乡镇级政府等	完成上级任务、地方经济的发展及政绩、社会稳定、地方的良好形象
	企业	主要指排污企业	经济利益、自身形象
	公众	受损害个体或群体、关注事态的社会组织	经济利益（损害赔偿、拆迁补助等）、生存健康权、知情权
	其他社会团体	专家学者、新闻媒体、非营利组织等	对专业领域的认知、声望和尊重、求真求实的职业责任、对环保和正义的社会责任、社会责任感、社会公信力

中央政府与地方政府的利益情况如表 8.4 所示。

表 8.4　中央政府与地方政府的利益情况

主体类别	层次	具体主体	利益
政府	中央政府	国务院、生态环境部、国家林业和草原局等	良好的国际形象、公信力、社会稳定、经济发展
	地方政府	省（自治区、直辖市）级、市县级、乡镇级政府等	完成上级任务、地方经济的发展及政绩、社会稳定、地方的良好形象

8.3.4.2　对四个维度各要素的编码测量

本章从四个维度进行编码：案例维度、主体及利益维度、利益分配维度和大气污染治理效果维度。

案例维度的编码要素共 3 个：起止时间、发生地域、案例类型。起止时间以年份、月份计，发生地域分为京津冀区域、京津冀及周边地区、北京、天津、河北及周边地区，案例类型分为和谐型和冲突型。

主体及利益维度的编码要素共 3 个：参与主体的规模、利益类型和利益关系。本章将主体分为 2 个维度：京津冀区域之间以及与周边地区之间、京津冀以及周边地区内各主体。参与主体的规模方面（见表 8.5），本研究中要素"规模"以事件中发生地域范围来划分，分为小规模（涉及 1 个城市）、较大规模（涉及 2~3 个城市）、大规模（涉及 3 个以上城市）。本章按照利益内容的划分，主要选取了 3 个涉及的主要利益：政治利益、经济利益和生态利益。每个利益主体都有自己主要追求的利益，一个主体可能涉及多种利益。本章基于王浦劬等的研究①，将利益按照利益关系分为共同利益和对立利益。共同利益是京津冀区域协作的基础，那么如何采取合理的分配方式分配对立的利益，为共同利益服务，是本章的主要分析方面。

表 8.5　参与主体规模统计

序号	案例名称	规模	发生地域
京津冀及周边地区案例			
1	S 京津冀合作减排	较大	京津冀
2	HS 北京奥运会	较大	京津冀
3	HS APEC 会议	较大	京津冀
4	S 2017 年底京津冀及周边空气质量改善	较大	京津冀
5	HS 2018 年环境保护税正式实施	大	全国
6	F 液化天然气价格大涨，供需矛盾突出	较大	京津冀
7	S "好空气保卫侠"	大	京津冀乃至全国
8	F 京津冀治理大气污染经济能力悬殊	较大	京津冀
9	HS "阅兵蓝"	较大	京津冀
10	HS 京津冀在大气污染中协同立法	较大	京津冀
11	HS 京津冀区域产业转移的问题	较大	京津冀
12	F 北京奥运会时期治理政策后续中断	较大	京津冀
13	F 京津冀大气污染治理经济利益冲突	较大	京津冀
14	F 京津冀排污收费标准的差异	较大	京津冀
15	F 京津冀及周边地区机动车政策差异	大	京津冀及周边
16	HS 京津冀及周边加大违法企业查处力度	大	京津冀及周边
京津冀及周边部分省市独立案例			
17	S 全国首例大气污染公益诉讼案	小	山东德州
18	S 济南明湖热电厂拆除两台燃煤锅炉	小	山东济南
19	F $PM_{2.5}$ 事件	小	北京

---

① 王浦劬. 政治学基础[M]. 北京:北京大学出版社,2014:47 – 56.

序号	案例名称	规模	发生地域
20	S 北京地球村	小	北京
21	F 天津市滨海新区大气污染治理	小	天津
22	S 天津市投入 4 亿元支持河北治霾	小	天津
23	S 唐山钢铁限产	小	河北唐山
24	HS 李贵欣诉讼案	小	河北石家庄

　　利益分配维度的编码要素共 3 个：利益表达有效性、利益整合有效性和利益约束。京津冀区域间以及区域内的利益主体，相互之间进行利益分配的途径是不一样的，为了达到利益的协调，实现共同利益目标，减弱对立利益，必须采取利益协调方式。利益表达有效性指表达的内容能否传递到相应主体为其接纳，并形成压力使其改变态度或行为。主要受以下 4 个方面因素的影响：利益表达传递环节的多寡、表达内容的合法明确性、表达内容的整合程度和表达主体的组织化程度。关于利益整合有效性主要研究 3 个方面：利益分配是否注重保护弱势群体的利益，既得利益主体对利益分配的不公正干扰程度，是否存在利益补偿及利益补偿的多寡。按照王伟光的观点①，利益协调的主要手段包括政治手段、法律手段、经济手段和道德手段。政治手段、法律手段在案例中有很好的体现，而经济手段较少，多包含在司法诉讼的赔偿中，道德手段在案例中也体现较少，作为广泛性的社会规范，可能在各个环节都有所作用，但也往往依存于其他类型的利益分配。因此，本章将利益约束分为：政策约束、市场约束和法律约束。

　　大气污染治理效果维度只有结果 1 个编码要素，分为成功（S）、较成功（HS）和失败（F）。对结果的考量从 3 个角度测定：京津冀区域间以及主体间大气污染协同治理能否顺利展开，空气质量是否有明显改善，是否存在空气质量再次恶化的隐患。成功指京津冀区域空气质量基本没有再次发生的隐患，大气污染协同治理能顺利展开，空气

---

① 王伟光. 利益论［M］. 北京：中国社会科学出版社，2010：247 － 250.

质量明显改善。较成功指空气质量有改观，但存在再次发生区域空气质量恶化的可能性。失败指京津冀区域空气质量没有得到明显改善，区域间以及主体间不能达到协同治理，矛盾突出。

各个维度的编码要素以及测量指标见表8.6。

表 8.6　案例编码维度、编码要素及测量指标

编码维度	编码要素	测量指标
案例维度	起止时间	发生以及持续的时间
	发生地域	京津冀、周边地区、北京、河北、天津
	案例类型	和谐型、冲突型
主体及利益维度	参与主体的规模	大、较大、小
	利益类型	政治利益、经济利益、生态利益
	利益关系	共同利益、对立利益
利益分配维度	利益表达有效性	高（H）、中（M）、低（L）
	利益整合有效性	高（H）、中（M）、低（L）
	利益约束	政策约束、法律约束、市场约束
大气污染治果维度		成功（S）、较成功（HS）、失败（F）

8.3.4.3　案例编码过程

案例编码是本章的一个核心问题，编码的充分性和准确性，直接影响论文结论的可信性。本章案例编码在参考已有的理论和研究成果的基础上，充分征求了同一课题组成员的意见，并利用试编码的方式使编码与案例相契合，使本章的案例编码具有较好的理论基础，更加充分和准确。案例编码最大的失误是由个人主观进行操作，因为个人的主观判断会影响编码的有效性和信度。因此在实际操作过程中，由多人共同编码。首先根据初始资料研究案例编码评价标准，笔者和另一位课题组成员依照共同的案例资料和编码标准对案例编码；其次将首次编码的结果交给课题组的其他成员进行审核，并对审核的结果进行汇总整理、讨论，直到没有异议为止，以此保证案例编码的可靠性。

8.4　结果

8.4.1　案例分析结果

8.4.1.1　案例维度

本章的案例维度主要从 3 个方面进行分析：起止时间、发生地域和案例类型。本研究选取了 24 个案例，主要从案例类型方面分析京津冀大气污染区域协同治理主体利益分配的情况。

案例类型分为 2 类：和谐型和冲突型，分析其与结果的关系（见表 8.7）。和谐型案例为 13 个，冲突型案例为 11 个，和谐型案例中成功的比例最大（53.8%），较成功的比例为 46.2%，没有失败的案例。冲突型案例中成功的比例最小（9.09%），失败的比例最大（72.73%），有 2 个为较成功（18.18%）。

不难看出，利益冲突程度与结果的关系比较明显，和谐型案例没有失败，全都属于成功类，意味着利益冲突程度小，并且采取合理的方式进行了利益分配。冲突型案例代表区域间以及主体间利益冲突程度较大，并且没有采取合理的方式进行利益分配，导致大气污染治理失败率较高。

表 8.7　利益冲突程度、类型——结果分析

要素		结果					
		S		HS		F	
		数量/个	比例/%	数量/个	比例/%	数量/个	比例/%
案例	和谐型	7	53.8	6	46.2	0	0
	冲突型	1	9.09	2	18.18	8	72.73

注：S 表示成功，HS 表示较成功，F 表示失败。下同。

8.4.1.2　主体及利益维度

（1）参与主体的规模。

本章将主体分为两个维度：京津冀区域之间以及与周边地区之间，京津冀以及周边地区内各主体。京津冀区域间参与主体的规模可以分为大、较大、小三个程度。规模方面，本研究中要素"规模"以事件中发

生地域范围来划分，分为小规模（涉及 1 个城市）、较大规模（涉及 2 ~
3 个城市）、大规模（涉及 3 个城市以上）。分析京津冀区域间参与主体
规模与结果的关系（见表 8.8）。

表 8.8　京津冀区域间参与主体规模——结果分析

要素		结果					
		S		HS		F	
		数量/个	比例/%	数量/个	比例/%	数量/个	比例/%
参与主体的规模	大	1	25.0	2	50.0	1	25.0
	较大	2	16.7	5	41.7	5	41.7
	小	5	62.5	1	12.5	2	25.0

京津冀以及周边地区内各治理主体的参与与结果统计如表 8.9 所示。

表 8.9　京津冀以及周边地区内参与主体与结果统计

序号	案例名称	参与主体	发生地域
17	S 全国首例大气污染公益诉讼案	政府、企业、媒体	山东德州
18	S 济南明湖热电厂拆除两台燃煤锅炉	政府、企业	山东济南
19	F $PM_{2.5}$ 事件	政府、公众、媒体、专家	北京
20	S 北京地球村	政府、非营利组织	北京
21	F 天津市滨海新区大气污染治理	政府、企业、公众、媒体	天津
22	S 天津市投入 4 亿元支持河北治霾	政府、企业、公众	天津
23	S 唐山钢铁限产	政府、企业	河北唐山
24	HS 李贵欣诉讼案	政府、公众、媒体	河北石家庄

本章的案例中，较大规模的案例占绝大多数（50.0%），其中较成功
和失败的比例相当（41.7%），成功的比例为 16.7%。大规模的案例只有
4 个，较成功比例占一半（50%），成功与失败的结果都差不多。小规模
案例成功的比例最大（62.5%），失败比例较小（25%）。很明显，规模
越小，成功的概率越大，内部协调程度越高。

京津冀区域内各省市案例中（见表 8.10），政府参与的案例最多，并
且案例成功的比例也最大（75%），企业参与的案例中成功的比例也较大
（80%），公众和其他社会组织在参与过程中，同样会对大气污染的治理

产生重要影响。

表 8.10　京津冀区域内参与主体规模——结果分析

要素		结果					
		S		HS		F	
		数量/个	比例/%	数量/个	比例/%	数量/个	比例/%
参与主体	政府	6	75.0	1	12.5	1	12.5
	企业	4	80.0	0	0	1	20.0
	公众	1	25.0	1	25.0	2	50.0
	其他社会组织	2	50.0	1	25.0	1	25.0

（2）利益类型以及区域间获得利益的多少。

根据访谈结果，有 10 位被访谈者认为京津冀区域之间最注重经济利益、各地区发展情况以及区域的稳定性，其次为环境质量需求。各地政府最注重自己的政治绩效，企业注重经济效益，公众最在意生存环境和经济利益。许多被访谈者以及专家学者都表达了对京津冀大气污染区域协同治理中涉及的利益类型的相关观点：

我觉得，对于京津冀大气污染的治理，如果谈到其中的利益的话，我认为最重要的应该是经济利益和生态利益，以前在经济发展中不可避免地会触及生态环境的破坏，那么现在意识到了，就应该在经济发展中注意生态环境的保护。（20180115LQH）

京津冀大气污染问题是目前社会公众比较关注的问题，我认为利益是影响京津冀共同治理污染的重要因素。有的企业为了自身利润，不顾及环境的破坏，肆意地排放污染物，导致生态环境的恶化。政府其实想将经济利益与生态利益兼顾，既能保证区域经济的发展，又可以控制排污企业排放量。公众肯定最在意的是自身的居住环境了，公众可在治理过程中起到监督作用。（20171208GC）

在京津冀区域之间以及区域内各主体之间，相关参与主体获得利益的多少直接影响着区域以及主体之间的利益关系。调查问卷的结果显示（见表 8.11），经济越发达地区，对大气污染治理的愿望越迫切。调查结果显示，京津冀区域及周边地区，普遍认为北京市在大气污染区域协同治理中获得的利益是最多的，其次是天津、河北以及京津冀周边地区。在区域内各主体获得利益的评价中，北京市内政府和公众获得利益的评价最高，分别为4.11分和4.50分，天津市和河北省同样为政府和公众最高，对京津冀周边地区内的各主体评价程度比较均衡，都在3~4分。

表8.11　京津冀各区域以及区域内主体获得利益多少的评价统计　单位：分

区域及主体	分数
京津冀区域及周边地区	
北京市	4.56
天津市	4.07
河北省	3.45
京津冀周边地区	3.23
北京市内各主体	
政府	4.11
企业	3.36
公众	4.50
专家学者、非营利组织等其他主体	3.64
天津市内各主体	
政府	3.95
企业	3.31
公众	4.24
专家学者、非营利组织等其他主体	3.58
河北省内各主体	
政府	3.75
企业	3.12
公众	4.08
专家学者、非营利组织等其他主体	3.40
京津冀周边地区内各主体	
政府	3.67
企业	3.18
公众	3.90
专家学者、非营利组织等其他主体	3.38

（3）利益关系。

本章基于王浦劬等的研究[①]，将利益按照利益关系分为共同利益和对立利益。共同利益主要包括：①我国中央政府与地方政府一般具有共同利益，地方政府会将完成上级任务作为自己的一大使命；②北京、天津、河北以及周边地区无论是在政治利益、经济利益还是生态利益方面，都有共同利益；③京津冀区域内各主体也具有共同利益，政府需要为社会的稳定负责，社会稳定也是其他社会主体所希望拥有的，NGO、新闻媒体、专家学者因其社会责任感会与公民站在同一阵营，帮助处于弱势地位的公民与政府或者企业进行抗争。共同利益使主体向同一个方向努力，每个主体都有意愿做出努力，一般不需要进行协调。

对立利益包括：①北京、天津、河北以及周边地区的经济发展、历史文化、地域条件等都不相同，因此各地所适用的大气污染治理方式也不尽相同，如河北省的经济水平较北京、天津有所差异，北京把重污染企业搬到河北，河北的利益受损，那么北京、天津与河北的经济利益是对立的；②地方政府为了追求地方的整体利益，加快地方经济发展与增加自身政绩往往与公民维护健康权和追求清新空气利益对立；③企业追求经济利润与公民追求健康和清新空气为对立利益；④拥有社会责任感的 NGO、新闻媒体、专家学者等社会组织与处于公民利益对立面的政府或者企业拥有对立利益。京津冀区域间的对立利益是不能同时实现的，各主体为了维护自身利益会进行对抗，如果不进行协调，就会出现社会矛盾甚至社会动荡，因此对立利益是需要进行协调的，在各案例中，主要的协调对象也是主体间的对立利益。

在访谈中，许多被访谈者以及专家学者都发表了自己的看法：

在京津冀区域间的利益中，我认为共同利益和对立利益同时存在，因为主体之间有经济上的合作，在生态环境上也有共性。（20171220GSN）

由于大气污染的流动性，京津冀区域间所涉及的利益肯定有共性，一个地方的环境质量差，必然影响到其他地域，那么大气污染的治理是

---

① 王浦劬. 政治学基础[M]. 北京:北京大学出版社,2014:47－56.

京津冀区域共同的目标。（20180121WZJ）

对于政府、企业和公众等主体来说，我认为可能是对立利益占比较大，因为公众更在意环境质量，而企业会更在意自身的利润，政府则兼顾区域经济发展与区域环境质量，其他社会组织同样更加在意环境质量。（20180121TL）

8.4.1.3　利益分配维度

本章将利益分配维度分为3个要素：利益表达有效性、利益整合有效性和利益约束。下面分析各要素情况及其与结果的关系。

（1）利益表达有效性。

利益表达是利益协调的第一个环节，充分有效的利益表达是传达利益诉求，得到其他主体的注意并形成协调方案的前提。利益回应反映了利益表达之后，其他相关主体的回应态度和行为，利益表达与回应一般需要重复进行。通过案例中的要素评级对利益表达有效性进行分析（见表8.12）。

表8.12　案例的利益表达有效性以及利益整合有效性评级

序号	案例名称	利益表达有效性	利益整合有效性
京津冀及周边地区案例			
1	S 京津冀合作减排	H	H
2	HS 北京奥运会	H	M
3	HS APEC 会议	H	M
4	S 2017 年底京津冀及周边空气质量改善	M	H
5	HS 2018 年环境保护税正式实施	M	H
6	F 液化天然气价格大涨，供需矛盾突出	L	L
7	S "好空气保卫侠"	H	H
8	F 京津冀治理大气污染经济能力悬殊	M	L
9	HS "阅兵蓝"	M	M
10	HS 京津冀在大气污染中协同立法	M	M
11	HS 京津冀区域产业转移的问题	L	L
12	F 北京奥运会时期治理政策后续中断	L	L
13	F 京津冀大气污染治理经济利益冲突	L	L

续表

序号	案例名称	利益表达有效性	利益整合有效性
14	F 京津冀排污收费标准的差异	L	M
15	F 京津冀及周边地区机动车政策差异	L	M
16	HS 京津冀及周边加大违法企业查处力度	M	M
京津冀及周边部分省市独立案例			
17	S 全国首例大气污染公益诉讼案	M	M
18	S 济南明湖热电厂拆除两台燃煤锅炉	H	H
19	F PM$_{2.5}$事件	L	L
20	S 北京地球村	H	H
21	F 天津市滨海新区大气污染治理	M	L
22	S 天津市投入4亿元支持河北治霾	H	H
23	S 唐山钢铁限产	M	H
24	HS 李贵欣诉讼案	M	M

注：H 表示高，M 表示中，L 表示低；S 表示成功，HS 表示较成功，F 表示失败。

在各案例中，利益表达有效性评级高、中、低的案例数平均分配（见表8.13）。评级低的案例中，成功的案例没有，较成功的案例只有1例（14.3%），失败的案例最多，为85.7%；评级中的案例中，成功的案例比重为30%，较成功的案例占比较大（50%），失败案例的比重为20%；评级高的案例中，成功的案例占绝大多数（71.4%），较成功的比重为28.6%，无失败案例。从上述结果可以看出，评价低的情形，案例成功的可能较小，评级越低，利益冲突越严重，利益表达越不通畅，因此很难进行利益分配，大气治理效果不佳。在评级越高的情形中，成功案例比重越大，说明利益表达得越充分，利益冲突越缓和，因此越能更好地协同各方利益，达到协同治理的效果。

根据利益表达有效性与结果的相关系数分析得出，二者的相关系数为0.789，二者在0.01水平上显著相关。

表 8.13　利益表达有效性——结果分析

要素		结果					
		S		HS		F	
		数量/个	比例/%	数量/个	比例/%	数量/个	比例/%
利益表达有效性	H	5	71.4	2	28.6	0	0
	M	3	30.0	5	50.0	2	20.0
	L	0	0	1	14.3	6	85.7

　　根据调查问卷分析结果，对于京津冀区域间利益分配的合理程度的调查，有 39.29% 的被调查者认为京津冀区域间利益分配的情况是一般的；有 23.81% 的被调查者认为京津冀区域间利益分配的情况是比较合理的；认为比较不合理和非常不合理的分别占 19.05% 和 11.9%；认为非常合理的比重最少，仅为 5.95%。在京津冀区域内各主体间利益分配的合理程度中，同样认为一般和比较合理的比重最多，分别为 34.52% 和 27.38%；认为非常合理的比重最少，仅为 7.14%。

　　（2）利益整合有效性。

　　本章按照各方利益类型的情况，设置主要利益的影响这个维度。将从 3 个方面分析对利益整合有效性进行评级：高、中、低。根据数据分析，主要利益的影响与结果分析情况如表 8.14 所示。

表 8.14　利益整合有效性——结果分析

要素		结果					
		S		HS		F	
		数量/个	比例/%	数量/个	比例/%	数量/个	比例/%
利益整合有效性	L	0	0	1	14.3	6	85.7
	M	2	20.0	6	60.0	2	20.0
	H	6	85.7	1	14.3	0	0

　　根据表 8.14 分析得出，利益整合有效性评级低的案例中，无成功的案例，较成功的数量占比仅为 14.3%，失败的案例占比高达 85.7%；评级中的案例中，成功案例占比比重不大（20%），较成功的占比比重较大，达到 60%；评级高的案例中，成功案例占比最大（85.7%），有 1 个

较成功的案例，无失败案例。不难看出，利益整合有效性与结果有着明显的关系，利益整合有效性高的案例中，成功的比重最高，达到 80% 以上；利益整合有效性中的案例中，较成功的案例比重也比较大；但是利益整合有效性低的案例中，无成功的案例。如果区域间利益整合出现了问题，区域间以及区域内主体就会先追求自己的利益，从而忽视共同利益，导致利益之间不容易协调，从而影响区域间大气污染协同治理的效果。

（3）利益约束。

本章将利益约束分为 3 个主要方面进行分析：政策约束、法律约束和市场约束。具体案例情况如表 8.15 所示。

表 8.15　案例的利益约束方式

序号	案例名称	约束方式
京津冀及周边地区案例		
1	S 京津冀合作减排	政策
2	HS 北京奥运会	政策
3	HS APEC 会议	政策
4	S 2017 年底京津冀及周边空气质量改善	政策
5	HS 2018 年环境保护税正式实施	市场
6	F 液化天然气价格大涨，供需矛盾突出	市场
7	S "好空气保卫侠"	法律
8	F 京津冀治理大气污染经济能力悬殊	市场
9	HS "阅兵蓝"	政策
10	HS 京津冀在大气污染中协同立法	法律
11	HS 京津冀区域产业转移的问题	市场、政策
12	F 北京奥运会时期治理政策后续中断	政策
13	F 京津冀大气污染治理经济利益冲突	市场
14	F 京津冀排污收费标准的差异	市场、政策
15	F 京津冀及周边地区机动车政策差异	政策
16	HS 京津冀及周边加大违法企业查处力度	法律
17	S 全国首例大气污染公益诉讼案	法律
18	S 济南明湖热电厂拆除两台燃煤锅炉	政策

序号	案例名称	约束方式
京津冀及周边部分省市独立案例		
19	F PM$_{2.5}$ 事件	政策
20	S 北京地球村	法律
21	F 天津市滨海新区大气污染治理	政策
22	S 天津市投入 4 亿元支持河北治霾	政策
23	S 唐山钢铁限产	政策
24	HS 李贵欣诉讼案	法律

根据表 8.16 的利益约束与结果的分析，使用政策方式进行利益约束的案例占一半，并且成功的比重较大（41.7%），较成功的比重为 25%，失败的比重只有 33.3%，可以看出，政策的约束方式效果显著。利用法律方式进行约束的案例中，成功和较成功的案例比重都很高（50%），没有失败案例。市场方式约束则不然，有 75% 的比重是失败的，只有 1 个案例是较成功的，意味着只靠市场约束是不全面的。市场和政策结合的案例有 2 个，1 个较成功，1 个失败，无法分析其与结果的相关关系。

表 8.16　利益约束——结果分析

要素		结果					
		S		HS		F	
		数量/个	比例/%	数量/个	比例/%	数量/个	比例/%
利益约束	政策	5	41.7	3	25.0	4	33.3
	法律	3	50.0	3	50.0	0	0
	市场	0	0	1	25.0	3	75.0
	市场、政策	0	0	1	50.0	1	50.0

根据上文分析，本章按照公共政策的工具类型，将利益分配方式分为 3 种方式：政策命令方式、法律程序方式、市场分配方式。按照王伟光的观点[①]，利益协调的主要手段包括政治手段、法律手段、经济手段和

①　王伟光. 利益论[M]. 北京：中国社会科学出版社，2010：98 - 108.

道德手段，政治手段、法律手段在案例中有很好的体现，而经济手段较少，多包含在司法诉讼赔偿中，道德手段在案例中也体现较少，作为广泛性的社会规范，可能在各个环节都有所作用，但也往往依存于其他类型的利益分配。政策命令型利益分配主要体现在著名赛会和政策类案例中，国家利用国家职能和政治制度等政治手段主导利益分配过程，法律程序分配方式指利用起诉、判决以及法律制约某些行为等法律手段进行的利益分配。除此之外，还有一种利益分配方式，即充分利用市场的调节，对各区域以及各主体进行经济利益的分配，以及采取相应的经济措施，使区域相互之间的经济利益能够合理分配。

根据上述对利益分配方式的归纳，下面从利益分配的应用条件和影响因素方面对利益分配的类型进行整理。

8.4.1.4 利益分配的应用条件分析

本章根据案例情形以及相关的文献表述，发现政治资本、主体的权威性、区域的竞争环境、区域收入的差异、物质资本以及技术资本、教育资本和人力资本等都是影响利益分配方式的先决条件。因此本章对利益分配的应用条件做了如下分析（见表8.17）。

表8.17 案例分析数据表——利益分配应用条件

案例	强制型		市场型			混合型		
	政治资本	主体的权威性	区域的竞争环境	区域收入的差异	物质资本	技术资本	教育资本	人力资本
1	1	1	1	1	1	0	0	0
2	1	1	1	0	1	1	1	1
3	1	1	0	0	1	1	1	1
4	1	1	0	0	1	1	0	0
5	1	0	0	0	0	0	1	0
6	0	1	1	0	1	0	0	0
7	0	1	0	0	0	0	0	1
8	0	0	1	1	1	0	0	0
9	1	1	0	0	1	1	1	1

案例	强制型		市场型			混合型		
	政治资本	主体的权威性	区域的竞争环境	区域收入的差异	物质资本	技术资本	教育资本	人力资本
10	1	1	0	0	0	0	0	0
11	0	0	1	0	1	0	0	0
12	1	0	1	0	0	0	0	0
13	0	1	1	1	1	0	0	0
14	1	1	0	1	1	0	0	0
15	0	1	1	1	1	0	0	0
16	1	1	0	0	0	1	1	1
17	0	1	0	0	1	1	1	0
18	0	1	0	0	1	1	1	1
19	0	1	0	0	0	0	1	0
20	0	1	0	0	0	1	1	1
21	1	1	0	0	1	1	1	1
22	1	0	0	1	1	1	0	0
23	1	1	0	0	1	1	0	0
24	0	1	0	0	0	0	0	0
总计	13	19	8	6	16	11	10	8

注：表中数字"1"表示应用条件在此案例中体现，数字"0"表示应用条件在此案例中未体现。

由表8.17可知，在各案例中各利益分配方式的应用条件政治资本、主体的权威性、区域的竞争环境、区域收入的差异、物质资本、技术资本、教育资本和人力资本出现次数分别为13次、19次、8次、6次、16次、11次、10次和8次。前16个案例，参与主体主要处于京津冀区域以及周边地区内，其中政治资本和主体的权威性出现次数较多，可以理解为政治资本和政府的权威性为政府政策命令分配方式与法律程序分配方式提供了基础保障。在市场型分配类型中，首先物质资本出现次数最多，因此物质是市场分配的基础；其次区域的竞争环境和区域收入的差异问题，都导致了区域间经济利益的冲突，因此需要必要的分配手段调节。在混合型分配类型中，3个应用条件的出现次数不相上下，需要先进的技术改善产业结构，需要良好的教育宣传大气污染治理的重要性，以及需要公众和其他社会组织为大气污染的治理提供保障，同时技术和教育也是法律程序分配方式实现的保障。由后 8 个案例发现，政府始终发挥着主导作用。企业是重要的治理主体，同时也是主要的污染主体。但企业是逐利的，所以企业参与治理的积极性并不高，需要强制性手段。公众既是环境污染的受害者，也是环境治理的受益者。公众的基数大，在环境治理的过程中扮演着不可或缺的角色。个体、专家学者、国际组织、民间组织参与治理的程度较弱，个体具有独立性，也意味着个体参与治理的力量极其有限，如果没有形成环境保护和治理意识，那么会对环境治理造成威胁。

8.4.2 调查问卷分析结果

8.4.2.1 利益分配的类型和方式与治理效果分析

（1）利益分配的类型和方式与治理效果的相关性分析。

调查问卷显示，在京津冀区域间利益分配方式的调查中，政策命令型分配方式得分最高，为 4.17 分；其次为法律程序型分配和市场分配方式，得分分别为 3.63 分和 3.51 分；平等协商型分配方式得分最低，为 3.24 分。京津冀区域内各主体间利益分配方式的调查中，政府运用政策命令型分配方式的得分最高，为 4.13 分；其次为法律程序型分配方式，市场分配方式和平等协商型分配方式最低。对于企业来说，得分最高的是政策命令型分配方式和市场分配方式，得分分别为 3.93 分和 3.7 分，法律程序型分配方式和平等协商型分配方式得分不相上下。在公众层面，依然是政策命令型分配方式占据了主要地位，为 3.88 分，其次为法律程序型分配方式，市场分配方式和平等协商型分配方式不相上下。对于专家学者、非营利组织等其他主体，政策命令型分配方式得分最高，其他三种分配方式的评价结果都在 3.5 分左右。

对于上述利益分配方式对大气污染协同治理的效果，根据本研究调查问卷的结果，在京津冀区域间利益分配方式的效果调查中，目前利益分配的措施对于大气污染的治理效果得分基本都在 4 分左右，那么我们可以认为利益分配的方式在目前来说是有效的。其中，顺利推动了大气污染治理进程是得分最高的，为 4.04 分；其次为提高了全国对环境重要性的认知，得分为 4.01 分；推动了新型环保型产品的生产、促进了技术与服务产业的发展也普遍得到了众多被调查者的认可，见表 8.18。在区域内各主体间利益分配的效果调查中，各效果评价都很平均，在均值以上，调查中的效果因素主要包括协调了各治理主体的利益冲突、保障了公众的环境权益、提高了环境信息的披露质量、推动了新型环保型产品的生产、提高了公众对环境重要性的认知、促进了技术与服务产业的发展、提高了区域内企业的市场竞争力和顺利推动了大气污染治理进程，见表 8.19。

表 8.18　京津冀区域间利益分配效果统计　　　　　　　　单位：分

分配效果	利益分配效果结果
协调了区域之间的利益冲突	3.71
保障了各区域主体的环境权益	3.61
提高了环境信息的披露质量	3.80
推动了新型环保型产品的生产	3.93
提高了全国对环境重要性的认知	4.01
促进了技术与服务产业的发展	3.90
顺利推动了大气污染治理进程	4.04

表 8.19　京津冀区域内各主体间利益分配效果统计　　　　　单位：分

分配效果	利益分配效果结果
协调了各治理主体的利益冲突	3.81
保障了公众的环境权益	3.86
提高了环境信息的披露质量	3.87
推动了新型环保型产品的生产	3.77
提高了公众对环境重要性的认知	3.90
促进了技术与服务产业的发展	3.81
提高了区域内企业的市场竞争力	3.74
顺利推动了大气污染治理进程	3.98

根据表 8.18、表 8.19 的统计结果，本研究通过非参数检验来验证区域间以及区域内各主体利益分配方式与大气治理效果的相关关系。非参

数检验的零假设是在不同的条件下结果是相同的，如果显著性概率小于0.05，则拒绝零假设，即不同条件下结果是不同的。

为了检验污染治理中不同利益分配方式的选择与大气污染治理效果情况是否存在相关关系，本研究对区域间以及区域内各主体利益分配效果进行了非参数性检验，结果见表8.20、表8.21。结果表明区域间以及区域内各主体之间的检验结果的渐进显著性值小于0.05，则拒绝原假设，说明区域间以及区域内各主体之间利益分配的方式会影响治理效果。

表8.20 区域间利益分配方式对治理效果影响的非参数检验

项目	政策命令型分配	法律程序型分配	市场分配	平等协商型分配
卡方	60.643	18.024	32.190	12.071
df	4	4	4	4
渐进显著性	0.000	0.001	0.000	0.017

表8.21 区域内各主体利益分配方式对治理效果影响的非参数检验

项目		政策命令型分配	法律程序型分配	市场分配	平等协商型分配
政府	卡方	57.310	37.310	22.310	12.190
	df	4	4	4	4
	渐进显著性	0.000	0.000	0.000	0.016
企业	卡方	46.713	36.238	24.333	22.548
	df	4	4	4	4
	渐进显著性	0.000	0.000	0.000	0.000
公众	卡方	46.953	29.690	26.952	13.500
	df	4	4	4	4
	渐进显著性	0.000	0.000	0.000	0.009
专家学者、非营利组织等其他主体	卡方	40.405	26.119	29.095	21.238
	df	4	4	4	4
	渐进显著性	0.000	0.000	0.000	0.000

为了进一步得出上述4种分配方式与区域大气污染治理效果之间存在何种相关关系，本研究分别对4种利益分配方式进行Spearman相关性分析。

结果如表8.22、表8.23所示：区域间利益分配方式中政策命令型分配方式和市场分配方式与治理效果在 0.01 水平上显著相关，法律程序型分配方式和平等协商型分配方式与治理效果在 0.05 水平上显著相关，区域内各主体间的政策命令型分配、法律程序型分配、市场分配、平等协商型分配方式与治理效果之间的显著性均小于显著性水平 0.001。综上所述，这 4 种分配方式均与治理结果有显著的相关关系。

表 8.22 区域间利益分配方式与治理效果的 Spearman 相关性分析

项目	政策命令型分配	法律程序型分配	市场分配	平等协商型分配
相关系数	0.355 **	0.264 *	0.290 **	0.240 *
Sig.（双侧）	0.001	0.015	0.008	0.028

注：＊表示在 0.05 水平（双侧）上显著相关；＊＊表示在 0.01 水平（双侧）上显著相关。

表 8.23 区域内各主体利益分配方式与治理效果的 Spearman 相关性分析

项目		政策命令型分配	法律程序型分配	市场分配	平等协商型分配
政府	相关系数	0.511 **	0.388 **	0.513 **	0.453 **
	Sig.（双侧）	0.000	0.000	0.000	0.000
企业	相关系数	0.483 **	0.405 **	0.410 **	0.400 **
	Sig.（双侧）	0.000	0.000	0.000	0.000
公众	相关系数	0.414 **	0.428 **	0.384 **	0.385 **
	Sig.（双侧）	0.000	0.000	0.000	0.000
专家学者、非营利组织等其他主体	相关系数	0.445 **	0.438 **	0.479 **	0.503 **
	Sig.（双侧）	0.000	0.000	0.000	0.000

注：＊表示在 0.05 水平（双侧）上显著相关；＊＊表示在 0.01 水平（双侧）上显著相关。

（2）利益分配的类型和方式与治理效果的回归分析。

根据上文的因子分析，分别提取了特征值大于 1 的因子，它们可以代表利益分配方式。本研究的因变量是京津冀大气污染区域治理的效果，那么适合用有序多分类 Logistics 回归分析（见表 8.24）。

表 8.24　区域间利益分配方式与治理效果的 Logistics 回归分析

拟合优度似然比检验									
卡方	38.215								
显著性	0.001								

参数估计									
项目	政策命令型分配					法律程序型分配				
	1	2	3	4	5	1	2	3	4	5
B	−23.507	−2.662	−1.113	−1.502	1	−0.464	0.669	−0.237	0.632	1
OR 值	0.016	0.007	0.329	3.223		0.629	0.512	0.789	1.881	
S.E.	0.000	1.641	0.806	0.686		1.192	1.249	0.845	0.893	
Wald	2.512	2.632	1.908	5.320		0.151	0.287	0.079	0.501	
显著性	0.134	0.105	0.047	0.021		0.697	0.592	0.009	0.049	
项目	市场分配					平等协商型分配				
	1	2	3	4	5	1	2	3	4	5
B	−2.156	−0.470	0.765	0.477	1	−0.367	−2.438	−2.007	−1.518	1
OR 值	0.116	0.625	2.149	1.611		0.693	0.087	0.134	0.219	
S.E.	1.345	1.255	1.001	0.901		1.160	1.216	1.033	0.833	
Wald	2.572	0.140	0.585	0.281		0.100	4.021	3.773	2.952	
显著性	0.109	0.708	0.044	0.006		0.752	0.045	0.042	0.086	

　　根据表 8.24 的分析结果，在政策命令型分配方式中，得分为 1 和 2 的显著性大于 0.05，因此在统计学上没有统计意义。得分为 3 和 4 的显著性小于 0.05，说明政策命令型分配方式与治理效果有显著的相关性。OR 值是自变量，每改变一个单位，因变量都提高一个等级的比例。通过 OR 值可以发现，自变量每增加一个单位，区域大气污染治理的效果均得到提高，因此得分为 4 的 OR 值比较大，区域大气污染治理的效果比较显著。在法律程序型分配方式中，得分为 1 和 2 的显著性大于 0.05，因此在统计学上没有统计意义。得分为 3 和 4 的显著性小于 0.05，说明法律程序型分配方式与治理效果有显著的相关性，其他数值二者的统计数据差不多，因此说明法律程序型分配方式与治理效果也是有关系的。在市场分配方式中，得分为 1 和 2 的显著性大于 0.05，因此在统计学上没有统计意义。得分为 3 和 4 中的数据差不多，显著性小于 0.05，说明市场分配方式与治理效果

有显著的相关性。在平等协商型分配方式中，只有得分为 2 和 3 中的显著性小于 0.05，说明平等协商型分配方式与区域大气污染治理效果的关系并不显著。政策命令型分配方式与法律程序型分配方式得分高的 *OR* 值最高，因此这两种分配方式对区域大气污染治理效果的作用最大。

由于在各分配方式中，得分为 4 的统计量表明对该分配方式的认同，因此下文选用得分为 4 的分配方式的统计量进行分析。在政府间的分配方式与治理效果的 Logistics 回归分析中，政策命令型分配方式中的 *OR* 值最大，其次为法律程序型分配方式，最后为市场分配方式，因此我们认为政府间政策命令型分配方式对区域大气污染的作用最为显著，其次为法律程序型分配方式。在企业间的统计中 *OR* 值最大的为市场分配方式，其次为政策命令型分配方式，因此企业间市场分配方式对区域大气污染的作用最为显著，其次为政策命令型分配方式。在公众间的统计中 *OR* 值最大的为市场分配方式，其次为法律程序型分配方式，因此我们认为公众间市场分配方式对区域大气污染的作用最为显著，其次为法律程序型分配方式。最后在专家学者、非营利组织等其他主体间的分配方式中，平等协商型分配方式的 *OR* 值最大，其次为市场分配方式，因此专家学者、非营利组织等其他主体间平等协商型分配方式对区域大气污染治理效果的作用最为显著，其次为市场分配方式（见表 8.25）。

表 8.25　区域内各主体利益分配方式与治理效果的 Logistics 回归分析

拟合优度似然比检验					
卡方		72.895			
显著性		0.000			
参数估计					
项目		政策命令型分配	法律程序型分配	市场分配	平等协商型分配
政府	*B*	0.982	0.626	−0.813	−3.144
	OR 值	2.670	1.870	0.444	0.043
	S.E.	0.690	0.815	1.306	1.271
	Wald	2.028	0.059	0.387	7.196
	显著性	0.004	0.004	0.004	0.007

参数估计

项目		政策命令型分配	法律程序型分配	市场分配	平等协商型分配
企业	B	-0.798	-1.494	-0.682	-1.381
	OR 值	0.450	0.224	0.505	0.251
	S. E.	0.959	1.179	0.769	1.072
	Wald	0.642	1.605	0.788	1.661
	显著性	0.002	0.005	0.003	0.001
公众	B	-2.429	0.498	0.869	-2.055
	OR 值	0.088	1.645	2.384	0.128
	S. E.	0.941	0.967	1.031	0.868
	Wald	6.658	0.265	0.711	5.605
	显著性	0.010	0.006	0.003	0.018
专家学者、非营利组织等其他主体	B	-0.209	-2.368	0.063	2.286
	OR 值	0.811	0.094	1.065	9.836
	S. E.	0.726	1.041	1.260	1.033
	Wald	0.083	5.178	0.002	4.902
	显著性	0.007	0.023	0.009	0.027

8.4.2.2 影响利益分配的因素分析

为了验证本研究的理论框架，本研究对影响利益分配的因素进行了卡方检验和相关性分析。还是从利益主体着手，即区域间利益分配主体以及区域内各利益主体，它们之间有哪些因素影响了利益分配方式的选择。本章根据相关的文献资料，将区域间利益分配方式和区域内各主体的利益分配方式的影响因素分类并进行评分。

根据调查问卷结果分析，本章将选取得分较高的因素，因此京津冀区域间利益分配方式的影响因素主要体现在 4 个方面：环境保护法律法规的制约、京津冀三地生态利益受到影响、京津冀三地拥有资源的数量差异和市场发展的需求（见表 8.26）。京津冀区域内各主体间利益分配方式的影响因素主要体现在 3 个方面：社会公众利益的驱动、环境保护法律法规的制约、市场发展的需求（见表 8.27）。

表8.26　京津冀区域间利益分配方式影响因素统计　　　单位：分

影响因素	影响程度评价
京津冀三地生态利益受到影响	4.12
环境保护法律法规的制约	3.99
市场发展的需求	4.00
环境污染群体性事件的不断发生	3.82
京津冀三地拥有资源的数量差异	3.92
参与治理需要付出的成本	3.42
达到治理共识的程度	3.76
共同承担风险的需要	3.83

表8.27　京津冀区域内各主体间利益分配方式影响因素统计　　　单位：分

影响因素	影响程度评价
社会公众利益的驱动	4.06
环境保护法律法规的制约	3.94
市场发展的需求	3.87
环境污染群体性事件的不断发生	3.83
各主体拥有资源的多少	3.75
参与治理需要付出的成本	3.73
沟通了解的程度	3.58
共同承担风险的需要	3.73

为了验证这些因素是否会对利益分配方式的选择产生影响，对这些因素的非参数检验见表8.28和表8.29。结果表明，区域间以及区域内各主体间的检验结果的渐进显著性值均小于0.05，零假设被拒绝，说明所选的因素会影响利益分配方式选择。

表8.28　区域间影响利益分配方式选择的非参数检验

项目	环境保护法律法规的制约	京津冀三地生态利益受到影响	京津冀三地拥有资源的数量差异	市场发展的需求
卡方	24.667	55.048	41.292	45.286
df	3	4	4	4
渐进显著性	0.000	0.000	0.000	0.000

区域内各主体间影响利益分配方式选择的非参数检验结果见表 8.29。

表 8.29　区域内各主体间影响利益分配方式选择的非参数检验

项目	环境保护法律法规的制约	社会公众利益的驱动	市场发展的需求
卡方	42.548	53.738	38.738
df	3	4	4
渐进显著性	0.000	0.000	0.000

为了进一步验证表 8.28、表 8.29 中各因素对利益分配方式选择的影响，下面进行 Spearman 相关性分析，结果见表 8.30 和表 8.31。

表 8.30　区域间影响利益分配方式选择的 Spearman 相关性分析

项目		环境保护法律法规的制约	京津冀三地生态利益受到影响	京津冀三地拥有资源的数量差异	市场发展的需求
政策命令型分配方式	相关系数	0.354 **	00.440 **	0.365 **	0.377 **
	Sig.（双侧）	0.000	0.000	0.001	0.000
法律程序型分配方式	相关系数	0.579 **	0.377 **	0.203	0.441 **
	Sig.（双侧）	0.000	0.000	0.064	0.000
市场分配方式	相关系数	0.376 **	0.342 **	0.264 *	0.461 **
	Sig.（双侧）	0.000	0.001	0.015	0.000
平等协商型分配方式	相关系数	0.461 **	0.287 **	0.286 **	0.393 **
	Sig.（双侧）	0.000	0.008	0.000	0.000

注：* 表示在 0.05 水平（双侧）上显著相关；** 表示在 0.01 水平（双侧）上显著相关。

表 8.31　区域内各主体间影响利益分配方式选择的 Spearman 相关性分析

项目		环境保护法律法规的制约	社会公众利益的驱动	市场发展的需求
政策命令型分配方式	相关系数	0.368 **	0.455 **	0.360 **
	Sig.（双侧）	0.001	0.000	0.001
法律程序型分配方式	相关系数	0.386 **	0.329 **	0.423 **
	Sig.（双侧）	0.000	0.002	0.000

续表

项目		环境保护 法律法规的制约	社会公众利益 的驱动	市场发展的需求
市场分配方式	相关系数	0.445 **	0.372 **	0.440 **
	Sig.（双侧）	0.000	0.001	0.000
平等协商型 分配方式	相关系数	0.423 **	0.292 **	0.349 **
	Sig.（双侧）	0.000	0.007	0.001

注：＊表示在 0.05 水平（双侧）上显著相关；＊＊表示在 0.01 水平（双侧）上显著相关。

根据上述 Spearman 相关性分析的检验，在区域间影响利益分配的主要因素中，只有京津冀三地拥有资源的数量差异这一因素与法律程序型分配方式是不相关的，因此这一因素对法律程序型分配方式不产生影响。同时，只有京津冀三地拥有资源的数量差异这一因素与市场分配方式的检测是在 0.05 水平上显著相关的，其余各因素都与 4 种分配方式在 0.01 水平上显著相关。在区域内各主体间影响利益分配的各因素中，所有影响因素都与 4 种利益分配方式在 0.01 水平上显著相关，因此我们认为它们之间具有相关关系。

表 8.32　区域间利益分配方式与影响因素的 Logistics 回归分析

拟合优度似然比检验	
卡方	72.895
显著性	0.000

参数估计					
项目		环境保护法律 法规的制约	京津冀三地 生态利益 受到影响	京津冀三地 拥有资源的 数量差异	市场发展的 需求
政策命令型 分配方式	B	−1.406	−0.558	−0.219	0.346
	OR 值	0.245	0.572	0.803	1.413
	S.E.	0.687	0.765	0.699	0.620
	Wald	4.188	0.532	0.098	0.312
	显著性	0.041	0.004	0.007	0.005

	参数估计			
项目	环境保护法律法规的制约	京津冀三地生态利益受到影响	京津冀三地拥有资源的数量差异	市场发展的需求
法律程序型分配方式	B	−0.154	−1.308	−0.836	−0.851
	OR 值	0.857	0.270	0.433	0.427
	S. E.	0.633	0.734	0.676	0.582
	Wald	0.059	3.182	1.531	2.138
	显著性	0.008	0.007	0.026	0.029
市场分配方式	B	−0.831	−0.139	−0.098	0.312
	OR 值	0.436	0.870	0.907	1.366
	S. E.	0.622	0.689	0.650	0.558
	Wald	1.786	0.041	0.023	0.313
	显著性	0.001	0.008	0.008	0.005
平等协商型分配方式	B	−0.253	−1.665	0.570	0.514
	OR 值	0.776	0.189	1.768	1.672
	S. E.	0.629	0.723	0.665	0.560
	Wald	0.162	5.310	0.757	0.840
	显著性	0.006	0.010	0.038	0.039

在区域间利益分配方式影响因素的有序多因素 Logistics 回归分析中（见表 8.32），所有的因素的显著性都小于 0.05，因此都有显著的相关性。在政策命令型分配方式中，市场发展的需求的 OR 值最大，因此市场发展是政策命令型分配方式最重要的影响因素。在法律程序型分配方式中，OR 值最大的毫无疑问是环境保护法律法规的制约，因此这项因素影响效果最大。在市场分配方式中，市场发展的需求的 OR 值最大，因此这是市场分配的最重要的影响因素。在平等协商型分配方式中，OR 值最大的是京津冀三地拥有资源的数量差异，因此资源的差异性是平等协商型分配的重要影响因素。

表 8.33　区域内利益分配方式与影响因素的 Logistics 回归分析

拟合优度似然比检验	
卡方	44.456
显著性	0.000

参数估计			
项目		环境保护法律法规的制约	社会公众利益的驱动	市场发展的需求
政策命令型分配方式	B	−0.820	−0.356	−0.058
	OR 值	0.440	0.700	0.943
	S.E.	0.650	0.629	0.686
	Wald	1.589	0.321	0.007
	显著性	0.027	0.005	0.009
法律程序型分配方式	B	−0.081	−0.588	−0.205
	OR 值	0.922	0.555	0.814
	S.E.	0.626	0.602	0.657
	Wald	1.981	0.955	0.097
	显著性	0.001	0.007	0.005
市场分配方式	B	−1.005	−0.787	0.008
	OR 值	0.366	0.455	1.008
	S.E.	0.613	0.639	0.585
	Wald	2.966	1.516	0.000
	显著性	0.008	0.021	0.009
平等协商型分配方式	B	−1.404	−0.138	−0.584
	OR 值	0.246	0.871	0.558
	S.E.	0.623	0.581	0.636
	Wald	5.070	0.056	0.843
	显著性	0.024	0.001	0.003

　　根据区域内各主体间的利益分配方式（见表 8.33），本研究对区域内利益分配方式的影响因素进行了有序多因素 Logistics 回归分析。分析指出，在政策命令型分配方式的 3 种影响因素中，市场发展的需求的 OR 值最大，因此这一项对区域内政策命令型分配方式影响最大。在法律程序型分配方式中，OR 值最大的是环境保护法律法规的制约，因此环境保护

法律的制约对法律程序型分配方式作用最大。市场分配方式中的市场发展的需求的 *OR* 值最大，因此此项对于市场分配方式的作用最大。在平等协商型分配方式中，*OR* 值最大的是社会公众利益的驱动，因此公众利益的驱动是决定平等协商型分配方式最大的影响因素。

8.4.2.3 利益协调手段的因素分析

通过上面对利益的分配类型和方式所做的分析以及对各学者大气污染利益协调的总结，再加上调查问卷的统计结果，我们得出了利益协调手段方式的结果（见表 8.34、表 8.35）。

表 8.34 京津冀区域间利益协调方式——结果统计

协调方式	利益协调方式结果
中央政府主导，同时发挥地方的协调作用	4.24
成立纵向的利益协调机构	4.06
利用横向的利益协调方式	4.06
制定相关法律法规	4.13
依据契约和合同等市场手段	4.08
缩小京津冀三地的收入差距	3.98
先进环保技术和环保意识的普及	4.06

区域内各主体间利益协调方式与结果统计如表 8.35 所示。

表 8.35 京津冀区域内各主体间利益协调方式——结果统计

协调方式	利益协调方式结果
区域内主体在平等地位下进行民主协商	3.88
制定相关法律法规	4.15
完善地方政府环保问责制	4.23
依据契约和合同等市场手段	4.23
提高环保科技水平	4.21
增强各主体环保意识	4.27
充分发挥专家学者、非政府组织的作用	4.01

根据调查问卷统计结果，在京津冀区域间利益主体利益协调手段调查中，基本上得分在 4 分以上。其中，评价最高的协调方式为中央政府

主导，同时发挥地方的协调作用；评价最低的为缩小京津冀三地的收入差距。在京津冀区域内各利益主体间利益协调的手段调查中，同样评价结果基本都在 4 分以上，评价结果最高的为增强各主体环保意识，其次为完善地方政府环保问责制和依据契约和合同等市场手段，再次为提高环保科技水平和制定相关法律法规，评价得分最低的方式为区域内主体在平等地位下进行民主协商。可以看出，在区域间协调中，被调查者普遍认为中央政府的作用是最大的，在利益协调中起着非常重要的作用，同样可得出缩小京津冀三地的收入差距的方式是间接方式，并不能很好地进行利益冲突的协调的结论。在区域内各主体间的利益协调中，增强各主体环保意识是大势所趋，能够激发协同治理的积极性，被调查者普遍认为民主协商方式是最不实用的。

在访谈中，许多被访谈者对利益协调的手段提出了自己的看法：

我认为大气污染治理主体利益的协调，最主要还是需要通过政府的强制措施，去制约污染企业，同时能够奖惩兼施，才能起到良好的作用。（20180206SLP）

感觉今年冬天京津冀大气污染情况有了缓解，也许是目前出台的相关治理协作措施起到了良好的作用吧，据我所知的措施，应该有大气污染防治措施，北京、河北机动车限号，污染企业错峰生产、北京地区煤改电等，我觉得应该坚持下去。（20180206ZL）

目前京津冀区域大气污染的治理研究中，协同治理逐渐被专家学者提出，只有各主体能够做到协同治理，才能起到良好的作用。因此利益的协调需要各主体都要做出相应的努力，目前京津冀大气污染治理，缺乏纵向的协调机制，缺乏强制型的法律制度，有很多方面需要协调，未来的治理道路任重而道远。（20180228GZY）

8.5 讨论

8.5.1 主体间的利益关系基本情况

本章将京津冀大气污染区域治理主体分为两个要素：一个是京津冀区域间利益主体以及与周边地区间的利益主体，即北京、天津、河北以及周边地区；另一个是京津冀区域内的各治理主体。探讨京津冀大气污染区域协同治理利益分配的问题，需要从主体间的协同去分析。

8.5.1.1 京津冀区域间以及周边地区间的利益主体的利益情况

（1）京津冀区域政府间的治理是对共同利益的追求。

谈到京津冀区域政府间大气污染治理主体的协同，就目前情况来看，京津冀成立了大气污染防治协作小组，京津冀各地区政府还分别出台了大气污染治理的相关措施政策，以及大气污染防治小组的专家委员会提出了建立区域信息共享机制和区域联合联动的机制。从调查问卷的统计中得知，区域政府间大气污染治理行动的开展受到共同利益的驱使，在区域大气污染治理中，政府的责任重大，为公众提供一个蓝天环境是目前很多政府部门的绩效考核评价指标之一，因此政府在治理中获得利益的程度也比较大。安德森曾研究证明组织协同的一个重要原因就是组织之间的共同目标，只有当组织对目标和需求形成共识，并且各组织对自己的权力领域没有构成较为敏感话题时，组织之间的合作才是有可能的[①]。京津冀区域政府间的利益关系以共同利益为准，区域政府协同治理大气污染意味着政府部门联合企业、公众、专家学者等其他社会组织等非政府主体，运用强制型或者混合型的利益协调手段，共同治理京津冀区域内大气污染的各种合作方式的总和。

但是在京津冀区域政府间大气污染治理中，仍然存在区域政府间协调的问题，赵新峰、袁宗威[②]总结为以下几点。①政府间的利益平衡之间的差异。在治理理念方面存在着艰难性，由于大气污染的流动性，京津冀区域在治理方面虽然有着明显的共同利益，但不可避免的是，三地缺乏合作治理的理念，存在"搭便车"[③]行为；同时还存在各地都追求各自的政治利益、经济利益和生态利益，忽视区域间整体利益。在治理大气

① ANDERSON W. Intergovernmental relations in review [M]. Minneapolis：University of Minnaenta Press,1960.
② 赵新峰,袁宗威. 京津冀区域政府间大气污染治理政策协调问题研究[J]. 中国行政管理,2014(11)：18-23.
③ 曼瑟·奥尔森. 集体行动的逻辑[M]. 陈郁,等译. 上海：上海三联书店,1995.

污染过程中，可能会因为影响各自地区的经济发展情况，从而影响到京津冀三地大气污染治理的积极性。②缺乏纵向的利益协调机构。如果构建了一个可以协调三地地方政府的权威性机构，可以综合考虑三地各自的利益，制定出更加合理的政策，那么将会使京津冀地方政府彼此更加信任，更好地协调各方利益，摆脱"囚徒困境"的状态。不过京津冀及周边地区大气污染防治协作小组已经成立，只是还缺乏必要的权威性机构。③缺乏京津冀统一的治理法律法规政策。京津冀都出台了《大气污染防治条例》，但还没有上升到法律的层面，并且三地出台的时间不一致，防治条例的实施也没有达到预期的效果。我们要协调京津冀区域大气污染治理政策，需要制定相互对应且配合的治理条例和措施。④三地政策信息的不对称。地方政府组织过度追求自身利益，过度关注官员自身利益，过于关注当地经济发展现状而忽视责任等问题，与其他社会主体形成了强烈的利益冲突，为了维护自身利益，规避社会中的利益冲突，地方政府可能进行有效性信息的封锁或屏蔽，如此一来治理中的利益冲突自然而然地就会体现出来。

（2）京津冀区域企业间的大气污染治理忽视了共同利益。

在区域大气污染治理中，企业属于被动的一方，因为企业更加关注自己的经济利益。在企业发展中，区域内企业之间可以相互合作，共同创造更多的利润。根据对调查问卷结果的统计，很多人认为区域间的企业在区域大气污染治理中过度追求自身利益，并且在治理中利益的获得程度最小，因此企业在治理中是被动的一方。在协同治理大气污染中，在各地政府以及相关政策规定下，各地企业也可以寻找更加完美的合作方式，既达到了治理的目的，又实现了经济利益。在京津冀区域企业间协同治理中，存在的问题如下。①各地企业过度追求自身利益，忽视集体利益。②各地政府制定的企业排污指标不同。为了控制污染物的排放，京津冀各地区都出台相应的法律法规，对各类有害气体的排放设置了排放标准，各地根据当地的实际情况，设置了不同的排放标准，也就是说标准是不统一的。北京污染较为严重，人多车多，因而设置的排放标准最为严格，而天津和河北则相比较而言是宽松的。京津冀区域之间各种污染物的排放标准不一致，造成重污染企业往标准低的地方迁移，如北京的很多重工业企业直接迁往河北，并没有从根本上解决京津冀大气污染的问题，导致企业之间很难进行治污合作。

（3）京津冀区域间与周边地区治理主体间的利益分配受到共同利益的驱使。

调查问卷的结果显示，京津冀区域间与周边地区进行大气污染治理利益分配的方式有三种：政策命令、法律程序和市场分配。案例分析中有 3 个案例是分析京津冀区域与周边区域利益分配情况的。根据对问卷调查结果的统计，被调查者普遍认为，京津冀区域以及周边地区之间还是存在共同利益，要想治理好京津冀区域的大气污染，必须把周边地区空气质量提升上去。京津周边的河北省、山东省、山西省和河南省，都是我国的工业大省，周边地区空气质量必然影响到京津地区。因此，原环境保护部提出"2＋26"协同治理大气污染的政策，但是在协同中，仍然存在一些问题：①京津冀三地之间以及周边地区存在着地域差异、经济发展差异、产业结构差异等，不能一味地执行一种治理标准，要做到"具体问题具体分析"；②中央政府一味地注重治污政绩，不考虑地方特殊问题，各地地方政府盲目执行；③缺乏统一的利益协调机制，不能统一各地的利益，从而使对立的利益关系突出，很难达成治理目标的一致。

8.5.1.2　京津冀区域内以及周边地区内的各利益主体间的利益情况

依据 2014 年 3 月 1 日施行的《北京市大气污染防治条例》中要建立多元主体协作机制的规定以及借鉴杨立华[①]等的研究成果，多元治理的主体包括个体、家庭、社区、企业、政府、专家学者、非政府组织、宗教组织、新闻媒体、公众、国际组织等。本章将治理主体简化为 4 个要素：政府、企业、公众和其他社会组织（包含专家学者、非政府组织、新闻媒体等）。

---

① 杨立华. 多元协作性治理：以草原为例的博弈模型构建[J]. 中国行政管理,2011(4)：119－124.

多元主体参与能够对很多社会实际问题的解决提供有效帮助已经得到了诸多研究成果的证明。在大多数学者看来,多元主体参与就是多个主体参与以及各主体之间互动与合作①②。多元主体的参与,可以增加与拓宽解决利益问题的方式与途径,能够给各方提供一个更广阔且更方便的沟通平台,有助于利益的公平分配。

(1)京津冀区域内以及周边地区内各治理主体的利益关系较为复杂。

在调查问卷的统计中,京津冀区域内以及周边地区内各主体获得利益程度的数据比较复杂,被调查者普遍认为北京市大气污染最为严重,因此治理对于北京市内的各主体来说获得的利益最多,其次为天津、河北,最后是周边地区。因为很多污染企业搬迁到河北以及周边地区,造成污染的转移,所以对于河北以及周边地区的利益主体来说,在治理中利益的获得确实是有限的。其中不可避免地存在着对立利益,在关系如此复杂的各利益主体间,利益的分配离不开彼此之间的信任,信任具有促进社会稳定和社会团结的功能,信任是合作的基础③,信任有助于利益协调双方采取合作性的、积极的、促进问题解决的行动方式,信任建立在双方行为和信息的基础上④,因此只有参与者彼此信任,才能应对复杂的利益关系,促进共同利益的实现。

当然,现实中依然有很多案例表明在复杂的利益关系中,各治理主体获得成功的例子。从案例中可以很明显地看出,参与主体越多的案例,成功的概率越大。比如,案例2和案例3,不仅包括京津冀区域间的协同,还包括京津冀区域内各治理主体间的协同。北京奥运会和APEC会议中,各治理主体都充分把集体利益和生态利益放在首位,保证了京津冀区域的蓝天。例如,原环境保护部成立了环保部保障工作小组,还成立了16个督察组,重点对京津冀区域以及周边重点污染的城市进行查处。

---

① STOKER G. Governance as theory: five propositions [J]. International Social Science Journal, 2002(155): 17 – 28.

② 俞可平. 国家治理评估:中国与世界[M]. 北京: 中央编译出版社,2009.

③ 张康之. 在历史的坐标中看信任:论信任的三种历史类型[J]. 社会科学研究,2005(1): 11 – 17.

④ 张宁,张雨青,吴坎坎. 信任的心理和神经生理机制[J]. 心理科学,2011(5): 37 – 43.

北京、天津和河北对存在问题的区县乡镇进行检查整治，设立专人值守与巡查责任制。应对突发的空气质量急剧恶化情况，河北省政府还制定了一系列处理措施，主要是对相关的重污染企业进行应急停产限产的规定。天津市也不甘落后，保证污染设备的超低排放，同时还对相关的治理措施以及查处的违法企业进行公开公布，保证信息的透明性，通过专家学者对公众进行大气污染危害的讲解，发挥公众在大气污染治理中的积极作用。在京津冀区域以及周边省市的大力合作下，较好地保证了APEC会议期间空气质量。

（2）京津冀区域内以及周边地区内各治理主体间过度追求区域自身利益。

区域内各治理主体的协同，是各治理主体之间相互合作治理的过程。除了存在共同利益，利益冲突的存在也十分明显。为了追求区域自身的发展，各区域之间的利益主体有时会过度追求自身利益。①沟通失效导致诚信不足：案例19中，$PM_{2.5}$事件的发生，是政府没有公开$PM_{2.5}$的测量标准与数据，导致公众对政府的不信任。②没有形成良好的治理协同结构：案例21中，天津市滨海新区治理失败，就是在治理的过程中，企业、公众、媒体等主体没有形成自觉行动，只是单纯地依赖政府的单一的行政命令来进行污染的治理，政府也没有充分发动各主体参与。

8.5.2 京津冀大气污染区域协同治理主体利益之间的分配特点

8.5.2.1 强制型是最重要的分配类型

通过案例分析以及调查问卷结果统计分析，我们得到了京津冀区域间以及周边地区之间的主要利益分配类型与方式。

根据案例分析，政府的权威性以及政治资本是影响利益分配方式的先决条件，主体之间的利益分配方式是由政府所主导或者治理的，杨立华指出，"政府治理依据的主要是权威性资本"①，也可以说成权威性治理，那么可以将分配的方式概括为政策命令型分配。按照王伟光的观点，

---

① 杨立华. 构建多元协作性社区治理机制解决集体行动困境:一个"产品－制度"分析（PIA）框架[J]. 公共管理学报,2007(2):122.

利益协调的主要手段包括政治手段、法律手段、经济手段和道德手段，政治手段、法律手段在案例中有很好的体现，而经济手段较少，多包含在司法诉讼的赔偿中，道德手段在案例中也体现较少，作为广泛性的社会规范，可能在各个环节都有所作用，但往往依存于其他类型的利益协调。政策命令型利益协调体现在著名赛会和政策类案例中，国家利用国家职能和政治制度等政治手段主导利益分配过程。法律程序型分配方式也可以归结为强制型分配，区域内必须遵循法律法规的规定。

根据调查问卷结果的统计分析，在区域间利益主体的分配方式中，政策命令型与法律程序型分配方式对治理效果的作用更加显著，因此强制型分配类型在区域间的分配类型中最重要。在区域内各主体间的利益分配方式中，政府间的政策命令型分配方式与法律程序型分配方式对治理效果的影响最为显著，因此强制型在政府间的作用比较重要。在企业间与公众间的利益分配方式中，对治理效果的影响排在第二位的分别是政策命令型和法律程序型。由此可以看出，在企业与公众间利益分配对区域大气污染治理效果的影响中，强制型具有比较重要的作用。

8.5.2.2 市场型分配类型比较重要

市场型利益分配，主要表现为经济层面的分配。区域间的竞争关系、区域差异和各区域物质资本，都是影响区域间协同治理的重要因素。案例 11 中，京津冀产业结构的转移，存在着明显的经济利益冲突。调查结果显示，北京向外搬迁的企业多数为污染企业，因此必然导致其他地区的污染问题。虽然一部分企业从北京转移到了河北，但并未对京津冀区域的空气质量产生良好的影响。北京是受益地区，需要对为此产生环境问题的其他地区进行补偿，建立京津冀区域的生态补偿机制，促进迁入地区的产业结构升级，大力发展环保产业，提高环保技术水平，因此"谁受益，谁补偿"原则需要大力推广。

根据调查问卷结果的统计分析，在区域间治理主体间的利益分配中，市场分配方式对治理效果的重要性大于平等协商型分配方式，因此市场分配方式对于治理效果的作用还是比较显著的。在区域内各治理主体间的利益分配中，企业与公众间的市场分配方式对治理效果的作用明显，专家学者等其他社会组织中重要性排在第二位的分配方式为市场分配方式，因此我们认为，市场型对区域内各主体间的治理效果还是比较重要的。

8.5.2.3 混合型分配是最理想的类型

混合型结合了市场型和强制型两者的某些特征及优点。这种类型的分配方式综合了上述两种类型的特征，如生态机制的补贴、文化信息的传播、科技的进步以及其他社会组织的治理方式等。根据科尔曼划分的财政、物质、人力和社会4种资本类型进行进一步分析，本章的混合型分配类型划分为：技术资本，主要指先进技术的应用；教育资本，也可称为文化资本、科技资本，是分配方式智能化的推动方式；人力资本，主要指"人"的资本，以及道德资本，主要针对的是非营利组织等社会治理主体。[①] 案例6、案例16等，不仅需要先进环境治理技术的推广，还需要教育以及人力的作用，才能达到良好的治理效果。

根据调查问卷的结果分析，不论在区域间还是区域内各主体间的利益分配，各数据之间的数值相差都不是很大，因此可以认为利益分配方式的混合搭配对区域大气污染治理的效果更加显著，那么混合型分配类型是比较合理的。只有当多种分配类型共同作用时，对于大气污染治理的效果会比单一的分配类型更加显著。

调查问卷结果显示，各主体间的利益分配与区域间的利益分配没有较大差异。这里从利益主体、利益关系和利益类型方面进行分析。首先，从利益主体的角度看，政府、公民和企业之间的利益需要协调，三者在大气污染治理的利益协调中是比较重要的利益主体。其次，从利益关系的角度，主要需要协调对立利益，在大气污染治理中有两对主要的对立利益：地方政府追求地方经济发展及政绩与公民追求健康和良好环境；企业追求经济利润与公民追求健康和良好环境。再次，从利益类型的角度看，主要需要协调地方政府、企业的经济利益和公民的文化（精神）利益。最后，从实现时间远近的角度看，需要协调当前利益和长远利益，地

---

① 杨立华. 构建多元协作性社区治理机制解决集体行动困境：一个"产品－制度"分析（PIA）框架[J]. 公共管理学报，2007（2）：12.

方政府和企业对经济利益的追求属于当前利益，而公民对健康和好的空气质量的追求属于长远利益。综上所述，在大气污染治理中，需要协调地方政府、企业和公民之间的经济利益与文化（精神）利益、当前利益和长远利益，从根本上来讲，是协调经济发展与保护空气之间的关系。

8.5.3　京津冀大气污染区域协同治理主体利益之间的协调措施

8.5.3.1　强调政府的作用，合理进行强制型分配

在我国现有的环境治理立法中，缺乏相关大气污染区域合作治理的法律制度，单看京津冀地区，并没有相关的法律法规制度，只有一些防治条例作为政策依据，如京津冀区域的"大气十条"以及各地区出台的相关细则、《北京市大气污染防治条例》等。相关政策规划具有阶段性与片面性，强制性不强，各地区政府也没有制定相应的补偿与惩罚机制，容易出现短期内空气质量较好的状态，不能形成长效机制，就像北京奥运会之后又出现了污染反弹现象。在保障京津冀现有协调合作的基础上，完善以下措施将有助于京津冀大气污染的区域治理。

（1）完善立法。

制定与完善京津冀区域大气污染协作的法律法规制度，需要明确的问题有许多，主要体现在以下三个方面：一是应充分征求各利益主体的意见，确保最大化地实现利益主体的相关利益，减少利益冲突，形成合理的利益分配机制。二是制度化应该体现在区域立法中，促使京津冀区域大气污染治理政策实现强制作用，同时使京津冀地区的立法能够很大程度地保障各方利益。三是需要保障京津冀区域大气污染治理相关法规的有序性和程序性。应出台相应的执行措施与惩罚机制，保障法律制度的规范实施，使区域协同的治理立法机制能够在规范化的状态下有序进行。

（2）完善中央顶层治理制度建设。

中央顶层治理制度的建立，与建立纵向的利益协调机制类似，能够保证区域协同治理措施顺利落实，同时可以协调区域间政府以及中央政府与地方政府的关系。公共部门对其绩效负责并建立清楚的绩效标杆来

衡量公共部门绩效情况是政府的责任所在①。需要完善考核问责机制，让各区域明确区域环境治理是考核体系中的重要组成部分，并作为考核地方政府官员政绩的重要指标之一，同时也可以对地方政府形成有效的行政约束，避免污染转嫁和以邻为壑的现象②。

（3）大力支持治理政策的执行。

大气污染区域合作治理需要丰厚的资源做后盾，如资金、信息、物质基础等，要想实现区域协同治理的良好效果，就要保证治理过程中有充足的资源基础，为协同治理做好坚强的物质后盾。中央曾经斥巨资用于治理京津冀及周边地区大气污染，可是这样的物质基础仍然无法满足京津冀区域大气污染治理的需要。因此，京津冀大气污染区域协同治理需要有长期稳定的资金来源与监管机制，同时应向社会公开大气污染治理的信息，在物质方面做到跨区域零冲突，配备相应的环境检测机构，将相应的资金、人力、物力等资源落到实处。

8.5.3.2　积极开展混合型分配模式

开展混合型分配模式重点体现在各利益主体在大气污染治理中利益协调的过程中，区域间以及区域内各主体的协同治理都需要相互之间的协调与合作。

第一，完善组织机构，协调区域内各主体之间的关系。在京津冀区域中，各级地方政府处于同级状态，难以形成统一的治理协同机制，但若要实现区域合作治理，则需要各方建立平等协商的平台，能够保证各利益主体充分表达自己的利益意愿，拥有信息共享的平台，达到平等协商、有序合作的状态。

第二，建立区域间以及区域内的合作机制。对于京津冀区域间的合作，需要充分建立大气污染治理合作机制，以及建立区域内地方政府的合作机制。一方面，需要做到区域间和区域内的项目联合审批，以避免某个治理主体为了维护自身利益而忽视了区域的整体利益，从而破坏了

---

①②　于溯阳，蓝志勇．大气污染区域合作治理模式研究：以京津冀为例［J］．天津行政学院学报，2014，16（6）：10．

大气污染区域治理合作机制；另一方面，区域间与区域内的空气质量监测系统要做到同步，避免信息的不对称性，如果在京津冀区域协同治理大气污染的过程中，做到污染信息的同步性，即信息的共享，那么区域内拥有了全面的污染信息，定能针对污染现状进行详细的技术分析，根据不同利益主体，制定出适合各方的治理措施。量化城市和地区间污染物传输量和明确各地大气污染物排放份额，建立完备的区域间空气污染检测系统，为大气污染区域协同治理提供技术支撑。

8.6 结论

大气污染是中国尤其京津冀地区面临的重要问题，大气污染的治理对跨区域来说也是一项较大的挑战，研究大气污染中利益分配对于协调区域多元参与、有效改善大气质量有着重要意义。学术界对于大气污染及其治理的研究很多，对于治理主体利益分配的相关研究也不少，但将两者结合考虑的却较少。本章采用问卷调查的方式，对目前区域大气污染治理主体利益分配的现状进行了统计分析，同时结合访谈的形式设定了案例筛选标准，选取了大气污染治理利益分配的 24 个典型案例，利用案例编码进行定量研究，同时结合对案例的定性分析，探究大气污染治理中的利益分配类型与方式。

首先，本章分析了京津冀区域间与京津冀区域内各治理主体的协同情况。根据利益主体协同的情况以及主体间的利益关系，分析了区域间以及主体间协同的必要性以及存在的问题，并结合案例分析发现，大气污染治理需要治理主体间的协同，才能达到良好的效果。

其次，本章分析了利益分配的类型与方式对治理效果的影响以及影响利益分配方式的因素。在京津冀区域间以及周边地区间的利益分配中，将利益类型分为强制型、市场型和混合型，结合相应的分配方式，主要有政策命令型分配方式、法律程序型分配方式、市场分配方式和平等协商型分配方式，分配方式体现了区域间利益分配的手段，通过政府的政策、法律法规的约束以及市场的调节，使区域内的公共利益最大化。在京津冀区域内以及周边地区内各主体的利益分配中，政府、公民和企业是大气污染治理中利益协调的核心主体，三者之间有 4 种关系模式，政府可能扮演发起者、被起诉人和调停者的角色。其他主体都是重要参与主体，因此参与程度需要提高。

最后，本章对利益如何协调提出了相应的建议。

本研究还存在着一些不足。第一，本研究虽然选取了 24 个大气污染利益分配的典型案例作为样本，但仍不足以全面地概括大气污染治理中利益分配的情况；第二，案例编码还可以进一步拓展，对编码结果的分析也可以进一步深入挖掘，有待后续研究的完善。

第4篇
探索制度创新

民为贵，社稷次之，君为轻。

——战国·孟子《孟子·尽心章句下》

第 9 章

中国大气污染治理制度创新机制

9.1 导言

大气污染形势复杂多变，大气污染治理制度也需要不断创新，无论新制度是否完美地匹配制度的需求与现实情况，都能带来前进的不竭动力。自 1979 年我国颁布了《中华人民共和国环境保护法》，文本中提出了综合治理大气污染的措施后，我国 20 世纪 80 年代开始逐步形成大气环境标准体系。[①] 1987 年，全国人民代表大会通过了《中华人民共和国大气污染防治法》，又于 1995 年和 2000 年进行了两次修订，关于大气污染治理的相关制度不断形成与完善。学者对于大气污染治理制度及其创新有过许多研究，然而大部分学者将研究重点放在了制度的内容上，研究制度的变化、现有制度的缺陷，提出制度建议，而对制度创新的过程的研究涉及较少。作为全书最后一章，本章重点考察大气污染的制度创新是否存在一个更一般与普遍的过程，进而转入研究制度创新的机制，以弥补这一领域研究相对不足的缺憾。

9.2 文献综述

根据对国内外研究现状分析发现，不论是对制度创新的理论研究，还是对环境方面、大气污染治理方面的制度研究，学者通常都是从制度创新的一个或几个角度出发进行分析。本章通过对各研究方面的综合分

---

① 曹凤中. 我国大气污染防治工作进展[J]. 环境科学动态,1988(10)：14－15.

析，发现已有研究的角度归结起来主要为以下 4 个方面：制度创新的诱因、主体、供给方式和路径。因此，把这 4 个前后相继的方面作为制度创新机制的主要方面，对制度创新进行挖掘。

9.2.1　诱因

当人们对制度的预期收益以及预期成本发生改变时，制度市场将由均衡状态进入非均衡状态。① 当人们为了降低使用制度的成本或者为了获得现行制度下不可能获得的利润时，就会变革制度或重新选择制度，进行制度创新。②

西奥多·W. 舒尔茨③在《制度与人的经济价值的不断提高》中从人力资本的角度探讨了影响制度变迁的因素。他认为，不断提高的人的经济价值诱致了对新制度的需求，制度的调整具有滞后性，政治、经济、法律等制度都是为了满足需求产生的。随后，诺斯和罗伯特·托马斯提出"有效率的组织需要在制度上做出安排和确立所有权，以便造成一种刺激，将个人的经济努力变成私人收益率接近社会收益率的活动"④。戴维斯和诺斯分析诱致制度创新的 4 种意愿因素，即获得规模经济，使外在性内化，克服对风险的厌恶和降低交易费用。他们总结，在现有的制度结构下，由外在性、规模经济、风险以及交易费用所引起的收入的潜在增加不能内化时，一种新制度的创新可能"允许获取这些潜在收入的增加"。⑤ 马克思主义认为，创新的根本动力是生产力⑥，文森特·奥斯特罗姆等深入探讨了宪法秩序对制度创新的影响，⑦ 毛寿龙从微观和宏观

---

①　方福前. 当代西方经济学主要流派[M]. 北京：中国人民大学出版社,2004.

②　邹薇,庄子银. 制度变迁理论评述[J]. 国外社会科学,1995(7)：7-11.

③　西奥多·W. 舒尔茨. 教育的经济价值[M]. 曹延亭,译. 吉林：吉林人民出版社,1982.

④　诺斯,罗伯特·托马斯. 西方世界的兴起[M]. 历以平,蔡磊,译. 北京：华夏出版社,1999.

⑤　L. 戴维斯,D. 诺斯. 制度变迁与美国经济增长[M]. 张志华,译. 上海：上海人民出版社,2015.

⑥　刘小怡. 马克思主义和新制度主义制度变迁理论的比较与综合[J]. 南京师大学报(社会科学版),2007(1)：5-11.

⑦　V. 奥斯特罗姆,D. 菲尼,H. 皮希特. 制度分析与发展的反思：问题与抉择[M]. 王诚,等译. 北京：商务印书馆,2001.

两个方面研究制度创新的动因。①

在环境制度的创新方面，环境制度创新是指为提高环境质量和资源利用效率，促进经济健康发展，满足人们的环境需要，而对现有环境制度进行调整、改进，或者建构全新的环境制度的活动。② 现行环境制度不能与经济发展相适应是我国当前社会经济发展过程中所出现的环境恶化、资源短缺等问题的重要原因。③ 国家发展战略以及对环境保护的迫切要求，对于环境制度的创新具有诱导作用。特别是，在大气污染治理方面，根据我国的发展战略以及污染状况的现实，20世纪70年代初，主要针对炉窑进行消烟除尘工作；从80年代开始，陆续发布了一系列大气污染物测定标准、工业和汽车等的排放标准，逐步形成大气环境标准体系；根据污染物的新情况，1996年发布《环境空气质量标准》，并于2012年进行修订，明确将$PM_{2.5}$纳入监测范围。④

9.2.2　主体

关于制度创新的主体，新制度学派的代表人物戴维斯和诺斯认为，制度创新在三级水平上进行：个人、个人之间自愿组成的合作团体和政府机构。汪丁丁认同诺斯的观点，认为制度创新的主角首先是组织内部的决策者。⑤ 唐兴霖根据中国当时的变革情况，提出由政府来组织制度创新是最适宜的，政府可以为了克服制度短缺而进行新的制度创新安排。⑥ 严汉平和白永秀认为，制度创新主体可以分为3种，即宏观主体、中观主体及微观主体，在不同的发展阶段，不同的主体在制度创新过程中能够起到不同的作用。⑦ 传统的观点多把创新主体定为个人、团体和政府，而随着研究的不断推进，创新主体的划分更加细致并且方向逐渐多元化，

① 毛寿龙. 制度创新与政府功能[J]. 浙江学刊,1995(5)：69－72.

②③ 曹克齐. 我国环境制度创新研究[D]. 长春：东北师范大学,2006.

④ 曹凤中. 我国大气污染防治工作进展[J]. 环境科学动态,1988(10)：14－15.

⑤ 汪丁丁. 制度创新的一般理论[J]. 经济研究,1992(5)：71－82.

⑥ 唐兴霖. 制度创新：主体、过程和途径的探讨[J]. 西南大学学报(社会科学版),1997(1)：10－16.

⑦ 严汉平,白永秀. 三种制度创新主体的比较及西部制度创新主体定位[J]. 经济评论,2007(2)：40－45.

引入了企业、非营利组织、学者等。

在环境治理方面，樊根耀提出，随着环境治理活动的不断创新，市场化和多主体成为两个新的主要取向。① 他指出市场化取向表现在明确与生态环境关联密切的"自然资源的所有权、使用权、管理权和收益权"，即自然资源的产权制度；而多元主体则包括企业、非营利组织和公民个人，这样的主体安排使制度创新更加有效、更加节约交易成本。近年来，学者作为环境治理的参与主体也引起广泛的关注，杨立华的研究表明，当学者作为信息的中介者与企业家型的活动组织者时，他们对项目的成功产生了巨大影响。② 在环境制度的创新方面，多元主体的参与对创新产生了巨大影响。如北京市人民政府印发的《北京市2012—2020年大气污染治理措施》强调深入贯彻落实科学发展观，充分认识空气质量改善的重要性、长期性和艰巨性。北京市于2014年3月开始实施的《北京市大气污染防治条例》，重点强调了"建立健全政府主导、区域联动、单位施治、全民参与、社会监督的工作机制"。

9.2.3 供给方式

制度创新的供给方式最早有强制性和诱致性（或正式环境制度和非正式环境制度）两种类型，后又增加了"中间扩散型"供给方式，从与制度创新的主体相匹配的方式，再扩展到包括家庭、社区、宗教组织等中间状态的混合变迁方式。林毅夫把制度变迁分为强制性和诱致性两种类型。③ 强制性变迁是指由政府法令引起的变迁；诱致性变迁是指个人或群体在响应由制度不均衡引致的获利机会时所进行的一种自发性变迁。黄少安、刘海英对"强制性"和"诱致性"的概念进行了新的阐释，与普遍定义下的"诱致性变迁"与"强制性变迁"的动机有所不同，变迁

---

① 樊根耀. 我国环境治理制度创新的基本取向[J]. 求索,2004(12)：115－117.

② YANG L H. Building a knowledge－driven society：Scholar participation and governance in large public works projects [J]. Management and Organization Review, 2012(3)：585－607.

③ LIN J Y. An economic theory of institutional change：Induced and imposed change [J]. Cato Journal, 2013(1)：1－33.

必须是超越经济人的、不以自身利益最大化为目的。① 杨瑞龙在这两种极端性的划分中加入了"中间扩散型制度变迁方式",即在进行自愿契约的微观主体与进行制度供给的权力中心之间,存在一种制度变迁方式,既能满足个体寻求利益最大化的要求,又能通过与权力中心的谈判与交易形成均势来获取许可,从而实现向市场经济的渐进过渡。②

在环境制度供给方面,正式环境制度一般被视为一个社会的外在制度,其外在强制力基于国家的公权力;非正式环境制度主要体现为在生产、生活中涉及环境的惯例、伦理规范、习俗等。③ 一般来说,正式环境制度以强制力为依托,短期执行效果明显,但从长远来看,正式环境制度的效力要取决于其对非正式环境制度的兼容性。④ 杨立华认为,在纯粹诱致性变迁和强制性变迁外,还存在着各种不同中间状态的混合变迁方式。⑤ 因为除去政府、企业和个人,家庭、社区、宗教组织和各种非政府组织组成了中间状态变迁方式的主体。⑥

9.2.4 路径

戴维斯和诺斯把制度创新过程分为以下五个步骤。第一步,形成"第一行动集团"。这是在决策方面支配着制度创新过程的一个决策单位,它预见到潜在利润的存在,并认识到只要进行制度创新,就可以得到潜在的利润。第二步,"第一行动集团"提出制度创新方案。第三步,选择制度创新方案,选择的标准是最大利润原则。第四步,形成"第二行动

---

① 黄少安,刘海英. 制度变迁的强制性与诱致性:兼对新制度经济学和林毅夫先生所做区分评析[J]. 经济学动态,1996(4):58-61.

② 杨瑞龙. 我国制度变迁方式转换的三阶段论:兼论地方政府的制度创新行为[J]. 经济研究,1998(1):34.

③ 何茂斌. 环境问题的制度根源与对策:一种新制度学的分析思路[J]. 环境资源法论丛,2003(3):97-118.

④ WEINGAST B R. The economic role of political institutions:market-preserving federalism and economic development [J]. Journal of Law Economics & Organization,1995(1):1-31.

⑤ 杨立华. 制度变迁方式的经典模型及其知识驱动性多维断移分析框架[J]. 江苏行政学院学报,2011(1):74-81.

⑥ YANG L H. Scholar-participated governance:combating desertification and other dilemmas of collective action [D]. Phoenix:Arizona State University,2009.

集团"。这是在制度创新过程中，为帮助"第一行动集团"获得预期纯收益而建立的决策单位。制度创新实现后，"第一行动集团"和"第二行动集团"之间可能对追加的收益进行再分配。第五步，"第一行动集团"和"第二行动集团"共同努力，使制度创新得以实现。① 周业安利用内部规则和外部规则的概念，总结出中国的制度变迁过程实际上是内部规则与外部规则的不断冲突和协调的演化过程。从现在的动态来看，中国地方政府会积极实施和创新外部规则，但总体上将越来越重视内部规则的培育。②

在环境治理方面，张坤民等的研究显示，中国环境政策的创新过程是跟进世界环境治理进程、跟进中国环境需求，采取创新的举措。③ 如1972 年的联合国人类环境会议推动了中国当代环境保护的起步，中国开始建立环保机构，着手工业"三废"的防治与环境规划；从 1981 年到2005 年，国务院为加强环境保护工作，先后发布了 5 个决定。特别是，大气污染治理的步伐一直在前进，为迎办 2008 年北京奥运会和残奥会，奥运空气质量保障小组制定了《第 29 届奥运会北京空气质量保障措施》④；为迎办 2010 年上海世博会，苏浙沪两省一市的环保部门编制启动了"2010 年上海世博会长三角区域环境空气质量保障联防联控措施"⑤。北京市对于雾霾治理的创新过程也从监测到治理深化发展，市政府工作报告在 2012 年主要任务中首次提到 $PM_{2.5}$，"加强对 $PM_{2.5}$ 和臭氧等重点污染物的防治，抓紧建立完善监测网络，实时发布监测信息"，并提出新防治措施。⑥

---

① L. 戴维斯，D. 诺斯. 制度变迁与美国经济增长[M]. 张志华，译. 上海：上海人民出版社，2015.

② 周业安. 中国制度变迁的演进论解释[J]. 经济研究，2000(5)：3 – 11.

③ 张坤民，温宗国，彭立颖. 当代中国的环境政策：形成、特点与评价[J]. 中国人口·资源与环境，2007(2)：1 – 7.

④ 孙智慧. 绿色奥运与北京环境法律实施对策研究[J]. 北京政法职业学院学报，2005(2)：59 – 63.

⑤ 上海市环境状况公报（2002—2010 年）[EB/OL]. （2010 – 10 – 12）[2017 – 12 – 02]. http://www. sepb. gov. cn/guihua/column. jsp? catchNum = AC4601001.

⑥ 舒综文. 治理大气污染：市府在行动[J]. 北京人大，2012(5)：17 – 18.

通过对文献内容的整理和分析，可以发现制度创新理论及环境治理制度创新研究中的许多特点。第一，对制度创新诱因的归纳本质上为经济需求。制度创新从根本上是为了实现收益最大化，为了降低使用制度的成本或获得现行制度下不可能获得的利润，人们进行制度创新。正如对环境制度创新的迫切要求出现在环境恶化、资源短缺等问题影响社会经济发展的过程中。第二，对制度创新的主体的界定趋向于多元化，对制度创新供给方式的研究维度不断扩展。第三，对制度创新路径的阐述多为阶段性结果的描述。除了戴维斯和诺斯理论上对过程的阐述，其他理论或实证研究多倾向于对每个阶段创新结果的描述而非全过程的研究，较多关注具体创新政策的出台。

但现有研究还存在一些不足。第一，从概念界定上来讲，现有研究对"制度创新"和"制度变迁"的概念是交替使用的。实际上，应该对概念做出辨析。第二，从研究内容上来讲，现有的研究大多数仅仅关注制度创新的一个或两个方面，往往缺乏对于整体制度创新机制的研究。同时，在环境治理方面多为对环境现状及对策的分析，很少涉及对制度创新本身的研究，特别是对大气污染治理方面更加缺乏。第三，从研究方法上来讲，现有的研究一般是对理论的整理、政策的建议和个案的研究，很少对大规模的案例进行整理，也缺乏文献研究等多种方法的综合。因此，大气污染治理制度创新机制是一个值得探索和研究的领域。

9.3　概念、数据、方法与研究框架

9.3.1　概念

9.3.1.1　大气污染及大气污染治理制度

大气污染是指由于人类生产、生活活动或自然过程引起某些物质进入大气中，呈现出足够的浓度，达到足够的时间，使大气的正常组成成分发生变化，并因此危害了人体的舒适、健康和福利或造成环境污染的

现象。①

衡量大气污染程度的标准在不断完善，在 2012 年的《环境空气质量标准》中，空气污染物可以分为基本项目和其他项目两项，基本项目包括二氧化氮、二氧化硫、一氧化碳、臭氧、PM_{10}（可吸入颗粒物）和 $PM_{2.5}$（细颗粒物）；其他项目包括总氮氧化物、悬浮颗粒物、铅和苯并芘。② 在研究中，研究者利用相关空气质量数据定量描述质量状况，如空气质量指数（Air Quality Index，AQI）和城市空气质量公开指数（Air Quality Transparency Index，AQTI）。③

1972 年，环境制度问题就走上了"国际路线"；1988 年，在多伦多举行的"关于变化中的大气"的世界会议将大气问题单独提出来进行讨论，其中包括酸雨、温室效应、臭氧层破坏等许多问题，使很多国家关注大气并制定相应的制度或规划④；在 1973 年第一次全国环境保护会议以及 1989 年第三次全国环境保护会议之后，环境管理制度也开始在我国逐渐建立起来⑤；1989 年以前形成的环境管理制度称为"老三项制度"，1989 年以后形成的环境管理制度称为"新五项制度"，两者合称环境管理"八项制度"⑥，"八项制度"包括"三同时"制度、环境影响评价制度、排污收费制度、城市环境综合整治定量考核制度、环境保护目标责任制度、排污许可证制度、污染集中控制制度、污染限期治理制度，其中许多制度都在大气污染治理制度中得到了体现。

9.3.1.2 制度及制度创新

关于制度概念，学者的研究各有不同，大约有 3 类：以凡勃伦为代表，强调制度与精神观念的联系；以哈耶克为代表，强调制度是演进而

———————————

① 张梓太. 环境与资源保护法学[M]. 北京：北京大学出版社,2007.

② 中华人民共和国环境保护部. 环境空气质量标准：GB 3095—2012[S]. 北京：中国环境科学出版社,2012.

③ 公众环境研究中心. 2012 年城市空气质量信息公开指数(AQTI)评价结果[R]. 北京：公众环境研究中心,2012.

④ 刘德才. 保护大气造福人类：对国际保护大气环境的公约、计划与对策的陈述[J]. 新疆气象,1991(3)：10-11.

⑤ 胡妍斌. 排污权交易问题研究[D]. 上海：复旦大学,2003.

⑥ 刘学. 环境经济理论与实践[M]. 北京：经济科学出版社,2001.

来的稳定行为和秩序；以新制度主义学派为代表，强调制度为"人的行为规则"。① 诺斯对制度给出一种定义：制度是一个社会的博弈规则，更加规范地说，它们是一些人为设计的、形塑人们互动关系的约束。②

制度的构成要素也有很多，按照诺斯的理解至少应包含 3 个部分：正式的规则、非正式的约束以及它们的实施特征。根据本研究的目的，研究制度创新的机制问题，这里仅将制度界定为正式制度，即一系列被制定出来的规则、守法程序。③

关于制度创新（institutional innovation），约瑟夫·熊彼特在《经济发展理论》中首先提出"创新理论"。④ 根据熊彼特的界定，创新就是以不同的方式把原材料和力量组合起来，即对现存生产要素组合进行"创造性的破坏"，并在此基础上"实现了新的组合"。随后，戴维斯和诺斯合著的《制度变迁与美国经济增长》对制度创新问题进行了深入研究，并形成了制度创新理论。⑤ 青木昌彦从博弈论的角度出发，将制度创新解释为从许多可能的均衡中选择一种的过程，或者是从一种均衡到另一种均衡的转变。⑥ 由此，对制度创新的定义实质上可以归结成一种定义，制度创新是指对现存制度的变革，它的实质是一个社会以新的更富有效率的制度安排取代旧的缺乏效率的制度安排。

需要提到的是，在已有的理论中，学者经常将制度变迁（institutional change）等同于制度创新。根据新制度经济学派的概念，制度变迁从制度供给和制度需求这两个方面出发进行研究。有研究指出，制度创新是制度变迁过程中最实质性的核心阶段。⑦

实际上，制度创新以获得利益为出发点，偏向于用新的制度取代旧的制度；而制度变迁是对规则、规范和实施的复杂结构的边际调整，并

---

① 董志强. 制度及其演化的一般理论[J]. 管理世界,2008(5)：151-165.
② 道格拉斯·诺斯. 制度、制度变迁与经济绩效[M]. 杭行,译. 上海：格致出版社,2011.
③ 道格拉斯·诺斯. 经济史中的结构与变迁[M]. 陈郁,等译. 上海：上海人民出版社,1994.
④ 约瑟夫·熊彼特. 经济发展理论[M]. 邹建平,译. 北京：中国画报出版社,2012.
⑤ L. 戴维斯,D. 诺斯. 制度变迁与美国经济增长[M]. 张志华,译. 上海：上海人民出版社,2015.
⑥ 青木昌彦. 比较制度分析[M]. 周黎安,译. 上海：上海远东出版社,2002.
⑦ 殷德生. 制度创新的一般理论：逻辑、模型与扩展[J]. 经济评论,2003(6)：33-36.

存在前进与后退的不同变迁方向。关于制度的变化，有着从制度固化（或缺失）到制度创新，再到制度变迁的过程，制度创新的长期结果是制度变迁。本章对于制度创新的定义就强调创新与变迁的不同之处。

另外，制度创新与政策创新（policy innovation）也存在区别和联系。政策创新是政府为应对公共管理使命需求与政策环境变化，以新的理念为指导，不断完善与优化公共政策，以有效解决社会公共问题和实现社会资源优化配置的一项重要政策行为。[①] 在这里，制度描述的是确定下来的规则，而政策是制订计划、规划，进行权威性价值分配的过程。[②] 一个是静态的结果，另一个是动态的过程。

而制度创新与制度变迁和政策创新之间的联系，将为本研究的理论提供一系列支持。

9.3.1.3　制度创新机制

"机制"（mechanism）一词最早源于希腊文，原指机器的构造和动作原理。后来人们将"机制"一词引入社会科学研究范围，延伸为社会有机体各部分的相互联系、相互作用的方式。[③] 机制具有系统性、自发性、非线性和长效性。[④] 不论在什么范畴，对机制的定义都可以从以下两方面来解读：一是体系由哪些部分组成和为什么由这些部分组成，二是体系是怎样工作的和为什么要这样工作。[⑤]

机制类型论认为机制包括存在机制、变化机制、动力机制、制约机制与协同（整合）机制等。[⑥] 根据现实情况的不同，具体的机制类型也有不同。如企业的技术创新机制就包括激励机制、约束机制和运行机制。[⑦]

---

① 黄健荣,向玉琼. 论政策移植与政策创新[J]. 浙江大学学报(人文社会科学版),2009(2)：35 – 42.

② 朱亚鹏. 政策创新与政策扩散研究述评[J]. 武汉大学学报(哲学社会科学版),2010(4)：565 – 573.

③ 赵理文. 制度、体制、机制的区分及其对改革开放的方法论意义[J]. 中共中央党校学报,2009(5)：17 – 21.

④ 李以渝. 机制:涵义、原理与设计[J]. 四川工程职业技术学院学报,2006(4)：56 – 59.

⑤ 魏江,许庆瑞. 企业技术创新机制的概念、内容和模式[J]. 科技进步与对策,1994(6)：37 – 40.

⑥ 李以渝. 机制论:事物机制的系统科学分析[J]. 系统科学学报,2007(4)：22 – 26.

⑦ 魏江,许庆瑞. 企业技术创新机制的概念、内容和模式[J]. 科技进步与对策,1994(6)：37 – 40.

创新机制大致经历了从单因素机制，到多因素机制，再到创新系统的3个步骤变化发展。①

本研究将制度创新机制定义为：制度创新的构成要素，要素之间相互联系、作用与协调的关系，以及制度创新的进行过程。其中，创新的构成要素包括主体及供给方式，创新的进行过程包括诱因及路径。因此其对应的机制首先可以概括为供给机制、动力机制和变化机制。

研究制度创新的机制有利于我们找到促成制度创新的因素，充分寻找和利用这些因素，总结建立起一个普遍的制度创新过程，以此创造条件推动新制度的产生。

9.3.2 案例选择

9.3.2.1 制度创新的判断标准

依据概念界定中的表述，制度创新就是一个社会以新的更富有效率的制度安排取代旧的缺乏效率的制度安排。但是制度创新并不等同于制度发明，即构建原创的制度的过程，正如保罗所说"虽然政府的许多行为在对已有制度小修小补的意义上是渐进的，制度制定的许多研究也试图去解释为什么政策产生倾向于渐进模式，但是最终每一个制度都可以追溯到某种非渐进的创新"②。

因此，本章认为只要制度供给主体接收对它来说是新的制度理念或制度设计就是创新。制度创新可能发生在政治主体发布的一项新的制度或规划中，尽管有些制度或规划可能已经在其他国家或地区建立过。简单来说，制度创新除了由供给主体实施的原创型制度设计外，制度学习与借鉴对于本土也是一种重要的方式。

本章关注大气污染治理制度创新，主要是为了找到我国在大气污染治理乃至环境污染治理方面制度创新的一般性过程，以创造条件促进新制度的产生。因而，我国独创的治理制度是制度创新，从其他国家或地

---

① 张振刚，吕君杰. 创新机制理论的演变与启示[J]. 科学管理研究，2008(5)：5–8.
② 保罗·A. 萨巴蒂尔. 政策过程理论[M]. 彭宗超，译. 北京：生活·读书·新知三联书店，2004.

区借鉴而来的治理制度对于中国本土的制度体系而言也是一种制度创新。本章选择的案例之中，案例 C9 – 1"三同时"制度就是我国独创的控制新污染源产生途径的重要制度，案例 C9 – 4 大气污染排污许可证制度则是从国外的实践与制度设计中借鉴而来的。另外，制度是在不断发展的，有的案例直接选取最初设计的制度，如案例 C9 – 3 大气环境质量标准制度；有的案例选取制度出现后的重要创新，如案例 C9 – 6 排污收费制度创新、案例 C9 – 10 大气污染限期治理制度创新。

需要提到的是，按照这样的选取标准，案例的背景环境具有一定的不同，如果在不同的环境中研究仍然可以得出相同的结论，就更能表明研究结果所具有的可推广性和适用性。

9.3.2.2 案例选择方法及数据来源

本章分析的是关于大气污染治理的制度创新过程，即制度创新是怎样进行的。自 20 世纪 70 年代初我国大气污染防治工作开始以来，我国进行了许多大气污染治理制度的设计与创新。因此，本章选取了 12 个制度创新的案例，包括从最早的 1973 年"三同时"制度到最近的 2010 年提出的大气污染区域联防联控机制。

为保证研究的有效性，本章将在案例的选择上，从案例层级、案例领域、资料来源等多方面进行严格控制。关于案例层级及领域，有关大气污染治理制度这样全局性的制度以国家级的制度为主，省级、地市级的案例不具有代表性，因此选取国家级作为案例的层级；涉及领域都与大气污染防治、大气环境保护相关，包括与大气污染治理相关的综合环境制度以及大气污染治理、大气环境保护单行制度。

关于案例资料来源，本章从法律条文、政府公报及文件、学术论文、研究报告、统计数据、新闻报道等多渠道获取资料，采用多元的证据来源，每一个案例的内容都有 10 个以上的材料进行相互佐证，并建立专门的案例文档，各案例的详细情况见表 9.1。

表 9.1　案例内容

案例名称	时间/年	内容
C9-1 "三同时"制度	1973	建设项目需要配套建设的污染防治设施,必须与主体工程同时设计、同时施工、同时投产使用
C9-2 环境影响评价制度	1979	建设项目的环境影响报告书,必须对建设项目可能产生的大气污染和对生态环境的影响做出评价,规定防治措施,并按照规定的程序报环境保护行政主管部门审查批准
C9-3 大气环境质量标准制度	1979	在考虑国内自然环境特征与社会经济条件和现有科学技术的基础上,规定大气中污染物的允许含量和污染源排放的数量、浓度、时间和速率及其他有关的技术规范
C9-4 大气污染排污许可证制度	1990	环境保护主管部门通过颁发大气污染排污许可证对排污者排放污染物的种类、数量、浓度、时限、排放方式等做出规定,对排污者的排污行为加以控制
C9-5 大气污染排污权交易制度	1993	在大气污染物排放总量控制指标确定的条件下,利用市场机制,建立合法的污染物排放权利即排污权,并允许这种权利像商品那样被买入和卖出
C9-6 排污收费制度创新	2000	从以前的超过排放标准而进行收费的"超标收费"转变成"不论排污单位是否超标,只要其实施了向大气排放污染物的行为,就要缴纳排污费"
C9-7 大气污染总量控制制度	2000	将某一控制区域或环境单元作为一个完整的系统,采取有关措施将排入这一区域内的大气污染物总量控制在一定数量内,以满足该区域的环境质量要求
C9-8 大气环境质量公报制度	2000	大、中城市人民政府环境保护行政主管部门应当定期发布大气环境质量状况公报,并逐步开展大气环境质量预报工作
C9-9 清洁生产制度	2000	国家鼓励和支持大气污染防治的科学技术研究,推广先进适用的大气污染防治技术;鼓励和支持开发、利用太阳能、风能、水能等清洁能源
C9-10 大气污染限期治理制度创新	2000	大气排放污染物超过国家和地方规定排放标准的,应当限期治理,并由所在地县级以上地方人民政府环境保护行政主管部处一万元以上十万元以下罚款
C9-11 大气污染区域联防联控机制	2010	区域联防联控机制是横向关系上的行政区协同运用组织和制度等资源综合实施大气污染防治措施的制度体系
C9-12 大气污染防治重点区划制度创新	2012	从"控制污染"到"控制项目",包括直辖市以及15个省会城市在内的共计47个城市,将严格限制钢铁、水泥、石化、化工、有色等行业中的高污染项目

9.3.3 数据与分析方法

本章是有关大气污染治理制度创新的机制研究，采用案例分析与文献研究相结合的综合研究方法。

关于案例分析，主要采取模式匹配的分析技术。模式匹配是指将建立在预测基础上的模式与建立在实证基础上的模式相匹配。[①] 本章通过对创新理论、制度变迁理论的研究，首先对制度创新的机制进行预测，其次对案例进行分析，最后总结出一般性的结论。如果结论和预测之间达成一致，就更加证明案例研究的内在效度，并能完善和发展之前的理论预测。

而且本章进行多案例的分析，能够构建一个总体框架来呈现单个案例的资料，在逐个分析每个案例的基础上列举出整体特征。从而，本章就可以探讨不同大气污染治理制度创新的案例之间是否有某些共同点，能否总结出一个更基础、更一般的模式。通过这种方式，与仅仅分析单个案例相比，能得出更具有普遍意义的结论。

在具体操作中，根据已有研究的综述，大气污染治理制度创新的机制主要包括供给主体、供给方式、创新诱因和创新路径这4个方面。又因为供给主体与供给方式是相辅相成的，联系非常紧密。因此，首先从供给主体及方式、创新诱因、创新路径这3个方面对案例内容进行分析；其次看能否归纳出细化和一般性的要素，将这些要素通过案例和理论进行佐证；最后得出结论。具体的分析操作方法如图9.1所示。

为了弥补案例分析的不足，本章同时进行文献研究，包括：法律条文、政府公报及文件、学术论文、研究报告、统计数据、新闻报道等，这些文献可以为研究提供制度创新案例的背景、细节信息，使案例的研究分析更加透彻真实，增加了研究的有效性。在对法律条文的研究中，将有关大气污染治理的法律制度进行了汇总，以利于研究分析。

总的来说，本章采取依据理论观点、进行案例描述、整合质性资料和量化资料的策略，运用模式匹配的案例分析技术，进行文献研究弥补

---

① TROCHIM W M. Outcome pattern matching and program theory [J]. Evaluation & Program Planning, 1989(4): 355–366.

案例分析的不足，逐步前进，以确保高质量的研究。

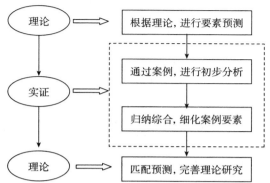

图9.1　模式匹配技术的具体操作方法

9.3.4　研究问题与理论分析框架

本章主要回答以下的两个问题：一是大气污染治理制度创新过程的构成要素是什么；二是大气污染治理的制度创新是否存在一般性的、基础的过程。

本章的研究假设是根据制度创新理论[1][2]、制度变迁理论[3]和机制论[4][5]综合而成的。制度创新理论和制度变迁理论从供给主体、供给方式、创新诱因和创新路径方面对制度创新及其整个过程进行研究。因此，本章的探索性假设为：大气污染治理制度创新在供给主体及方式、创新诱因和创新路径方面具有共同特征，进而根据机制论的内容，这三个方面分别对应供给机制、动力机制和变化机制。这三个具体机制的综合能够得到大气污染治理制度创新的机制。故而，本章也可以展示为什么这些共同特征能够推动制度创新活动的进行。

① 汪丁丁．制度创新的一般理论[J]．经济研究,1992(5)：71－82.
② 毛寿龙．制度创新与政府功能[J]．浙江学刊,1995(5)：69－72.
③ 杨立华．制度变迁方式的经典模型及其知识驱动性多维断移分析框架[J]．江苏行政学院学报,2011(1)：74－81.
④ 魏江,许庆瑞．企业技术创新机制的概念,内容和模式[J]．科学学与科学技术管理,1994(6)：4－7.
⑤ 李以渝．机制论:事物机制的系统科学分析[J]．系统科学学报,2007(4)：22－26.

另外，根据初期的研究，发现供给主体及方式、创新诱因、创新路径这3个方面还可以划分为更细小的要素。因此，根据初期研究结果，修正框架。

根据上述内容，本章的理论研究框架可以通过图9.2来表示。

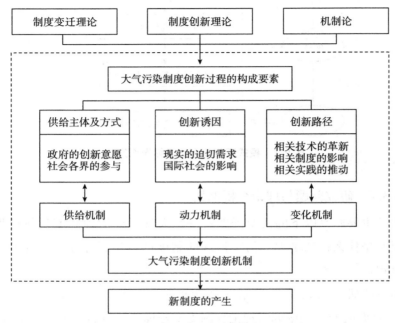

图9.2　理论研究框架

9.4　结果

9.4.1　基于大气污染治理制度创新机制理论假设的分析结果

根据已有研究的综述，大气污染治理制度创新过程的构成要素主要包括供给主体及方式、创新诱因和创新路径。又因为供给主体与供给方式是相辅相成的，联系非常紧密，因此，本章首先从供给主体及方式、创新诱因、创新路径这3个方面对案例内容进行分析。

本章对制度创新一般过程的最初预测是：大气污染治理制度创新的各个案例在供给主体及方式、创新诱因和创新路径上具有共同特征。

每个案例基于多材料的分析和印证，分析结果如表9.2所示。

表9.2 基于大气污染治理制度创新机制理论假设的案例分析结果

案例	时间/年	供给主体及方式	创新诱因	创新路径
C9-1 "三同时"制度	1973	首先在国务院批准的《关于保护和改善环境的若干规定（试行）》中出现，是我国独创的制度	1972年联合国人类环境会议掀起国际环境保护的第一次高潮，中国实体现实对环境污染预防提出要求	1972年，国务院提出了"工厂建设和三废利用工程要同时设计，同时施工，同时投产"，随后不断通过法律确认
C9-2 环境影响评价制度	1979	根据相关研究，《中华人民共和国环境保护法（试行）》中首次确定了环境影响评价制度	"环境影响评价制度"在1964年环境国际会议上首次被提出后，在许多国家也存在制度需求	1978年《环境保护工作汇报要点》的报告中首次提出进行环境影响评价的意向
C9-3 大气环境质量标准制度	1979	国内不同地区、城镇对大气环境质量标准提出不同要求，在国家颁布的《中华人民共和国环境保护法（试行）》中首先确立	我国需要一个量化的指标作为制定大气环境保护法律法规的依据，欧美已有的环境保护标准制度为中国提供参考	最早已开始有《"工业三废"排放试行标准》，科学研究方法的进步为标准的制定提供技术支撑
C9-4 大气污染排污许可证制度	1990	国家环境保护局制定《排放大气污染物许可证制度试点工作方案》，公众通过听证会形式参与	最具有代表性实行，能够弥补已存在的排污收费制度，限期治理制度的缺失	以水污染领域的排污许可证制度作为基础，1991—1994年我国在22个城市进行了大气排放许可证的试点
C9-5 大气污染排污权交易制度	1993	国家环境保护局决定以太原等城市为大气污染物排污交易试点城市，宣传和推广	在我国将引入环境保护领域能得到更好的效果，且在美国等国家已有相关实践	以总量控制制度的雏形和排污许可证制度作为制度基础，以及大气污染净化设备的发展作为物质基础
C9-6 排污收费制度创新	2000	总结20多年来排污费征收和使用管理实践经验，修订《中华人民共和国大气污染防治法》，首次规定排污即收费	1972年，国际经合组织环境委员会已经提出了"污染者付费原则"。排污收费与超标收费并存成为现实需求	《中华人民共和国环境保护法（试行）》对排污收费费定的最早规定以及财政体制改革对排污收费创新的匹配

续表

案例	时间/年	供给主体及方式	创新诱因	创新路径
C9-7 大气污染总量控制制度	2000	根据许多相关研究成果,修订《中华人民共和国大气污染防治法》,首次确立了规范意义上的污染物总量控制制度	现有制度下,有时虽然单个企业排放污染物的浓度达到标准,但是仍不能避免大气整体环境恶化情况的发生	《"九五"期间全国主要污染物排放总量控制计划》出现相关规定,并有一些实践
C9-8 大气环境质量公报制度	2000	公众为捍卫自身权益积极参与环境保护,修订《中华人民共和国大气污染防治法》,做出规定	《世界人权宣言》就已经对公民参与做出规定,公众参与是搞好环境保护的群众基础和社会保证	我国自1997年5月开始由中国环境监测总站在全国范围内发布重点城市空气质量周报,监测技术不断在发展
C9-9 清洁生产制度	2000	修订《中华人民共和国大气污染防治法》,增加了有关清洁生产的法律规定	许多情况下,造成污染的主要源头不是污染物,而是落后的生产方式和整个生产过程,因此需要发生产过程的"绿化"	太阳能、风能、水能等清洁能源的开发和利用,减少化石能源产生的大气污染物,属于清洁生产的实践
C9-10 大气污染限期治理制度创新	2000	修订《中华人民共和国大气污染防治法》,在行政管理之余,增加了行政处罚	现有规定下违法成本远远低于守法成本,需要加大制度的强制力度	《中华人民共和国环境保护法(试行)》中就有规定,后经历不断的实践与发展
C9-11 大气污染区域联防联控机制创新	2010	公众对环境治理的要求越来越高,多部委出台《关于推进大气污染联防联控工作改善区域空气质量的指导意见》	面对现阶段我国大气污染特征和状况,仅凭单个城市自身自为的环境管理方式已无法有效解决问题	北京奥运会、上海世博会及广州亚运会都进行了相关实践,区域污染优化控制技术体系
C9-12 大气污染防治重点区域划制度创新	2012	公众关注,新闻媒体对大气污染防治制度的创新不断推动,三部委印发《重点区域大气污染防治"十二五"规划》	大气污染形势严峻,大气污染防治面临巨大的挑战,国际社会对中国大气环境问题的关注	《中华人民共和国大气污染防治》划定大气污染防治重点城市

9.4.2 大气污染制度创新过程的构成要素的案例分析结果

根据第一步的分析，不难发现不同案例之间具有很多共同点。

第一，在供给主体及方式方面，各案例主要是采取政府供给的方式，并且随着时间的推移，参与的主体在不断增加。所有案例中，政府都积极进行制度的探索，研讨建立新制度。在 12 个案例中，7 个案例表现出公众的参与和推动，6 个案例表现出专家学者的研究成果的重要作用，4 个案例表现出国际组织的参与，3 个案例表现出国内 NGO 组织的参与。

具体地，如：案例 C9 - 2 环境影响评价制度中，政府为主要供给主体出台《中华人民共和国环境保护法（试行）》；案例 C9 - 8 大气环境质量公报制度中，除了人民代表大会讨论外，政府也积极支持、发动和依靠公众参与环境保护；案例 C9 - 12 大气污染防治重点区划制度创新中，除了政府的积极创新意愿外，公众、新闻媒体、专家学者也成为制度创新的重要供给主体与推动力量。

第二，创新的诱因包括中国的现实情况对制度的迫切要求，以及国际上的影响。现实情况包括大气环境的污染及破坏现状、制度的缺失或现有制度的僵化等。12 个案例都表现出环境现状的严峻，其中，3 个案例体现制度缺失对创新的要求，9 个案例体现现有制度的僵化导致无法应对现实问题。

具体地，在现实情况的要求方面，案例 C9 - 1 "三同时" 制度体现出现有制度的缺失对制度创新的要求；案例 C9 - 7 大气污染总量控制制度则是因现有制度无法避免大气整体环境恶化的产生，对制度创新提出了迫切要求。在国际影响方面，案例 C9 - 12 大气污染防治重点区划制度创新中，除了雾霾等大气环境污染现实的迫切需求，国际社会对中国大气环境问题的关注也成为诱致制度创新的重要因素。

第三，创新的路径包括与该制度相关的技术、制度和实践三者的共同推动。在相关技术的变化方面，12 个案例中有 10 个案例能够明确体现技术的发展为制度创新提供了新的可能性，其中有 2 个案例不仅包括自然科学技术的作用，还涉及社会科学知识发展的重要作用。在相关制度的变化方面，所有案例都具有一定的制度基础，其中有 3 个案例还是在其本身的基础上进行进一步创新的。在相关实践的推动方面，12 个案例中有 10 个案例能够表现出已有实践活动的推动作用，为制度创新提供经验。

具体地，如：案例 C9 - 5 大气污染排污权交易制度中，大气污染净化设备的发展是重要的物质基础；案例 C9 - 6 排污收费制度创新中，《中华人民共和国环境保护法（试行）》对排污收费的最早规定以及相关制度成为此次创新的制度基础；案例 C9 - 11 大气污染区域联防联控机制中，北京奥运会、上海世博会及广州亚运会的相关实践是制度创新的宝贵实践经验。

综上所述，可以发现制度创新一般过程所包含的要素还可以细分小类。因此，研究根据更细化的类别将原有的 12 个案例进行进一步分析，收集更加全面的资料加以佐证，分析结果如表 9.3 所示。

表 9.3　基于要素细化后的案例再分析

案例	时间/年	供给主体方式		创新诱因		创新路径		相关实践的推动
		政府的创新意愿	社会各界的参与	现实的迫切需求	国际社会的影响	相关技术的革新	相关制度的影响	
C9-1 "三同时"制度	1973	出台《关于保护和改善环境的若干规定(试行)》	—	需要"以预防为主",保护环境,达到更好的治理效果	1972年联合国人类环境会议掀起国际环境保护的第一次高潮		通过《中华人民共和国环境保护法》不断强调和确立	国务院1972年提出"工厂建设和三废利用工程三同时"
C9-2 环境影响评价制度	1979	《中华人民共和国环境保护法(试行)》中首次确定	相关研究的进行;国际会议的推动	由"末端治理"转变为"源头治理"的迫切要求	美国学者柯威尔首先在全国际会议上提出	能够确认与完善对环境影响评价的内容	《环境保护工作汇报要点》报告中首次提出意向	—
C9-3 大气环境质量标准制度	1979	《中华人民共和国环境保护法(试行)》规定;中国积极加入国际化标准组织(ISO)	不同地区、城镇对大气环境质量标准的要求不同;国际标准化的相关要求	关于大气环境保护的法律法规、实际管理等,需要有一个量化的指标作为依据	欧美等国在应对污染过程中各自形成了环境标准制度,为中国提供了许多参考	科学的实验研究和流行病学调查研究方法,从一系列关系中制定相关标准	最早的《"工业三废"排放试行标准》,以及相关后续确定的标准	《"工业三废"排放试行标准》的出现
C9-4 大气污染排污许可证制度	1990	国家环保局制定了《排放大气污染物许可证制度试点工作方案》	理论研究取得许多成果;公众关注与听证	弥补其他制度的缺失,作用更为全面	最早在瑞典实行,西方将排污许可证制度作为污染防治的支柱	行政管理方面的能力,对许可证制度的划分,对管理程序的完善	行政许可法,水污染领域的排污许可证制度	1991—1994年在22个城市进行大气污染排放许可证的试点

案例	时间/年	供给主体及方式		创新诱因		创新路径		
		政府的创新意愿	社会各界的参与	现实的迫切需求	国际社会的影响	相关技术的革新	相关制度的影响	相关实践的推动
C9-5 大气污染排污权交易制度	1993	国家环保局进行大气污染排污权交易试点	学者的理论研究;公众、企业的参与;非营利组织的购买活动	在我国将市场机制引入环境保护领域能得到更好的效果	美国排污权交易的实践	污染物净化设施的完善,提升新建企业控制排污的能力	污染物排放总量控制的概念和试行排污许可证制度	国家环保局决定以太原、贵州等市为大气污染交易试点城市
C9-6 排污收费制度创新	2000	修订《中华人民共和国大气污染防治法》首次规定排污费即收费	国家环保总局在世界银行援助下进行改革的课题研究	环境问题的不断凸显,排污超标收费与超标收费成为现实需求	1972年,国际经合作组织提出了"污染者付费原则"	大气污染物排放监测条件提升,污染物排放自动监控仪器的普及	《中华人民共和国环境保护法(试行)》《关于环境保护若干问题的决定》	—
C9-7 大气污染总量控制制度	2000	《中华人民共和国大气污染防治法》确立了规范意义上的污染物总量控制制度	专家学者的成果(对总量控制标准分配方法的研究等)	单个企业达到标准,不能避免大气整体环境恶化情况的发生	美国"气泡政策",日本及欧洲总量控制相关立法	实行量控制的技术方案和算法的不断进步与完善	《"九五"期间全国主要污染物排放总量控制计划》	我国浓度控制和总量控制相结合的一些实践

续表

案例	时间/年	供给主体及方式		创新诱因		创新路径		
		政府的创新意愿	社会各界的参与	现实的迫切需求	国际社会的影响	相关技术的革新	相关制度的影响	相关实践的推动
C9-8 大气环境质量公报制度	2000	《中华人民共和国大气污染防治法》规定；国家积极发动和依靠公众参与环保	公众参与环境保护是捍卫自身权益的需要；国际组织的国际组织的推动	大、中城市的环境部门对环境质量监测信息的了解更加直接和准确	《世界人权宣言》的规定和许多其他国家的实践	信息技术的发展；监测技术的发展	《中华人民共和国环境保护法》的相关规定	我国自1997年5月开始发布重点城市空气质量周报
C9-9 清洁生产制度	2000	国家关于清洁生产与能源发展的规划	企业对生产工艺的改进，公众参与，评论对清洁生产的推动	实行整个生产过程的"绿化"是重要的现实要求	1979年，欧共体，美国、日本推行一系列法案	大气污染防治科学技术的进步，清洁能源的开发和利用	《中国环境与发展十大对策》《中国21世纪议程》	对"预防为主，防治结合"、"综合利用，化害为利"方针的实践
C9-10 大气污染限期治理制度创新	2000	修订《中华人民共和国大气污染防治法》，增加行政处罚	人民代表大会多方讨论	现有规定下违法成本远远低于守法成本	其他国家的相关实践，体现制度的强制力	—	《中华人民共和国环境保护法（试行）》后经历不断的实践与发展	《中华人民共和国环境保护法（试行）》的规定

357

续表

案例	时间/年	供给主体及方式		创新诱因			创新路径	
		政府的创新意愿	社会各界的参与	现实的迫切需求	国际社会的影响	相关技术的革新	相关制度制度的影响	相关实践的推动
C9-11 大气污染区域联防联控机制	2010	环境保护部提交国务院《中华人民共和国大气污染防治法》(修订草案送审稿),设计了"区域联防"制度	公众有意愿通过新的管理方式解决环境问题	仅凭单个城市自身的力量,各自为政的环境管理方式已无法有效解决问题	欧盟,美国,加拿大等工业化国家或者地区的立法早已建立了该制度	技术发展为联合监测,信息共享和公平,联合预警,联合应急响应提供实现条件	区域主体制度,联合执法制度等四项相关保证制度	北京奥运会,上海世博会及广州亚运会的相关实践
C9-12 大气污染重点区划治理制度创新	2012	三部委发布《重点区域大气污染防治"十二五"规划》	PM$_{2.5}$严重超标事件后,公众,学者,媒体对大气环境问题关注	大气污染形势严峻,大气污染防治面临巨大的挑战	美国大使馆监测北京PM$_{2.5}$,国际社会对中国大气环境问题关注	监测技术的不断发展,淘汰落后产能,进行了工业布局的优化	《中华人民共和国大气污染防治法》"划定大气污染防治特别保护区"的重点城市	大气污染防治重点城市和大气污染防治特别保护区的实践

9.4.3　大气污染治理制度创新机制的再确定

上部分对所有案例细化后的要素的分析结果表明，制度创新一般过程有如下的构成要素：供给主体及方式，包括政府的创新意愿和社会各界的参与；创新诱因，包括现实的迫切需求和国际社会的影响；创新路径，包括相关技术的革新、相关制度的影响和相关实践的推动。这些要素具体见表9.4。

表9.4　大气污染治理制度创新过程的构成要素

要素1（F_1）：政府的创新意愿
政府作为最主要的制度供给主体，其对制度创新的关注程度、积极性和投入力量对制度创新将起到极大的推动作用
要素2（F_2）：社会各界的参与
随着社会和政治的不断发展，社会各主体对制度创新的参与和推动更加明显，这些主体包括企业、非政府组织、学者、社会大众、新闻媒体等
要素3（F_3）：现实的迫切需求
随着现实情况的不断发展和变化，原有制度难免出现僵化的现象，或者出现制度缺失的情况，因此现实情况对制度创新提出要求
要素4（F_4）：国际社会的影响
其他国家相关制度的设计与创新、国际会议的倡议或者国际组织的推动为我国制度创新提供经验，甚至国际社会的关注成为加速推进制度创新的压力
要素5（F_5）：相关技术的革新
自然科学技术的革新和社会科学的发展为制度创新提供新的角度与可能
要素6（F_6）：相关制度的影响
制度之间存在相互联系与相互影响，在纵向上，之前的制度可以作为后来制度创新的基础；在横向上，平行的制度之间也存在相互影响
要素7（F_7）：相关实践的推动
在正式制度形成之前，与该制度相关的实践活动可以为制度的创新提供思路和经验，实践活动模式的不断成熟为制度创新奠定基础

根据所得的这7个要素，对12个案例对要素的满足程度进行进一步分析。特别地，在分析的过程中，在案例分类方面增加两个维度：一个是该制度是否为中国独创（独创性）；另一个是该制度是第一次在中国出

现还是出现后又进行再一次创新（再创新）。分析结果见表9.5。

表 9.5　各案例对大气污染治理制度创新的构成要素的满足程度

案例名称	年份	案例特征		大气污染治理制度创新过程的构成要素						
		独创性	再创新	F_1	F_2	F_3	F_4	F_5	F_6	F_7
C9 – 1 "三同时"制度	1973	Y	N	H	L	H	H	ND	H	H
C9 – 2 环境影响评价制度	1979	N	N	H	M	H	H	M	H	ND
C9 – 3 大气环境质量标准制度	1979	N	N	H	H	H	H	H	H	H
C9 – 4 大气污染排污许可证制度	1990	N	N	H	H	H	H	H	H	H
C9 – 5 大气污染排污权交易制度	1993	N	N	H	H	H	H	H	H	H
C9 – 6 排污收费制度创新	2000	N	Y	H	H	H	H	H	H	ND
C9 – 7 大气污染总量控制制度	2000	N	N	H	H	H	H	H	H	M
C9 – 8 大气环境质量公报制度	2000	Y	N	H	H	H	H	H	H	H
C9 – 9 清洁生产制度	2000	N	N	H	H	H	H	H	H	H
C9 – 10 大气污染限期治理制度创新	2000	N	Y	H	H	H	H	ND	H	H
C9 – 11 大气污染区域联防联控机制	2010	N	N	H	H	H	H	H	H	H
C9 – 12 大气污染防治重点区划制度创新	2012	Y	Y	H	H	H	H	H	H	H

注：Y 表示是，N 表示否，H 表示非常符合，M 表示部分符合，L 表示不太符合，ND 表示数据缺失。

多案例研究需要遵从复制法则（Replication Logic），即通过某个案例发现重要结果后，重复进行第二次、第三次的案例分析对之前的结果进行验证、检验，以得到更真实的、更有说服力的研究结果。在选择案例时，一般会选择两种案例：一是能产生相同结果的案例（逐项复制），二是由于可预知的原因而产生与前一研究不同的结果（差别复制）。

在本章的研究中，由于非制度创新的案例无法定义，不能选取结果不同的案例。因此，进行更加全面、科学的逐项复制：首先，本章的研究是分别独立地从 12 个案例中得出结论，再进行相互印证的，得出的结果更具有说服力；其次，每个案例的背景和特征不相同，在不同的环境中得到完全相同的结论，在很大程度上提高了本章研究结果的可推广性和适用性。

案例中表现的制度创新的时间段不一样，背景必然是不同的。另外，在案例所表现出来的特征方面，案例 C9 - 1、案例 C9 - 8、案例 C9 - 12 是中国独创的制度，其他案例的制度多少有借鉴的成分；案例 C9 - 6、案例 C9 - 10、案例C9 - 12的制度创新是在已有制度的基础上进行新一轮的创新，而其他案例则是制度首次设计出来的。

在案例对要素的满足程度方面，除了少量的数据缺失，每个案例基本上都能满足 7 个要素。每个案例也都是大气污染治理制度创新方面的代表性案例。

综上可以得出，虽然案例的背景和特征有很大的区别，但是只要能满足 7 个大气污染治理制度创新过程的构成要素，就可以推动制度创新的活动，推动新制度的产生。

9.5　讨论

9.5.1　大气污染治理制度创新过程的构成要素发挥着不可替代的促进作用

9.5.1.1　政府的创新意愿能推动新制度的建立

国家具有暴力上的比较优势，它能规定和实施产权，对产权结构和制度的效率负责。据许多研究推断，政府是最主要的制度供给主体。[1][2][3]特别是，在我国，制度安排的基本框架由权力中心决定且遵循"自上而下"制度变迁原则，政府提供新的制度安排的能力和意愿成为制度创新的重要主导因素。

在案例 C9 - 4 大气污染排污许可证制度中，政府一直在积极推进排污许可证制度的确立和实施。在第三次全国环境保护工作会议提出推行排污许可证制度后，1990 年 7 月，国家环保局制定了《排放大气污染物许可证制度试点工作方案》，并于之后的 1991 年至 1994 年在 22 个城市推

———————

①　杨瑞龙. 论制度供给[J]. 经济研究,1993(8)：45 - 52.

②　章荣君. 政府制度创新的支持性要素分析[J]. 云南行政学院学报,2006(3)：92 - 96.

③　张宏,赵金锁. 国家的制度供给模型[J]. 甘肃社会科学,2007(1)：72 - 76.

行试点工作。同时研究分析发现，在大气污染治理制度创新的案例中，有两个时间点的创新实践非常集中，分别出现在出台《中华人民共和国环境保护法（试行）》和《中华人民共和国大气污染防治法》后，说明作为主要制度供给主体的政府对制度创新有重要的推进作用。

9.5.1.2 社会各界的参与促进制度创新

虽然政府强制性供给是制度创新最主要的供给方式，但是政府官员的偏好和有限理性可能使政府在制度创新中的作用偏离效率。[①] 在宏观层面，制度创新作为一种集体选择的结果，多方的参与有着重要的作用。这样能够给予不同主体需要的结果，形成正向反馈的链条，实现收益递增。[②] 有关杨立华等的研究发现，可以将社会行动者划分为 11 个：个体、家庭（包括宗族）、社区、普通社会大众、企业、政府、专家学者、新闻媒体、宗教组织、非政府组织和国际组织。[③] 在制度创新的过程中，不同主体的参与也能起到重要的推动作用。

在案例的分析中也发现，从最早的国际组织的帮助、研究机构的研究，到后来的企业、公众、媒体的参与，社会各界的参与在大气污染治理制度创新的过程中的重要性越来越凸显。如案例 C9 - 6 排污收费制度创新中，国家环保总局在开展排污收费改革调研的基础上，同国务院有关部门，在世界银行援助下进行改革的课题研究，取得了重要的成果；案例 C9 - 5 大气污染排污权交易制度和案例 C9 - 9 清洁生产制度中，企业的参与也起到了巨大的作用。在 2000 年《大气污染防治法》修订中出现的多项制度创新都是在人民代表大会的议案和讨论中总结与发展出来的，汇集了多方的智慧。考虑到大气污染治理领域的特殊情况，主要的社会参与主体包括公众、企业、专家学者、新闻媒体、非政府组织和国际组织 6 个。

---

① 毛寿龙. 制度创新与政府功能[J]. 浙江学刊,1995(5)：69 - 72.

② 姚洋. 制度与效率：与诺斯对话[M]. 济南：山东人民出版社,1995.

③ YANG L H,WU J. Scholar - participated governance as an alternative solution to the problem of collective action in social - ecological systems[J]. Ecological Economics, 2009(8)：2412 - 2425.

9.5.1.3　现实的迫切需求是制度创新的重要诱因

制度创新的实践起源于一种情况：随着现实的变化，按照现有的安排，无法获得潜在的利益。制度创新的起点是制度的僵滞。[①]　正如戴维·菲尼描述的："行为者认识到，改变现有安排，他们能够获得在原有制度下得不到的利益。"[②]　在环境状况方面，随着我国社会经济的不断发展，和20世纪欧美发达国家一样，我国面临着日益加剧的环境问题；在制度建立方面，虽然我国颁布并采取了一些大气污染政策和措施，但总体上污染和破坏还没有被完全控制。

关于环境现实状况的要求，案例 C9 – 12 大气污染防治重点区划制度创新最具有代表性。$PM_{2.5}$ 严重超标，"复合污染形态"出现，防治工作面临着巨大的挑战。面对这样的严峻形势，制度创新刻不容缓。

关于制度建立方面的要求，案例分析发现制度的创新能够有效弥补现存制度的缺失。如在案例 C9 – 3 大气环境质量标准制度中，关于大气环境保护的法律法规、计划规划、实际管理等需要有一个量化的指标作为依据，而实施大气环境质量标准制度能够完善制度体系。又如，在案例 C9 – 10 大气污染限期治理制度创新中，不但将限期治理作为一种污染防治的行政管理手段，还将其规定为一种行政处罚手段，能够解决该制度在之前实施中的局限性。

9.5.1.4　国际社会的影响诱致制度创新

首先，国际环境保护的行动与中国的制度创新联系密切。20世纪中期以来，国际环境保护掀起过两次高潮：第一次发生在60—70年代，1972年召开的联合国人类环境会议是其顶峰；第二次发生在80年代中期，推行"可持续发展"。[③]　通过案例研究的分析，我国许多大气污染治理制度创新都与国际发展相统一。如1973年的"三同时"制度的创新和

---

①　殷德生．制度创新的一般理论：逻辑、模型与扩展[J]．经济评论，2003(6)：33 – 36．

②　V. 奥斯特罗姆，D. 菲尼，H. 皮希特．制度分析与发展的反思：问题与抉择[M]．王诚，等译．北京：商务印书馆，2001．

③　周珂．环境与资源保护法[M]．北京：中国人民大学出版社，2010．

20 世纪末 21 世纪初的一系列创新。

其次，国际组织的活动也能促进中国相关的制度创新。1972 年的联合国人类环境会议上通过的《人类环境宣言》表明："各国应保证国际组织在保护和改善环境中发挥协调、有效的推动作用。"在案例 C9 – 6 排污收费制度创新、案例 C9 – 8 大气环境质量公报制度等案例中，都能体现国际组织的积极作用。

最后，其他国家在大气污染治理制度上的实践也给我国大气污染治理制度的运用和创新提供了借鉴。我国大气污染治理方面的许多制度创新借鉴了国外的制度设计或者理念，把其与中国具体的国情结合起来，创新适合中国发展的制度。研究分析并借鉴国外治理制度也具有重要的意义。

9.5.1.5 相关技术的革新为制度创新提供新的可能性

正如拉坦所说："当社会科学知识和有关商业、计划、法律和社会服务专业的知识进步时，制度变迁的供给曲线也会右移，进而言之，社会科学和有关专业知识的进步降低了制度发展的成本。"[①] 制度变迁与技术进步之间存在巨大的关联性，技术进步可以为制度创新提供新的可能性，实现在新的技术水平下的制度设计。

技术的创新与进步对于促进我国大气污染治理制度创新具有重要的作用。在案例分析中，科学的实验研究和流行病学调查研究方法促进了案例 C9 – 3 大气环境质量标准制度的建立；信息及监测技术的发展对案例 C9 – 8 大气环境质量公报制度的创新也有着支持作用。特别是，在案例 C9 – 11 大气污染区域联防联控机制中，"构建区域污染优化控制技术体系，架构区域大气污染监测、预报和预警机制，开发源头和过程控制新技术，并探索区域大气污染多行业、多污染物协同控制技术和控制机制"深入体现了技术发展的重要地位。

另外，社会科学和法学的研究也促成了有关制度知识的增加。在案

---

① 速水佑次郎，V. 拉坦. 农业发展的国际分析[M]. 郭熙保，张进铭，译. 北京：中国社会科学出版社，2000.

例 C9 – 4 大气污染排污许可证制度中，行政管理方面能力的提升，对许可证类别的划分、对管理程序的完善，有效促成了制度创新。

9.5.1.6　相关制度的影响为制度创新提供路径上的支持

制度之间是存在关联性的。在纵向上，新旧制度之间存在摩擦关系；在横向上，各种制度之间存在耦合关系。[1] 纵向上的摩擦越小，横向上的耦合情况越好，就越有利于制度创新的进行。同时，戴维·菲尼认为已经存在的制度安排影响制度创新的供给[2]；诺斯认为制度变迁一般是渐进的，而非不连续的[3]。这些论断都表明了相关制度对制度创新的影响，能够提供路径上的支持。

在收集的案例中，案例 C9 – 3 大气环境质量标准制度的形成有最早的《"工业三废"排放试行标准》以及后续的相关标准作为铺垫，案例 C9 – 4 大气污染排污许可证制度有水污染领域的排污许可证制度作为参考。

作为一个纵向关联上最典型的例子，案例 C9 – 9 清洁生产制度经历了从《中国环境与发展十大对策》《中国 21 世纪议程》，到 1993 年第二次全国工业污染防治工作会议的重要内容，再到《中华人民共和国大气污染防治法》中增加清洁生产的相关法律规定。之后 2002 年《中华人民共和国清洁生产法》获得通过，污染预防和战略控制步入法制正轨。

作为一个横向关联上最典型的例子，案例 C9 – 11 大气污染区域联防联控机制中"联防联控"机制的构建综合运用了已有的 4 项环境法制度，包括区域主体制度、排放总量控制目标制度、联合执法制度、突发性大气污染实践应急应对制度。这些制度相互补充，形成了良好的制度组合。

9.5.1.7　相关实践的推动为制度创新提供重要经验

马克思主义哲学把实践活动视为形成认识逻辑结构之"格"。[4] 毛泽

---

① 章荣君. 政府制度创新的支持性要素分析[J]. 云南行政学院学报,2006(3)：92 – 96.

② V. 奥斯特罗姆,D. 菲尼,H. 皮希特. 制度分析与发展的反思:问题与抉择[M]. 王诚,等译. 北京:商务印书馆,2001.

③ 道格拉斯·诺斯. 制度、制度变迁与经济绩效[M]. 杭行,译. 上海:格致出版社,2011.

④ 马克思,恩格斯. 马克思恩格斯选集[M]. 中共中央马克思、恩格斯、列宁、斯大林著作编译局,译. 北京：人民出版社,1972.

东历来重视人的能动性以及客观实践活动的能动性。[①] 实践出真知，相关的实践活动能够有效推动认识的进步。制度创新的过程常常是在不断试错、反复实践学习的基础上进行的。[②] 关于大气污染治理的相关实践也可以成为治理制度创新的重要支撑。

在案例分析过程中发现实践具有重要作用。在案例 C9 – 11 大气污染区域联防联控机制和案例 C9 – 12 大气污染防治重点区划制度创新中，实践的作用得到了充分说明。在北京奥运会、上海世博会及广州亚运会的大气环境管理中，为了保证活动期间的良好空气环境质量，主要城市及周边区域进行了大气污染的联合控制。该实践为"大气污染区域联防联控机制"的建立提供了重要支撑。

"大气污染防治重点区划制度"在 2000 年修订的《中华人民共和国大气污染防治法》中最早体现出来，进而我国全面进行了大气污染防治重点城市和大气污染防治特别保护区的实践。2012 年，环境保护部、国家发展改革委、财政部印发《重点区域大气污染防治"十二五"规划》，根据实践情况，对该制度进行了 3 方面的创新：实现从"污染控制"到"项目控制"，控制煤炭消费总量，在过去新增污染物"等量替代"的基础上提出了"倍量削减替代"。过去实践中积累的经验和发现的问题，为此次制度创新提供了宝贵经验。

9.5.2 大气污染治理制度创新过程的构成要素间的相互关系

以上部分的分析回答了本章研究的第一个问题，即大气污染治理制度创新过程的构成要素是什么。本部分希望找到各要素之间的相互关系，并对大气污染制度创新的一般过程进行探索与分析。

通过以上分析发现，政府的创新意愿、社会各界的参与构成了大气污染治理制度创新的供给机制，现存制度可能表现出僵化或者缺失的形态，通过供给主体的设计及供给，形成新的制度。

现实的迫切需求和国际社会的影响构成了制度创新的动力机制，现

---

① 张一兵. 毛泽东的哲学认知理论与科学的实践唯物论[J]. 人文杂志,1992(1)：39 – 44.
② 章荣君. 政府制度创新的支持性要素分析[J]. 云南行政学院学报,2006(3)：92 – 96.

实的迫切需求对制度创新进行内部否定，国际社会的影响对制度创新产生外部拉力，共同组成动力机制。

相关技术的革新、相关制度的影响和相关实践的推动构成了制度创新的变化机制，这三者之间相互关联，从不同方面推动制度创新的进程。

7个要素、3个机制相互关联、相互影响，共同构成大气污染治理制度创新机制。特别是，越满足制度创新机制中的相关要素，就越能促进制度创新活动的进行。研究得到的7个要素的内在逻辑与机制关系如图9.3所示。

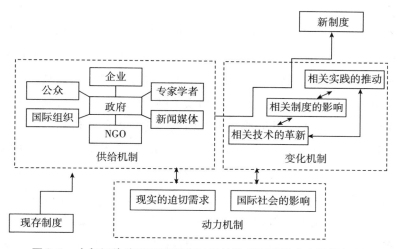

图9.3 大气污染治理制度创新过程的构成要素的内在逻辑机制

9.6 结论

大气污染问题是有关可持续发展的一个全球性挑战，也是我国面临的最严重的环境问题之一。我国虽然已经建立、创新了许多有关大气污染治理的制度，但是应对环境的现实变化状况进行治理制度创新仍然具有极大的必要性和深刻的意义。本章采用案例分析与文献研究相结合的方法，对大气污染治理制度创新过程的构成要素及其机制进行理论与实证研究。

本章通过对大气污染治理制度创新机制的研究，归纳出机制中7个主要要素，分别为：①政府的创新意愿，即政府对制度创新的关注程度高、积极性强和投入力量多；②社会各界的参与，即社会各主体对制度创新活动做出贡献；③现实的迫切需求，即环境现实的变化对制度设计提出新要求；④国际社会的影响，即国际上大气污染治理的发展以及其他国家的制度设计提供参考；⑤相关技术的革新，即自然科学技术的革新、社会科学知识的发展为制度创新提供新的角度和可能；⑥相关制度的变化，即纵向上、横向上的相关制度的变化产生影响，提供支持；⑦相关实践的推动，即与该制度相关的实践活动为制度的创新提供思路和经验。

本章还发现 7 个要素之间也存在重要的内在联系。政府的创新意愿、社会各界的参与构成了大气污染治理制度创新的供给机制；现实的迫切需求和国际社会的影响构成了制度创新的动力机制；相关技术的革新、相关制度的影响和相关实践的推动构成了制度创新的变化机制。3 个机制相互关联、相互影响，共同构成大气污染治理制度创新机制。

当然，任何研究都不能做到完美，本章研究还是存在一定的不足：第一，因为大气污染治理领域的制度创新案例数量有限，本章只选取了 12 个具有代表性的制度创新案例作为案例样本，要确认研究所得的 7 个要素和创新机制能否有效促进制度创新的活动，还需要进一步的理论研究和实证研究；第二，因为研究对象的特殊性，初步研究无法对案例层级和案例领域进行扩展，也就无法深入进行除了质性分析以外的量化分析，但这并不影响本章研究得到的大气污染治理制度创新机制的理论意义和实践价值，相信随着后续研究的跟进，一定能够完善和解决本研究存在的问题。

| 后 记 |

本书是在两个研究项目的基础上整合而成的研究成果，这两个研究项目分别是 2014 年北京市社科基金项目"北京市大气污染多元协作治理机制研究"（项目号：32263701）和 2016 年北京市宣传文化高层次人才培养资助项目"北京市大气污染区域协同治理机制研究"（项目号：2016XCB112）。同时，感谢国家社会科学基金重大专项"提高社会治理社会化、法治化、智能化、专业化水平研究：基于指标体系构建和绩效评估的问题诊断和对策分析"（项目号：18VZL001）、国家社会科学基金重大招标项目"环境污染群体性事件及其处置机制研究"（项目号：14ZDB143）和北京大学"人文社科纵向支持"项目"提高社会治理社会化、法治化、智能化、专业化水平研究：基于指标体系构建和绩效评估的问题诊断和对策分析"（项目号：ZX005）的部分支持。

全书分为 9 章，第 1 章"研究概述"，由杨立华、蒙常胜、刘天子负责；第 2 章"我国大气污染多元治理制度的形成与发展"，由常多粉、杨立华负责；第 3 章"北京市大气污染多元治理主体参与程度及其影响因素"，由蒙常胜、杨立华负责；第 4 章"北京市大气污染多元主体不同治理方式选择与协同机制"，由陈春丽、杨立华负责；第 5 章"北京市大气污染治理的利益协调机制"，由于春玲、杨立华负责；第 6 章"北京市大气污染多元协同治理中的冲突解决机制"，由杨文君、杨立华负责；第 7 章"京津冀大气污染区域协同治理方式与途径"，由董航、杨立华负责；第 8 章"京津冀大气污染区域协同治理主体利益分配类型与方式"，由刘翠丽、杨立华负责；第 9 章"中国大气污染治理制度创新机制"，由程清华、杨立华负责。全书由蒙常胜、刘天子进行编排与整理，最后由杨立华审阅并定稿。本书从构思、成书、编辑到出版，得到了很多人的帮助，正是有了他们的帮助，本书才得以顺利完成。特别地，本书在出版方面，得到了出版社编辑的悉心斧正，正是由于他们的辛勤劳动，本书才能尽快面世。在此，向所有为此书研究和出版付出努力的人表示衷心感谢！

杨立华

2017 年 9 月 19 日